高 等 学 校 教 材

嵌入式系统及应用

王德成　陈楸　陈小锋　徐宏　编

中国教育出版传媒集团

高等教育出版社·北京

内容简介

　　本书从计算机的发展入手，引入嵌入式计算机的基本概念；依托 STM32F103 系列嵌入式计算机，介绍内核的基本结构和工作特性；采用 C 语言和汇编语言对比的方式，介绍指令系统和软件设计方法；针对嵌入式计算机内部的硬件资源，从实际工程角度，以模块化具体展开介绍；以应用广泛的位置伺服驱动控制系统设计为依据，介绍具体嵌入式系统的设计方法。

　　本书是西北工业大学多年进行"嵌入式系统及应用"课程持续建设的成果之一。本书强调嵌入式计算机的通用性，使学生建立嵌入式系统的通用性知识架构，在不同类型的嵌入式计算机应用中，能够将所学知识自由切换。本书在嵌入式计算机结构以及外设内容的编写过程中，从工程师设计系统的角度出发，强调相关模块在实际系统设计中的使用。

　　本书内容实用丰富、层次清晰、叙述详尽，可作为高等院校电子信息类、电气类、自动化类专业相关课程的教材，也可以作为嵌入式相关领域工程设计人员的参考资料。

图书在版编目（CIP）数据

嵌入式系统及应用／王德成等编 ． --北京 ：高等教育出版社，2025. 8. -- ISBN 978-7-04-062565-3

Ⅰ. TP360. 21

中国国家版本馆 CIP 数据核字第 2024N0J621 号

Qianrushi Xitong ji Yingyong

| 策划编辑 | 王　康 | 责任编辑 | 高云峰 | 封面设计 | 王　琰 | 版式设计 | 杨　树 |
| 责任绘图 | 李沛蓉 | 责任校对 | 吕红颖 | 责任印制 | 刘弘远 | | |

出版发行	高等教育出版社	网　　址	http://www.hep.edu.cn
社　　址	北京市西城区德外大街 4 号		http://www.hep.com.cn
邮政编码	100120	网上订购	http://www.hepmall.com.cn
印　　刷	唐山市润丰印务有限公司		http://www.hepmall.com
开　　本	787mm×1092mm 1/16		http://www.hepmall.cn
印　　张	19		
字　　数	470 千字	版　　次	2025 年 8 月第 1 版
购书热线	010-58581118	印　　次	2025 年 8 月第 1 次印刷
咨询电话	400-810-0598	定　　价	49.00 元

前 言

　　嵌入式系统以嵌入式计算机为核心,配套相应的外围电路,在相应软件的支持下,实现期望的功能。与常规计算机系统相比,嵌入式系统在系统硬件规模、成本、功能方面具有灵活的优势。嵌入式系统已经广泛应用于航空、航天、航海等国防领域,以及工业领域和民用领域。伴随着智能化应用技术的发展,嵌入式系统的应用领域将会继续拓展。扎实掌握嵌入式系统的设计方法,将有助于提高设计效率。当前,"嵌入式系统及应用"及相关课程(如"单片机原理及应用")已成为高等学校电子信息类、自动化类、电气类专业及其他相关专业的核心课程。

　　嵌入式系统的不可垄断性使得在系统设计过程中,可选择的嵌入式计算机种类较多。嵌入式计算机有千余种类型,针对不同的系统功能,需要选择不同的嵌入式计算机,但是从知识学习的角度来说,完全掌握各种类型嵌入式计算机的使用方法,难度比较大且无必要。嵌入式计算机的参考资料比较多,但大多数聚焦于单一嵌入式计算机的介绍,这给不同类型嵌入式计算机的应用切换带来困难。

　　本书从计算机的发展入手,引入嵌入式计算机的基本概念;依托 STM32F103 系列嵌入式计算机,介绍内核的基本结构和工作特性;采用 C 语言和汇编语言对比的方式,介绍指令系统和软件设计方法;针对嵌入式计算机内部的硬件资源,从实际工程角度,以模块化具体展开介绍;以应用广泛的位置伺服驱动控制系统设计为依据,介绍具体嵌入式系统的设计方法。

　　本书编者多年来从事嵌入式系统及应用的课程教学,以及基于嵌入式计算机进行应用系统设计的相关科研工作。本书是在编者多年科研和教学成果积累的基础上进行编写的。本书强调嵌入式计算机的通用性,使读者建立嵌入式系统的通用性知识架构,在不同类型的嵌入式计算机应用中,能够将所学知识自由切换。本书编者在嵌入式计算机结构以及外设内容的编写过程中,从工程师设计系统的角度出发,强调相关模块在实际系统中的应用,目的是让读者能够从设计人员的角度去掌握知识。本书由王德成(第 1、12 章)、陈楸(第 2、3 章)、陈小锋(第 4~7 章)、陈宏(第 8~11 章)编写,全书由王德成统稿。

尽管本书编者团队做出很大努力,以一流教材为目标,力争让读者建立清晰的嵌入式系统设计知识架构,掌握嵌入式系统的设计方法,但由于水平有限,书中难免存在疏漏与不妥之处,恳请广大读者批评指正。

编者邮箱:wangdecheng@ nwpu.edu.cn。

编者
2024 年 12 月

目　　录

第1章　嵌入式系统概论

1.1　计算机基本结构

1.1.1　计算机的发展

计算机是一种用电子电路进行计算的机器,可以进行算术计算、逻辑计算,具有存储记忆功能。它能够按照程序运行,自动、高速处理大量数据。计算机对人类的生产活动和社会活动产生了极其重要的影响,并以强大的生命力飞速发展,带动了全球范围的技术进步,引发了深刻的社会变革。计算机目前已遍及社会生产的每个角落,改变了人们的生活方式,是社会中必不可少的工具。

计算机从发展初期,到目前的广泛应用,主要经历了以下阶段:

(1) 第一个阶段:电子管计算机时代。1946 年,第一台电子计算机问世于美国宾夕法尼亚大学,由冯·诺依曼(美籍匈牙利科学家,被称为计算机之父)设计。这台计算机的全称为电子数值积分计算机(ENIAC, electronic numerical integrator and calculator)。这是计算机发展历史上的一个里程碑。这台计算机包含了 17 468 个电子管(电信号放大器件)、7 200 多个二极管、70 000 多个电阻、10 000 多个电容器、1 500 多个继电器、6 000 多个开关,占地 170 m^2,功耗为 150 kW。这台计算机的计算速度是 5 000 次/s 加法运算(据测算,人最快的运算速度每秒仅 5 次加法运算)。由于没有晶体管,所以该时期的计算机体积特别庞大,需要多人共同进行操作,典型的特点为:体积大、功耗大、速度慢。

(2) 第二个阶段:晶体管计算机时代。相比于电子管,晶体管具有典型的优点:体积小、重量轻、功耗低、速度快、寿命长、价格低。该阶段的计算机主机采用晶体管等半导体器件代替电子管,以磁鼓和磁盘为辅助存储器。1956 年,美国贝尔实验室用晶体管代替电子管,制成了世界上第一台全晶体管计算机 Lepreachaun,从软件的角度,提出了操作系统的概念;编程语言除了汇编语言外,还开发了 ADA、FORTRAN、COBOL 等高级程序设计语言,提高了计算机的工作效率。该阶段计算机的运行速度可以达到每秒几十万次,存储容量增大,可靠性提高。

（3）第三个阶段:集成电路计算机时代。集成电路是把多个电子元器件集成在几平方毫米的基片上形成的电路。第三代计算机以小规模集成电路(每片集成几百到几千个逻辑门)来构成计算机的主要功能部件,存储器采用半导体存储器,运算速度可达每秒几百万次基本运算。由于将大量的元件集成到单一的半导体芯片上,计算机变得更小、功耗更低、速度更快。软件方面,计算机在中心程序的控制协调下,可以同时运行许多不同的程序。编程语言采用人们使用习惯的程序设计语言,进入了"面向人类"的语言阶段。

（4）第四个阶段:超大规模集成电路计算机时代。每块芯片可容纳数万乃至数百万个晶体管。运算器和控制器都集中在一个芯片上,即中央处理器。这一时代的计算机具备的显著特点是:体积小、运算速度快、系统稳定性高、发热量小、维护方便。

经过几十年发展,目前计算机已经应用到国民生产的各个领域。从应用领域的角度进行分类,现代计算机可以分为:

（1）个人电脑,包括台式机、笔记本、平板电脑等。这类计算机突出个人使用,服务于个人的生活和办公领域。

（2）网络计算机。这类计算机通过网络对外提供服务,相对于个人电脑来说,稳定性和安全性方面都要求更高,以服务器、工作站、交换机等为代表。

（3）超级计算机。这类计算机通常是指由数百数千甚至更多的处理器组成,能运行普通 PC 不能完成的大型复杂计算,其典型特点为:运算能力强、长时间可靠运行、具有强大的外部数据吞吐能力。

（4）工业控制计算机。这类计算机主要实现对生产过程及其机电设备、工艺装备进行检测与控制。在计算机外部增加过程输入通道用来完成工业生产过程的检测,通过过程输出通道对生产过程控制的命令、信息转换成工业控制对象控制变量,送往工业控制对象,典型的代表为PLC(可编程逻辑控制器)。

（5）嵌入式计算机。嵌入式计算机是一种计算机的存在形式。这类计算机系统围绕特定的应用进行设计。计算机系统具有一般计算机的基本标准形态,装配不同的应用软件,以基本相同的面目应用在社会的各种领域。嵌入式计算机系统则是非通用计算机形态的计算机应用,以潜入系统核心部件的形式隐藏在各种装置、设备、产品和系统中。

1.1.2　计算机体系结构

1946 年,冯·诺依曼提出存储程序原理,把程序本身当作数据来对待,程序和该程序处理的数据用同样的方式存储在计算机中。冯·诺依曼的这个理论称为冯·诺依曼体系结构,如图 1.1所示。

在冯·诺依曼体系结构中,计算机主要由五大部件组成:

（1）存储器。存储器用来存放数据和程序。指令和数据均采用二进制码表示,以同等地位存放于存储器中,均可按地址寻访。指令在存储器中按顺序存放,按顺序执行,但可以根据运算结果或者设定的条件改变执行顺序。

（2）运算器。运算器的功能为进行算术运算和逻辑运算,以及暂存中间结果。

（3）控制器。控制器控制和指挥程序的运行、数据的输入输出,以及处理运算结果。

（4）输入设备。输入设备将外界的信息形式,转换为计算机能够识别的二进制数据。

（5）输出设备。输出设备将计算机用二进制表征的运算结果,转换为操作人员熟悉的信息形式。

输入设备和输出设备,经常统称为输入/输出（input/output,I/O）设备。运算器和控制器在逻辑关系和电路结构上联系十分紧密,通常统称为中央处理器（central processing unit,CPU）。因此,计算机也可以认为由三大部分组成:CPU、存储器、I/O 设备。CPU 与存储器通常称为主机。I/O 设备通常称为计算机的周边设备。外设与计算机紧密联系的部分称为 I/O 接口或外设接口。计算机的主机包括 CPU 与存储器,还有外设接口,如图 1.2 所示。

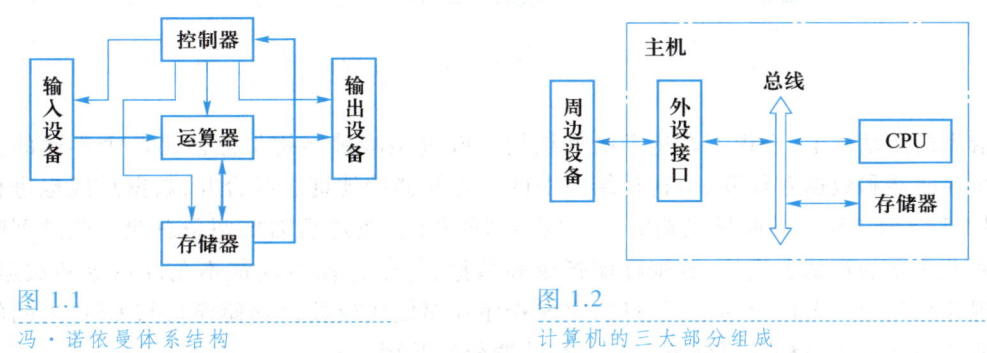

图 1.1
冯·诺依曼体系结构

图 1.2
计算机的三大部分组成

一段程序可以用一系列指令表示。指令表示计算机可以执行的一个基本动作或一组相关的基本动作。指令用指令编码表示,指令编码在存储器中按顺序存放。指令按顺序执行,也可以根据需要改变执行顺序。这些指令编码以二进制代码的形式,放在存储器里面,即程序存储器。指令编码执行过程中,需要的数据往往存在存储器里面,即数据存储器。

在冯·诺依曼体系结构中,程序存储器和数据存储器合并在一起,使用相同的物理存储器。程序存储地址和数据存储地址指向同一个存储器的不同物理位置,如图 1.3 所示。取指令和取操作数都在同一总线上,且程序指令和数据的宽度相同,通过分时复用的方式实现总线利用。这种结构的缺点是不能同时取指令和取操作数,在高速数据操作方面存在瓶颈。

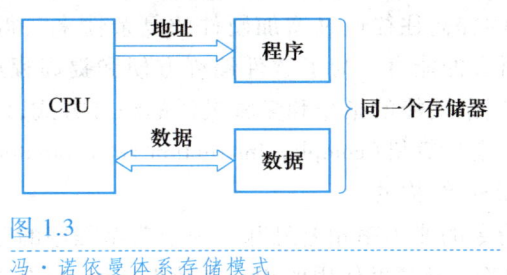

图 1.3
冯·诺依曼体系存储模式

在冯·诺依曼体系之后,出现了哈佛结构。哈佛结构是一种将程序存储和数据存储分开的结构,如图1.4所示。这种结构的主要特点是将程序和数据存储在不同的存储器中,即程序存储器和数据存储器是两个独立的存储器。每个存储器独立编址、独立访问,解决了访存瓶颈的问题。CPU首先到程序储存器中读取程序指令内容,解码后得到数据地址,再到相应的数据储存器中读取数据,并进行下一步的操作。程序储存和数据储存分开,数据和程序的储存可以同时进行,可以使程序指令和数据有不同的数据宽度。如Microchip公司的PIC16芯片的程序指令是14位宽度,而数据是8位宽度。这种结构中,程序储存和数据储存分开,使得存储器的利用效率不高。

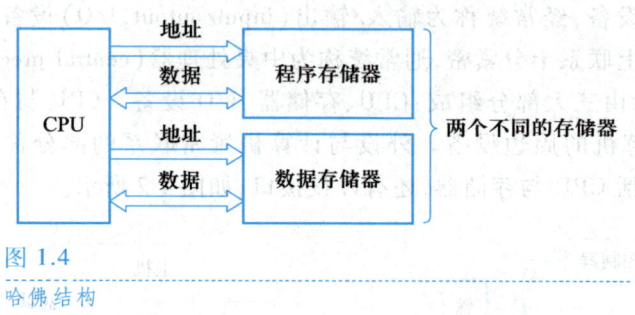

图1.4

哈佛结构

在哈佛结构基础上,出现了改进型哈佛结构。改进型哈佛结构虽然使用两个不同的存储器作为程序存储器和数据存储器,但这种结构中两个存储器的地址总线合并,数据总线也进行了合并,如图1.5所示。原来的哈佛结构需要4条不同的总线,改进后需要两条总线。改进型哈佛结构使用两个独立的存储器模块,分别存储指令和数据,每个存储模块都不允许指令和数据并存,以便实现并行处理。采用公用数据总线,完成程序存储模块或数据存储模块与CPU之间的数据传输。两条公共总线由程序存储器和数据存储器分时共用。

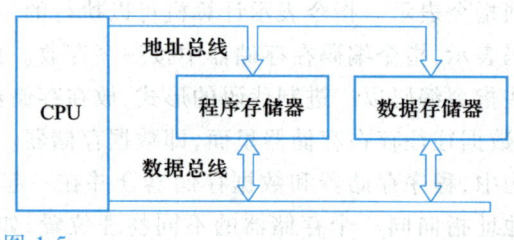

图1.5

改进型哈佛结构

计算机发展过程,性能的提高往往通过增加硬件的复杂性来获得。复杂的高性能硬件系统需要匹配较强的处理高级语言的能力。为了软件编程方便和提高程序的运行速度,计算机设计过程中,需不断增加可实现复杂功能的指令和多种灵活的编址方式,以匹配复杂的硬件系统。这种设计方式被称为复杂指令集计算机(complex instruction set computer,CISC)结构。Intel公司的X86系列计算机就是基于CISC结构的。

在CISC结构中,各种指令的使用率相差悬殊。一个典型程序的运算过程所使用的80%的指令,只占指令系统总量的20%。最频繁使用的指令是数据取存,以及加法这些简单的指令。复杂的指令系统必然带来结构的复杂性,增加了设计时间和设计成本。尽管集成电路的设计、制造技术已达到很高的水平,但也很难把 CISC 的全部硬件做在一个芯片上,妨碍单片计算机的发展。针对 CISC 的这些问题,精简指令设计思路被提出。按照这个原则发展设计的计算机,被称为精简指令集计算机(reduced instruction set computer,RISC)结构。

RISC 结构将计算类指令与读写存储器指令分离,增加了核心通用寄存器的数量,合并了许多指令功能。指令长度规整,指令执行时间大都在一个时钟周期内,这就有利于实现指令的流水线处理,提高了指令的吞吐率。简化指令系统大大降低了系统的复杂性,因而显著地降低了计算机的功耗。这种设计理念在嵌入式系统领域被广泛采用。

1.1.3 计算机的典型部件

1. 总线

总线是遵照一定的通信协议,连接计算机内部多个部件的信息传输线。总线上所连接的部件可以随时加入或者撤销。总线是多个部件共享的数据传输通道,为了防止信号冲突,在某一时刻,只允许一个部件向总线发送信息。总线上面传输的数据就是 0、1 的二进制代码信息。

按二进制信息位的传输方式进行分类,总线可以分为:

(1)串行总线。串行总线使用一根线来传输多位二进制数据。多位二进制数据在这根线上一位跟着一位地进行传输。

(2)并行总线。并行总线由多根传输线组成。传输线的数目与被传输数据的位数相同。每条线负责传输 1 位二进制代码,因而具有较快的传输速度。传输线的数目叫作总线宽度。例如,宽度为 64 的总线一次传输一个 64 位的二进制数据。

依据传输数据内容的不同,总线可以分为:

(1)数据总线(data bus,DB)。数据总线是用于传输数据或指令的一组信号线。数据总线中,信号线的数目称为数据总线宽度,对应一次可传输的数据字长。数据总线宽度与计算机的机器字长一致,通常为 8 位、16 位、32 位、64 位,分别对应 1 字节、2 字节、4 字节、8 字节。数据总线宽度是衡量计算机系统性能的一项重要指标。

(2)地址总线(address bus,AB)。地址总线是用于传输读写数据或取指令所需的存储单元地址的一组信号线。地址总线中信号线的数目称为地址总线宽度。地址总线宽度决定存储器存储单元地址空间范围,比如 32 位地址总线对应 4 G 地址空间。

(3)控制总线(control bus,CB)。控制总线是用于传输读写存储器控制信号的一组信号线。控制信号有读/写信号、同步信号、复位信号等。

2. CPU

CPU 简化结构如图 1.6 所示,可以划分成 3 个部分:控制单元、运算单元和存储单元。

控制单元是整个 CPU 的指挥控制中心,协调 CPU 有序工作。它从存储器中依次取出各条指令,经过指令译码确定应该进行什么操作,然后通过执行控制器按确定的时序,向相应的部件发出操作控制信号。

运算单元是可以执行算术运算和逻辑运算等计算功能的组合电路,主要包括算术逻辑单元 ALU(arithmetic and logic unit)。有些 CPU 还配备专门的乘法器、除法器和桶形移位器。运算单元接受控制单元的命令进行动作,是 CPU 的执行单元。运算器处理的数据来自存储单元,计算

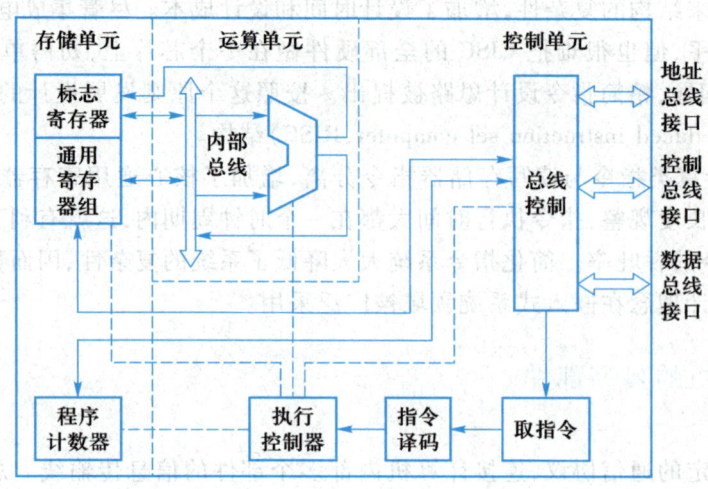

图 1.6
CPU 简化结构

结果送回存储单元。

存储单元主要由一系列寄存器构成,包括标志寄存器、通用寄存器组、程序计数器,是 CPU 中暂时存放数据的地方,里面保存待处理的数据和计算结果。存储单元的功能有别于存储器,不属于存储器。CPU 通过寄存器存取数据比通过存储器快得多。使用寄存器操作可以减少操作存储器的次数,从而提高 CPU 的工作速度。但因为受到芯片面积和集成度所限,寄存器组的容量不可能很大。

计算机在执行一个程序之前,必须先要获得程序的起始地址。计算机内部有一个存放程序首地址的存储装置,这个存储装置就叫作程序计数器(program counter,PC)。当计算机需要执行某个程序时,首先要把该程序的首地址放入程序计数器。为了使计算机能够在执行了当前指令之后可以正确读取下一条指令,程序计数器具有在读取了当前指令之后自动指向下一条指令地址的功能。

计算机执行一条指令的动作被分成三个阶段:取指令、指令译码和执行指令。取指令时,按 PC 的指向从存储器取指令的第 1 个字节。每条指令在存储器中可以占据多个字节。如果指令是一条多字节指令,则取指令装置再取指令的第二个字节,按此做法直至取到一条完整指令并存入指令寄存器,此时 PC 中的地址为下一条指令的首地址。指令译码器对指令寄存器中的指令进行分析,如指令要求操作数,则从指令中提取操作数地址。执行指令时,按操作数的地址获得操作数,执行指令规定的操作,并根据指令的要求保存操作结果。

指令"MOV A,0x5C"对应的存储空间中的代码为 0xB05C。这个指令表征的意思为将 0x5C 数值存入累加器 A 中。CPU 执行这个指令过程如图 1.7 所示。执行这个指令之前,需要将指令的存储地址 0x1000 存入程序计数器中。

本指令的执行过程如下:

(1)将程序计数器中的地址值送到地址寄存器,程序计数器自动加1,即程序计数器中的地址变为 0x1001。

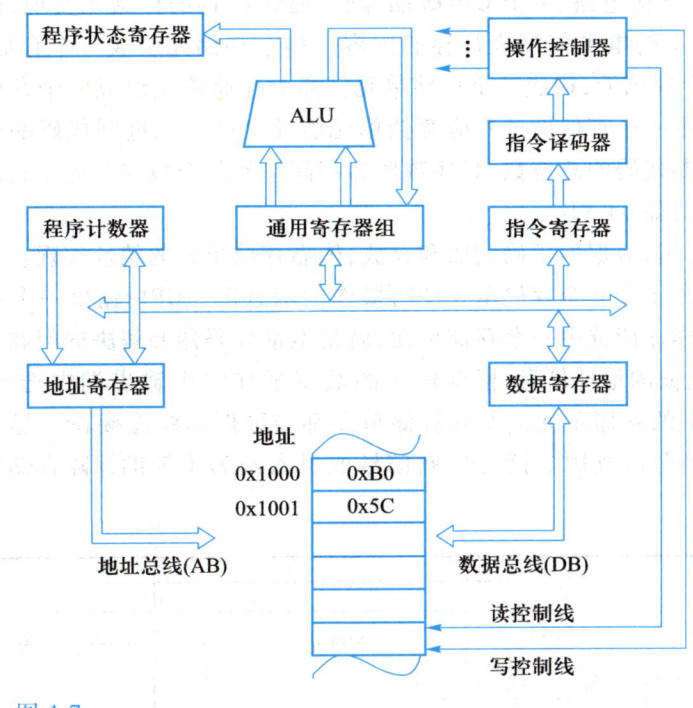

图 1.7
指令执行过程

（2）地址寄存器中的地址,经地址总线送到存储器地址管理单元,经译码后选通 0x1000 单元。

（3）控制单元发出读信号,将 0x1000 单元中的数据 0xB0,经数据总线传送到数据寄存器。由于该数据是指令中的操作码,因此由数据寄存器再传送至指令寄存器。

（4）CPU 控制单元发出指令所规定的控制信号,使指令译码器对指令寄存器中的指令进行分析。

（5）根据控制信号的指示,得知指令不完整,因此把 PC 中的地址值 0x1001 送到地址寄存器,并且 PC 自动加 1,变为 0x1002。

（6）地址寄存器中的地址 0x1001 通过地址总线选通存储器的 0x1001 单元,并发出读信号,将该存储单元中的数据 0x5C 读入数据寄存器。

（7）因为 0x5C 为操作数,按照指令的规定,该数据被送入通用寄存器 A。

这条指令执行完成后,位于 0x1002 存储单元的指令将被执行。位于存储空间的指令将会被一条一条地逐步执行。

3. 存储器

存储器是计算机的记忆设备,用来存放程序和数据。计算机中的全部信息,包括输入的数据、计算机程序、中间运行结果和最终运行结果都保存在存储器中。它根据控制器指定的地址,进行存入和取出信息。

构成存储器的存储介质,目前主要采用半导体器件和磁性材料。存储器中,基本存储单位可以通过一个双稳态半导体电路、一个 CMOS 晶体管、磁性材料的存储元实现,用于存储一个二进制代码,具体采用 0、1 的电平信息表征存储内容。多个存储元组成一个存储单元,通常选择 8 个、16 个、32 个、64 个存储元,构成一个存储单元。多个存储单元组成一个存储器。存储器的存储字长,就是存储器中一个存储地址对应存储单元能够存储的二进制代码的位数。存储器的容量,就是能存放二进制代码的总位数,具体数值为存储单元的个数与存储字长的乘积。存储器的容量通常以字节表示,如 64 KB。

多个存储单元之间,数据的正确读取和存放,依靠存储单元的编址实现。每个存储单元具备 1 个地址。图 1.8 给出了 256 个存储单元读写操作的示意图。CPU 输出一个存储器地址到地址总线上,这个地址怎样才能选中一个存储单元,就是地址译码器要解决的问题。地址译码器的输入信号为用数字量表征的地址信息,根据输入的数字量在多个输出端中选择一个有效。这个有效的输出就是选中的存储单元。所有存储单元都与数据总线连接在一起。地址译码器的引入实现了数据总线的分时复用。读写控制信号的引入是为了辅助保障存储器进行正常的数据操作。

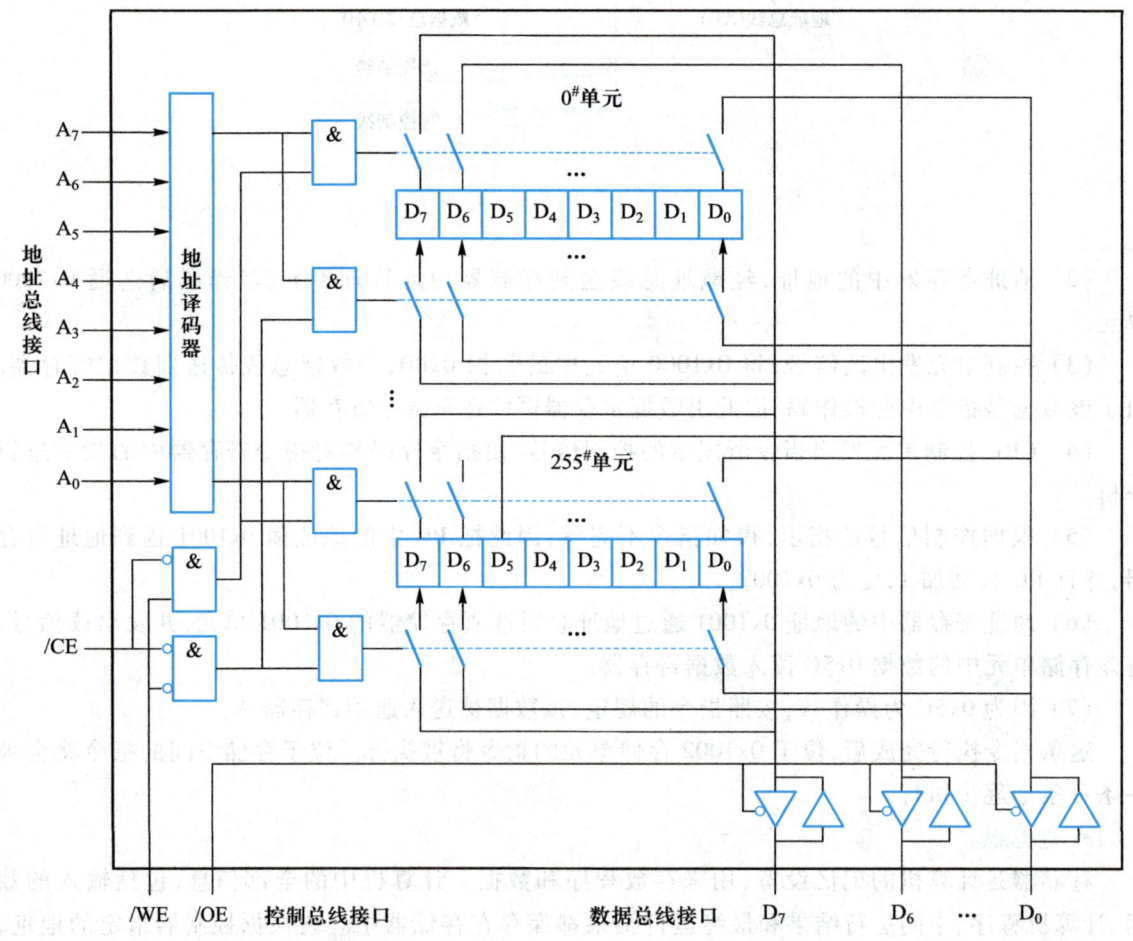

图 1.8

存储单元读写操作的示意图

CPU 可以读写存储器,有些外设也可以借助直接存储器访问 DMA(direct memory access)控制器直接读写存储器。读存储器操作和写存储器的操作时序如图 1.9 所示。在读周期内,由地址选中的存储单元选通输出,读信号/OE 有效后,出现在数据总线上的数据可以被读走。在写周期内,针对地址选中的存储单元,写信号/WE 有效后,存储单元内容跟随数据总线的状态变化。写信号有延迟,以保证在地址不稳定的阶段不会错误地改写其他存储单元的内容。写信号/WE 撤销后,存储单元的内容保持不变。为保证写入内容可靠,写入数据在总线上会继续保持一段时间。

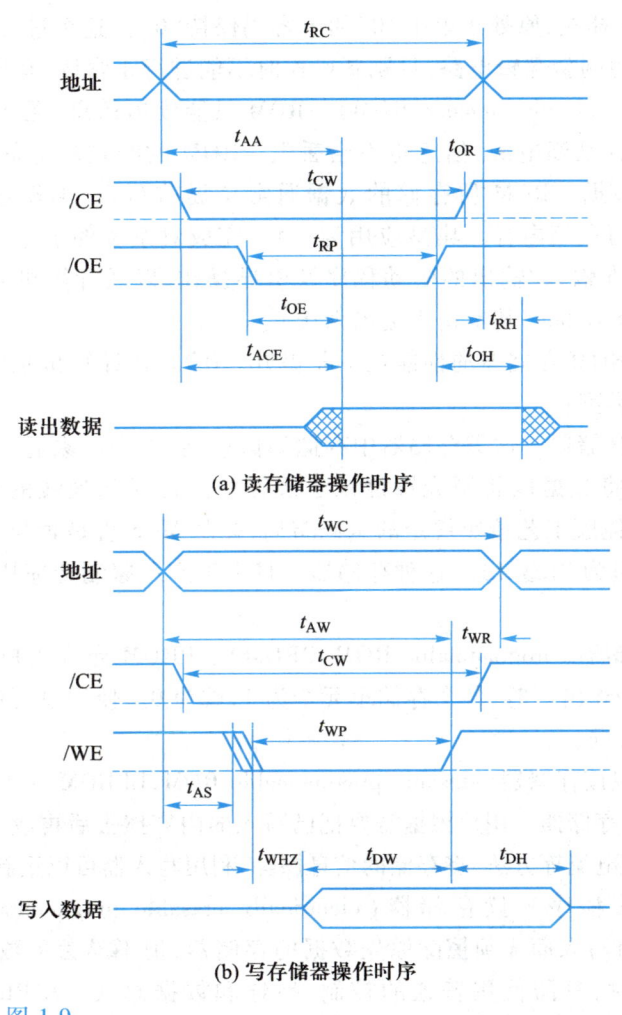

图 1.9
存储器的操作时序

依据存储器的物理存储机理不同,存储器主要分为以下几类:

(1)随机读写存储器(random access memory,RAM)。所谓"随机读写",指的是当存储器中的数据被读取或写入时,所需要的时间与这段信息所在的位置无关。任何 RAM 中存储的信息在断电后均不会保存。根据存储单元的工作原理不同,RAM 分为静态 RAM 和动态 RAM。两种类型存储器对比为:

① 静态随机存储器(SRAM)的静态存储单元,是在静态触发器的基础上附加门控信号而构成。SRAM 是靠触发器存储数据,存放的信息在不停电的情况下能长时间保留,状态稳定,不需外加刷新电路,简化了外部电路设计。SRAM 的基本存储电路中所含晶体管较多,故集成度较低,且功耗较大。

② 动态随机存储器(DRAM)利用电容存储电荷的原理保存信息,电路简单,集成度高。由于电容本身具有放电特性,当电容存储有电荷时,过一段时间电容放电,会导致电荷流失,使保存的信息丢失。因此,每隔一定时间,需对 DRAM 进行读出和再写入,使原处于逻辑电平"1"的电容上所泄放的电荷得到补充,原处于电平"0"的电容仍保持"0"。这个过程为 DRAM 的刷新。刷新过程使得 DRAM 需要刷新逻辑电路,且刷新操作时不能进行正常读、写操作。

(2) 只读存储器(read only memory,ROM)。ROM 只能读出信息,无法写入信息。信息一旦写入后就固定下来,即使切断电源,信息也不会丢失。ROM 的结构较为简单,使用方便,常用于存储各种固定程序和数据。ROM 所存储的数据通常是提前写入,工作过程中只能读出,不像RAM 能快速方便地改写存储内容。典型应用为:为了完成对系统的加电自检、系统中各功能模块的初始化、系统的基本输入/输出的驱动程序及引导操作,以及计算机采用 ROM 存储器固化BIOS(basic input output system,基本输入输出系统)。

随着技术的发展,ROM 存储器的性能在不断提升。ROM 在计算机系统中存在大量的应用。ROM 主要有以下几种类型:

① 掩膜编程只读存储器。这类存储器中存储的信息,由生产厂家通过掩膜工艺进行数据的写入。在制造过程中,将数据以特制光罩烧录于线路中。行线和列线的交点处都设置了 MOS管。制造时,最后一道掩膜工艺按照规定的编码布局,控制 MOS 管是否与行线、列线相连。相连时定为 1(或 0),未连时为 0(或 1)。这种存储器一旦由生产厂家制造完毕,用户就无法修改,这限制了应用的灵活性。

② 可编程只读存储器(programmable ROM,PROM)。PROM 允许用户通过专用的设备进行一次性写入数据。PROM 出厂时,各个存储单元全为 1,或为 0。使用过程中,使用编程的方法使PROM 存储所需要的数据。

③ 可编程可擦除只读存储器(erasable programmable ROM,EPROM)。EPROM 可多次编程,是一种以读为主的可读写存储器。用户根据需要把已写入的内容擦去后再改写 ROM。EPROM 可以利用紫外线光源或脉冲电流等方法,将存储的信息擦除,利用写入器可以重新写入新的信息。

④ 电可擦除可编程序只读存储器(electrically erasable programmable ROM,E^2PROM)。E^2PROM 是一种随时可写入而无须擦除原先数据的存储器,把不易丢失数据和修改灵活的优点组合起来。数据修改时,只需使用普通的控制、地址和数据总线。E^2PROM 运作原理类似于EPROM,但擦除使用电场来完成,不需要透明窗。

⑤ 快擦除读写存储器(flash ROM)。flash ROM 是英特尔公司于 20 世纪 90 年代中期发明的一种高密度、非易失性的读写存储器,既有 E^2PROM 的特点,又有 RAM 的特点,是一种全新的存储结构,俗称快闪存储器。flash ROM 使用电可擦除技术。整个存储器可以在 1 s 至几秒内被擦除,速度比 EPROM 快得多。擦除过程针对存储器中的某些块,而不是整块芯片。这类存储器采用单一电源(3.3 V 或者 5 V)供电,擦除和编程所需的电压由芯片内部产生,能够通过在线系统擦除与编程。flash ROM 是典型的非易失性存储器,在正常使用情况下,可保存 100 年而不丢失。

Flash ROM 具有体积小、容量大、成本低、掉电数据不丢失等一系列优点,已成为嵌入式系统中数据和程序最主要的存储介质。它在嵌入式系统中的功能类似于硬盘在个人电脑中的功能。

4. I/O 设备

I/O 设备是计算机与外界环境进行信息传递的必要途径,如键盘、显示器、打印机等外部设备。I/O 设备采用不同类型的信号表征信息,但是所表征信息的方法与 CPU 采用二进制代码有所区别。常用的 I/O 设备表征信号的方法有:

(1)数字量。采用 TTL 或者 CMOS 电平,表示信号 0、1。

(2)模拟量。用电压的高低或电流的大小来表示物理量的大小。常见的有 0~5 V 模拟电压、0~20 mA 电流信号。

(3)开关量。表示为 0、1 两种状态的信号,如开关的断开、接通,用适当的电路可转换成数字量。

(4)脉冲量。以脉冲形式来表示的信号,如用占空比、频率等来表达信息,是一种准数字量。

I/O 设备的工作速度比较慢,往往与 CPU 的工作速度不匹配。信号类型的不匹配,以及工作速度不匹配,使得 I/O 设备不能像存储器那样通过总线与 CPU 直接连接,进行相应的数据传输。在电路设计过程中,需要采用一些特定的电路,作为 CPU 和 I/O 设备之间的中间媒介,把 I/O 设备封装成一个存储器单元。CPU 就可以把 I/O 设备按照管理存储器的方式来处理。这类中间电路称为接口电路,如图 1.10 所示。CPU 通过操作接口电路实现对 I/O 设备的操作。

早期的计算机地址空间较小,提供 I/O 地址空间,用专门的 I/O 指令进行操作。现代计算机的地址空间非常大,采用地址映射的方式识别接口电路,在程序可以把接口看作特殊的存储单元。

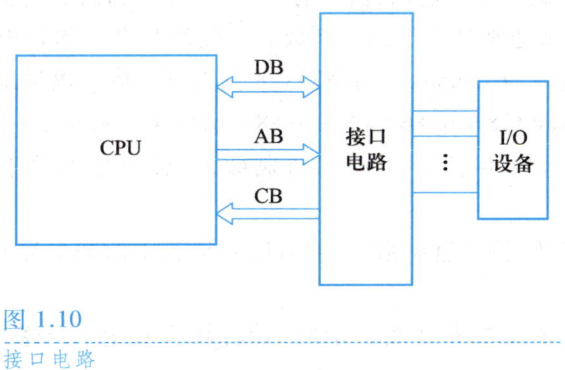

图 1.10
- -
接口电路

1.2 数值运算

计算机使用二进制方式实现不同类型的数值数据的存储和处理。二进制数值采用两种稳定状态的元件就可以实现,如晶体管的导通和截止、继电器的接通和断开、脉冲电平的高低等。CPU 一次处理的二进制数据位数,称为计算机的位数。位数对计算机的性能有重要影响。

计算机内部采用的二进制数,与其他进制数之间的关系如表 1.1 所示。由于二进制数写出来很长,不便于书写和阅读,因此人们常常采用十六进制数或八进制数来表示二进制数。在十六进制数前面加 0x 以示区分。十六进制数的 0~9 与十进制数相同,不用区分。数值 10~15 在十六进制数中用字母 A~F(或 a~f)表示。1 位十六进制数恰好对应 4 位二进制数,熟记对应关系后用起来很方便。

表 1.1 不同进制数之间的关系

十进制	0	1	2	3	4	5	6	7
二进制	0	1	10B	11B	100B	101B	110B	111B
四进制	0	1	2	3	10_4	11_4	12_4	13_4
八进制	0	1	2	3	4	5	6	7
十六进制	0	1	2	3	4	5	6	7
十进制	8	9	10	11	12	13	14	15
二进制	1000B	1001B	1010B	1011B	1100B	1101B	1110B	1111B
四进制	20_4	21_4	22_4	23_4	30_4	31_4	32_4	33_4
八进制	010	011	012	013	014	015	016	017
十六进制	8	9	0xA	0xB	0xC	0xD	0xE	0xF

每个数据可以通过不同个数二进制位进行表示,包括如下情况:

(1) 比特(bit):比特是 1 个二进制位,只有 2 个不同的状态,是信息的最小单位。

(2) 字节(Byte):字节通常是 8 位二进制数。一般都对应 C 语言中基本类型 unsigned char,即无符号字符型。char 是字符 character 的缩写。8 位无符号数的数学定义为:

$$U_8 = b_7 b_6 b_5 b_4 b_3 b_2 b_1 b_0 = 128 * b_7 + 64 * b_6 + \cdots + 8 * b_3 + 4 * b_2 + 2 * b_1 + 1 * b_0$$

(3) 半字(half-word):半字是 16 位二进制数,一般对应 C 语言中的基本类型 unsigned short,即无符号短整型。

(4) 字(word):字是 32 位二进制数,一般对应 C 语言中的基本类型 unsigned long,即无符号长整型。

针对具体数值,采用多位二进制数表示时,计算机存在有符号数和无符号数两大类表示方法:

(1) 有符号数:可以用来区分数值的正负。有符号数用最高有效位 MSB(most significant bit)作为符号位。对于 8 位二进制数就是第 7 位(最低位为 0 号位):1 = 负值;0 = 非负值。除了符号位的其他二进制数表征数值的相对大小。

(2) 无符号数:仅有正值,没有负值。所有二进制数据都用来表示数值大小。

数的表示范围:计算机中的数都是有限长度的,因此其表示范围也有限。在进行加减运算时,计算结果在可表示的范围内循环。以 8 位二进制数为例,负数是将区间[128,255]平移到[-128,-1]。因此无符号数的表示范围是 0~255,有符号非负数的表示范围是 0~127,负数的表示范围是 -128~-1。

图 1.11 是 8 位和 16 位无符号数的表示范围。图 1.12 是 8 位和 16 位有符号数的表示范围。

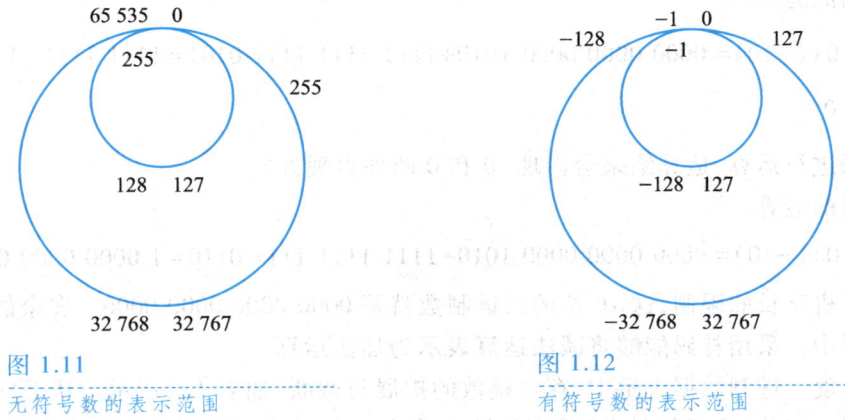

图 1.11
无符号数的表示范围

图 1.12
有符号数的表示范围

无论是否有符号,加一个正数都是沿着圆周顺时针转动,减一个正数都是沿着圆周逆时针转动。有符号数加减运算越过上边的正负边界是正常的符号改变,越过下边的正负边界就是异常的符号改变,也就是说超出了有符号数的表示范围。

在计算机中,表示数据经常用到原码、补码和反码。下面以 16 位二进制为例,说明这三者之间的区别。

(1)原码

原码就是符号位加上真值绝对值的二进制表达形式,即用 1 位表示符号,其余位表示值。最高位存放符号,正数为 0,负数为 1。

10 的原码为 0000 0000 0000 1010。

−10 的原码为 1000 0000 0000 1010。

(2)反码

正数的反码是原码本身;负数的反码是在其原码的基础上,符号位不变,其余各个位取反。负数的反码无法直观地看出来数值,要将其转换成原码再计算。

10 的反码为 0000 0000 0000 1010。

−10 的反码为 1111 1111 1111 0101。

(3)补码

正数的补码就是原码本身。负数的补码是在其原码的基础上,符号位不变,其余各位取反后加 1。负数的补码无法直观地看出来数值,要将其转换成原码再计算。

10 的补码为 0000 0000 0000 1010。

−10 的补码为 1111 1111 1111 0110。

采用补码的原因就是解决计算机减法或者有负数参与的加法问题。引入补码后,计算机内部只有加法没有减法,运算的设计更简单。

只采用原码的运算:

$10-10=10+(-10)=$ 0000 0000 0000 1010+1000 0000 0000 1010=1000 0000 0001 0100

$=-020$

显然,这个结果不正确。

采用反码的运算:

10−10 = 10+(−10) = 0000 0000 0000 1010+1111 1111 1111 0101 = 1111 1111 1111 1111

$$= -0$$

采用反码进行运算,运算结果会出现−0 和 0 两种表现方式。

采用补码的运算:

10−10 = 10+(−10) = 0000 0000 0000 1010+1111 1111 1111 0110 = 1 0000 0000 0000 0000

受到计算机字长的限制,这 16 位的二进制数就是 0000 0000 0000 0000。多余的最高位保存在状态寄存器中。采用补码能够将减法运算表示为加法运算。

在不同长度二进制数据表示中,存在整数的扩展与截断,如表 1.2 所示。从下向上是整数的扩展,字长增加,正数(含无符号数)最高位补 0,负数高位补 1。从上向下是整数的截断,字长减少,正数(含无符号数)去掉最高位多余的 0,负数去掉最高位多余的 1。整数截断有时会超出表示范围,如无符号数去掉的部分包含 1,有符号数去掉的 0 或 1 与剩下的最高位不同。无符号数的最短表示是去掉所有最高位的 0,至少剩 1 位,如 0 和 1 的最短表示是 1 位,2 和 3 的最短表示是 2 位。有符号数的最短表示是去掉最高位相同的 0 或 1,只留下其中一个 0 或 1,所得结果的最高 2 位不同或只剩 1 位,如−1 和 0 的最短表示是 1 位,−2 和 1 的最短表示是 2 位。

表 1.2 整数的扩展与截断

位数	正数 100	负数−100	无符号数 257	有符号数 128	负数−129
32 位	0x0000 0064	0xFFFF FF9C	0x0000 0101	0x0000 0080	0xFFFF FF7F
16 位	0x0064	0xFF9C	0x0101	0x0080	0xFF7F
8 位	0x64	0x9C	0x01 = 1	0x80 = −128	0x7F = 127

受数据字长的限制,数据在运算过程中,经常出现如下几种特殊情况:

(1)**加法的进位**。加法的和超出指定字长即需要进位。比如指定 8 位字长:

200+100 = 0x12C,得 0x2C = 44,进 1,即 200+100 = 300 = 256+44。

注意:进位只对无符号数有意义,对于 8 位字长,计算结果在 0~255 范围内循环。

(2)**减法的借位**。不够减时,需从指定字长之外借位。比如指定 8 位字长:

44−100 = 0x12C−0x64 = 0xC8 = 200,借 1,即 44−100 = −56 = −256+200。

注意:借位只对无符号数有意义,对于 8 位字长,计算结果在 0~255 范围内循环。

(3)**溢出**。溢出为加减法计算的结果超出有符号数的表示范围。加法溢出实际上只是向符号位进位(辅助进位)而没有发生进位;减法溢出实际上是从符号位借位(发生在辅助进位)而没有发生借位。比如指定 8 位字长:

100+50 = 0x64+0x32 = 0x96 = −106,0x96 ≥ 0x80,应得正值,实际得到负值;

−100+(−50) = 0x9C+0xCE = 0x6A = 106,0x6A ≤ 0x80,应得负值,实际得到正值;

−100−50 = 0x9C−0x32 = 0x6A = 106,0x6A ≤ 0x80,应得负值,实际得到正值;

100−(−50) = 0x64−0xCE = 0x96 = −106,0x96 ≥ 0x80,应得正值,实际得到负值。

注意： 溢出只对有符号数有意义，对于 8 位字长，计算结果在 $-128 \sim 127$ 范围内循环。溢出会引起符号异常改变。

以下例子是符号正常改变，不是溢出：

$-2+5=0\text{xFE}+5=0\text{x}03$，负数增大变成正数；

$3-5=-2=0\text{xFE}$，正数减小变成负数。

嵌入式计算机在进行数据操作过程中，经常出现如表 1.3 所示的条件标志位。利用这些条件标志位，借助于软件算法，可以进一步分析得到正确计算结果。

表 1.3　计算结果的条件标志位

条件标志位	值为 0	值为 1	含义
N 符号位	非负值，正值或零值 大于或等于	负值 小于	运算结果的符号位 有符号数比较
Z 零值标志	非零值 不等于	零值 等于	运算结果是否零值 比较
C 进位位	加法无进位 减法有借位 低于	加法有进位 减法无借位 高于或相同	加法有无进位 减法有无借位 无符号数比较
V 溢出标志	无溢出	有溢出	运算结果有无溢出

1.3　嵌入式系统

1.3.1　嵌入式系统的特点

嵌入式系统是指以应用为中心，以计算机技术为基础，软件硬件可裁剪，适应应用系统对功能、可靠性、成本、体积、功耗等严格要求的专用计算机系统。

从嵌入式系统的定义来看，嵌入式系统的特点为：

（1）嵌入式系统包含硬件和软件两大部分。整个系统功能的实现需要建立在软件和硬件紧密耦合的基础之上。只含有硬件电路的系统不能称为嵌入式系统。

（2）"嵌入式"反映了嵌入式系统通常是更大系统中的一个部分，可以认为是嵌入到大系统中的系统。如一架飞机中包含多个嵌入式系统，包括用于机翼控制的嵌入式系统、用于起落架收放的嵌入式系统、用于舱内压力控制的嵌入式系统等。

（3）以应用为中心。嵌入式系统的设计初衷是满足用户的特定需求。

（4）专用性。嵌入式系统在可靠性、实时性方面有较高的要求，服务于特定应用，不强调类似个人电脑系统的通用性。

（5）嵌入式系统最基本的支撑技术是计算机技术。这些技术包括：集成电路设计技术、传感与检测技术、通信技术、模拟电路技术、数字电路技术、信号处理技术、自动控制技术、程序设计技术。一个嵌入式的系统设计过程就是一个典型的多学科技术融合应用的过程。

（6）软硬件可裁剪性。不同的应用领域所对应的设计要求，如功能性能、可靠性、成本、功耗等，都会有所不同，在硬件和软件方面很难采用同样的设计方案。依据需求的不同，在软件平台和硬件平台中，灵活选择适用于需求的方案，是嵌入式系统发展的必然技术路线。

（7）低功耗特性。嵌入式系统设计过程中，功耗是一个必须考虑的因素。大耗电量直接影响到硬件系统成本，并带来散热问题。低功耗在电子产品领域里面尤其重要。低功耗的实现，需要从硬件设计和软件设计两个角度进行。

（8）低成本特性。成本包括硬件成本和软件成本。硬件成本主要取决于所使用的嵌入式计算机类型、存储空间，以及相应的外围芯片等；软件成本通常难以预测，但一个好的软件设计架构有利于降低软件成本。软件成本往往高于硬件成本。

（9）不可垄断特性。通用计算机行业的技术具有垄断特性。通用计算机工业的基础被认为是由 Wintel（Microsoft 和 Intel 在 20 世纪 90 年代初建立的联盟）垄断的行业。嵌入式系统行业是一个分散的行业，充满竞争、机遇与创新，即便在体系结构上存在主流，但各不相同的应用领域决定了不可能有少数公司、少数产品垄断全部市场。目前，没有哪个硬件平台和软件平台在嵌入式系统领域能够垄断市场。嵌入式系统留给各个行业的中小规模技术公司的空间很大。

（10）相对稳定性。通用计算机系统处理器更新速度在 18 个月左右。嵌入式处理器的更新速度往往为 8~10 年。1981 年，Intel 公司推出的 MCS-51 系列单片机，仍然被用于嵌入式系统设计。

（11）高性能应用软件。嵌入式计算机的软件与通用计算机有所不同。嵌入式系统的硬件资源比较少，因此对嵌入式系统软件设计提出了较高的要求。设计过程中，往往要求在有限资源中实现高可靠性和高性能，以保证嵌入式系统产品的高性价比，使其具有更强的竞争力。

（12）特定的开发环境和开发工具。通用计算机借助于显示器，具有良好的人机接口界面，使得应用程序和开发环境安装于自身即可。嵌入式计算机自身资源有限，开发时需要将开发平台建立在硬件资源丰富的通用计算机上。应用程序的编写、编译、链接等过程需要借助通用计算机实现。

1.3.2 嵌入式计算机

嵌入式计算机是嵌入式系统的核心部分，其性能直接关系到整个嵌入式系统的性能。当前，国内外嵌入式计算机的种类超过 1 000 种。嵌入式系统广阔的应用空间，使得很多半导体制造商都大规模生产嵌入式计算机，其处理速度最快可以达到 2 000 MIPS（million instructions per second，每秒处理的百万级机器语言指令数）；封装从 8 个引脚到 144 个引脚不等。目前的嵌入式计算机可以分为如下 4 类。

1. 嵌入式微处理器

嵌入式微处理器（micro processor unit，MPU）由通用计算机中的 CPU 演变而来，基础是通用计算机中的 CPU。与通用计算机处理器不同的是，MPU 将 CPU 装配在专门设计的电路板上，只保留和嵌入式应用紧密相关的功能硬件，去除其他的冗余部分，以最低的功耗和资源实现嵌入式应用的特殊要求。和通用计算机相比，MPU 具有体积小、重量轻、成本低、可靠性高的优点。MPU 及其存储器、总线、外设等安装在一块电路板上，称为单板计算机。

图 1.13 所示的 PC104 主板就是典型的 MPU 单板计算机。PC104 是一种工业总线标准。PC104 主板的标准化、精确化的特点,使得多个模块电路可以堆叠在一起,建立起嵌入式计算机系统。基于 PC104 构建的嵌入式系统在工厂、实验室、复杂控制系统中都有广泛的应用。

2. 嵌入式微控制器

嵌入式微控制器(micro controller unit,MCU),简称为单片机。在 MCU 内部,除了 CPU 之外,通常集成 ROM、RAM、定时器/计数器、看门狗、数字量输入输出接口、串行接口、脉宽调制输出、A/D 转换器等各种外设模块。和嵌入式微处理器相比,MCU 的最大特点是计算机系统单片化,体积大大减小,从而使功耗和成本下降、可靠性提高。为适应不同的应用需求,一个系列的 MCU 具有多种衍生产品,但内核都是一样的,不同的是存储器、外设的配置,以及芯片封装,以最大限度地和应用需求相匹配。微控制器是目前嵌入式系统工业的主流,占嵌入式系统约 70% 的市场份额。单片机片上外设资源比较丰富,适合于控制,因此也称微控制器。

MCU 的典型代表为 8051 单片机。从 20 世纪 80 年代出现到今天,虽然已经经过了 40 多年的历史,但这种 8 位单片机在嵌入式设备中仍然有着极其广泛的应用。8051 是一种 8 位的 MCU,属于 MCS-51 芯片的一种,由 Intel 公司于 1981 年制造。Intel 公司将 MCS-51 的核心技术授权给了很多其他公司。国内外很多公司在做以 8051 为核心的单片机。图 1.14 给出了某类 8051 单片机的外观,采用双列 DIP-40 进行封装。

图 1.13

PC104 主板

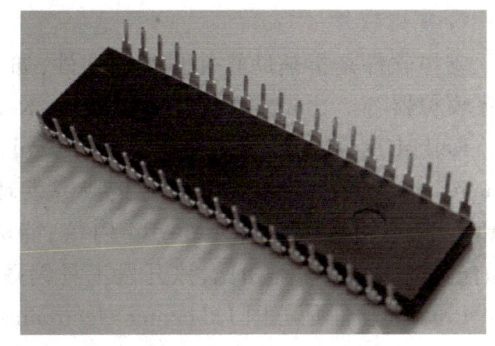

图 1.14

8051 单片机的外观

3. 嵌入式数字信号处理器

嵌入式数字信号处理器(digital signal processor,DSP)在 MCU 基础上,对系统结构和指令进行了特殊设计,使其适合于执行数字信号处理算法,编译效率较高,指令执行速度也较快。基于 DSP 设计的嵌入式系统,由于采用了大量数字信号处理算法,如数字滤波算法、FFT 等,因而具有较强的数据处理能力。1982 年,世界上诞生了首枚 DSP 芯片。经过多年的发展,DSP 的运算速度和数据处理能力得到较大的提高。

嵌入式 DSP 处理器有代表性的产品是美国 Texas Instruments 公司(TI)的 TMS320 系列处理器。TMS320 系列处理器包括用于控制的 C2000 系列、用于移动通信的 C5000 系列,以及性能更高的 C6000 和 C8000 系列。图 1.15 为广泛应用于运动控制领域的 TMS320F2812 的实物照片。

4. 嵌入式片上系统

集成电路的发展历史一直遵循摩尔规律。随着半导体工艺和超大规模集成电路设计技术的飞速发展,在一个芯片中可实现一个复杂的系统,这个系统就是片上系统(system on chip,SOC)。SOC设计技术使嵌入式计算机的设计者面对的不再是电路元件,而是把各种通用嵌入式计算机内核,以及各种外围功能部件,作为标准库中的元件。内核和外设与许多电路元件一样,成为设计中的标准器件,用标准的VHDL等语言描述。这对于减少体积和功耗、提高可靠性非常有利。SOC使系统设计技术发生革命性变化,标志着嵌入式计算机全新时代的到来。

图 1.15
TMS320F2812 的实物照片

使用SOC技术可以十分方便地实现嵌入式计算机设计。各种嵌入式计算机结构的设计,只要根据需要选择相应的内核,再根据设计要求选择与之配合的模块即可。SOC技术的引入,为嵌入式系统向低成本方向发展带来极大推动力。基于ARM内核的嵌入式计算机就是SOC的典型代表。

1.3.3 嵌入式系统软件

嵌入式软件与嵌入式系统是密不可分的,用于实现对嵌入式系统的控制、监视或管理等。嵌入式软件可以分为支撑软件、应用软件和系统软件三大类。

1. 支撑软件

支撑软件是指辅助软件开发的软件,如系统分析设计工具、在线仿真工具、交叉编译器和源程序模拟器等。比较常用的支撑软件为:Keil MDK 和 Proteus。

Keil MDK 开发工具源自德国 Keil 公司,被全球上百万的嵌入式开发工程师使用。该软件包括 uVision3、uVision4、uVision5 等集成开发环境与 ARM 编译器;支持 ARM7、ARM9、Cortex-M0、Cortex-M3、Cortex-M4、Cortex-R4 内核;能够自动配置启动代码,集成 flash 烧写功能。与 ARM 之前的工具包 ADS 等相比,该开发工具编译器性能改善超过 20%。

Proteus 软件是英国 Labcenter electronics 公司的 EDA 工具软件。除了具备与其他 EDA 工具一样的原理布图、PCB 自动或人工布线及电路仿真的功能外,Proteus 还能够实现嵌入式计算机的仿真,能够在基于原理图的虚拟原型上编程,实现软件源码级的实时仿真。利用 Proteus 软件可以实现嵌入式系统虚拟化开发。

2. 应用软件

应用软件是嵌入式系统中的上层软件,定义了嵌入式设备的主要功能和用途,并负责与用户进行交互。应用软件的编写主要通过汇编语言和 C 语言两种方式实现。

利用汇编语言编写的程序,通常称为指令。嵌入式计算机只能用二进制形式的编码来表示指令,因此指令可以称为代码。嵌入式计算机的一条指令就是由一个或多个字节组成的一串二进制代码。指令既要指明嵌入式计算机需要做的操作,还要以某种方式提供被操作的数据。所以指令由两部分组成:表示运算操作的操作码和表示数据的操作数。嵌入式计算机内部的指令译码器负责对指令进行解释和翻译。嵌入式计算机内部的控制器发出相应的控制信息,指挥运算器和存储器协同完成指令所要求的操作。每个嵌入式计算机的指令译码器所能解释的指令是在设计时规定好的。凡是嵌入式计算机指令译码器所能解释的指令,就是该嵌入式计算机所能够使用的合法指令。这些合法指令的集合称为指令集。

用汇编语言开发的程序执行效率很高,不会产生冗余代码,节省内存,并且运行速度很快。但是,汇编语言缺点就是语法的逻辑性不够直观,开发效率低下。例如,只用一条高级语言语句就可以实现的功能,需要多条汇编指令才能实现。

C 语言具有高效、灵活、功能丰富、表达力强和移植性好等特点,是目前最常用的编程语言。C 语言属于高级语言,能够采用结构化编程,而且程序很容易读懂。使用 C 语言编程,进行小量修改就可以移植到不同的嵌入式平台中。

相比于通用计算机系统软件,嵌入式系统应用软件具有以下特点:

(1)为了提高执行速度和系统可靠性,嵌入式系统应用软件固化在存储器中,而不是存储于磁盘等载体中。

(2)嵌入式系统本身不具备自行开发能力。程序设计和维护过程中,必须有一套开发工具和环境。

(3)软件跟硬件紧密耦合。在软件设计过程中,必须考虑硬件,这给开发和调试都带来了很多不便。

(4)程序代码精简。由于嵌入式系统本身具有小体积、小存储空间、低成本、低功耗等要求,因而嵌入式软件具有代码精简的特点。

(5)可靠性高。嵌入式系统应用要求一般较为苛刻,特别是在涉及国防相关的领域。嵌入式软件需要运行可靠、稳定,具有错误处理及故障恢复等功能。

3. 系统软件

系统软件控制和管理嵌入式系统资源,为嵌入式系统提供支持,如设备驱动程序、嵌入式操作系统等。

嵌入式系统由硬件和软件组成,在发展初期没有操作系统这个概念,用户使用程序来监控嵌入式计算机的工作状态。随着技术的发展,嵌入式系统的硬件、软件资源也越来越丰富,监控程序已不能适应嵌入式系统的应用要求。嵌入式操作系统(embedded operating system,EOS)是指用于嵌入式计算机的操作系统,是直接运行在"裸机"上的最基本的系统软件。应用软件必须在操作系统的支持下才能运行。嵌入式操作系统管理和控制嵌入式计算机的硬件与软件资源,包括与硬件相关的底层驱动软件、系统内核、设备驱动接口、通信协议,以及全部软硬件资源的分配、任务调度、控制、协调。

应用程序通过操作系统间接控制硬件。因此如果硬件平台发生改变,只要依旧与操作系统兼容,那么程序就不会改变。嵌入式系统引入了操作系统后,在嵌入式系统开发方面有以下优点:

(1)软件移植性好。

(2)软件开发人员不需要过多了解硬件,只要学会操作系统中功能的调用即可,极大地提高了效率。

(3)操作系统提供了很多开源的软件、工具、库,便于软件开发。

(4)可以实现多任务操作。

目前,在嵌入式领域广泛使用的嵌入式实时操作系统有:μC/OS-Ⅱ、uCLinux、Windows CE 等。

μC/OS-Ⅱ是一个源代码公开、可移植、可固化、可裁剪、占先式的实时多任务操作系统,其绝大部分源码是用 ANSI C 编写,存在部分与嵌入式计算机类型相关的汇编语言代码,可供不同架构的嵌入式计算机使用。μC/OS-Ⅱ已在超过 40 种不同架构的嵌入式计算机上运行。虽然 μC/OS-Ⅱ是在 PC 上开发和测试的,但实际对象是嵌入式系统,并且可以很容易移植到不同架构的嵌入式计算机上。

uClinux 是嵌入式应用领域的 Linux 系统,是 Lineo 公司的主打产品,同时也是开放源代码的嵌入式 Linux 典范之作。它通常用于具有很少内存或 flash 的嵌入式计算机中。uCLinux 可以应用于没有存储管理单元 MMU 的嵌入式计算机,如 ARM7TDMI。

WinCE 是微软公司开发的一个开放的、可升级的 32 位嵌入式操作系统,可以看作是精简的 Windows 95,具有较好的图形用户界面。Win CE 继承了传统 Windows 的图形界面,具有模块化、结构化和基于 Win32 应用程序接口等特点。与其他嵌入式操作系统相比,Windows CE 为开发人员提供了友好的开发工具,如 Visual C++和 Visual Studio.NET 等。

手机操作系统是在嵌入式操作系统基础之上发展而来的专为手机设计的操作系统。除了具备嵌入式操作系统的功能(如进程管理、文件系统、网络协议栈等)外,还需有针对电池供电系统的电源管理功能、与用户交互的输入输出功能、无线通信功能等。常见的手机操作系统有Android、iOS、鸿蒙等。2019 年 5 月 17 日,华为宣布开发了自主知识产权的鸿蒙操作系统。2020年 9 月 10 日,华为鸿蒙系统升级至 2.0 版本,在关键的分布式软总线、分布式数据管理、分布式安全等分布式能力上进行了全面升级。鸿蒙操作系统是时代的产物,代表中国高科技必须开展的一次战略突围,是中国解决诸多"卡脖子"问题的一个带动点。

1.3.4　嵌入式系统应用

现实生活的人们将会无时无处不接触到嵌入式产品,从家里的洗衣机、电冰箱,到作为交通工具的汽车,到办公室里的远程会议系统,等等。嵌入式系统产品在国防、工业、民用领域存在广泛的应用。下面将从 4 个应用场景了解嵌入式系统的应用。

1. 飞机大升力动力驱动装置

现代飞机的速度与载重能力不断提高,使得飞机在起飞和降落阶段需要更大的升力。设计过程中,需采用大升力系统,通过改变襟翼和缝翼的形状,获取更大的动力,改善飞机的飞行性能,如图 1.16 所示。在大升力系统中,动力驱动装置是核心部件。飞机飞行时,飞行员通过驾驶舱内的飞行控制单元,向动力驱动装置控制器发出襟、缝翼伸出或收回的行程目标指令;动力驱动装置收到指令后,驱动动作器,通过齿轮箱和传动轴带动襟翼、缝翼运动;当襟翼、缝翼展开到指定位置后,动力驱动装置发出制动命令,控制刹停整个机构。

稀土永磁材料的磁性能优异,经过充磁后不再需要外加能量就能建立很强的永久磁场。采用稀土永磁材料制作的稀土永磁电机具有结构简单、运行可靠、体积小、重量轻等优点。随着电力电子技术的发展以及稀土永磁电机控制技术的应用,目前采用稀土永磁电机的驱动装置已经在相关飞机上进行应用。基于稀土永磁电机的动力驱动装置就是以嵌入式计算机为核心进行设计。嵌入式控制器所实现的功能,可以概括为:

(1) 接收来自飞行控制系统的命令,进行机翼运动的控制。

(2) 检测驱动电机的位置信息和电压、电流信息。

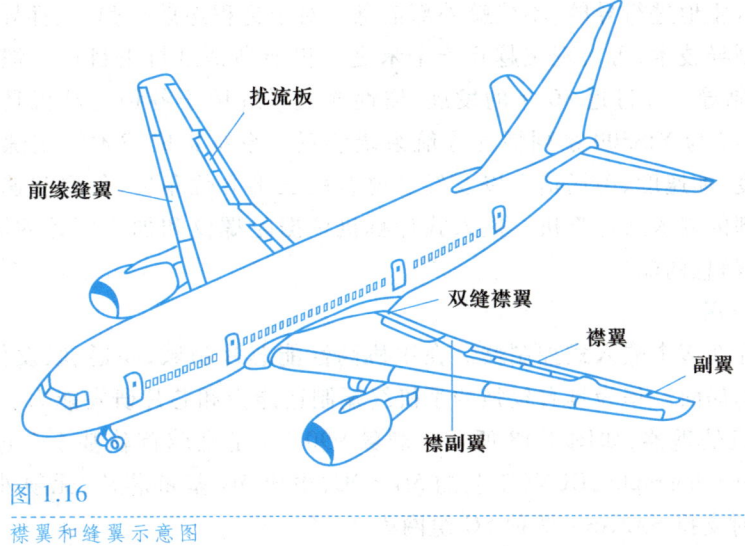

扰流板

前缘缝翼

双缝襟翼

襟翼

副翼

襟副翼

图 1.16
襟翼和缝翼示意图

（3）通过一定的控制律,如 PID 闭环控制等方法,进行闭环控制,产生 PWM 信号,进行驱动电机运行控制。

（4）检测机械位置信号,确定襟翼和缝翼是否达到极限位置及目标位置。

（5）通过所监测的信号进行系统故障的诊断。

2. 电源变换系统

飞机主电源是指由飞机发动机直接或间接传动的发电系统,通过发动机传动发电机实现,对应的典型参数为 115 V、400 Hz。恒速恒频交流电源系统和变速恒频交流电源系统是常用的发电机工作模式。恒速恒频交流电源系统的发电机通过飞机发动机拖动恒速传动装置,直接发出 400 Hz 的恒频交流电。这种发电方式中的恒速传动装置,结构复杂、成本高、维护困难。变速恒频交流电源系统是主要发展方向。发电机控制系统是这种发电系统的重要组成部分,控制电力电子变换器的工作状态,稳定发电机的输出电压。发电机控制系统的核心就是嵌入式计算机。

机载用电设备较多,所需要的电源类型也较多,典型的如直流 270 V、28 V、5 V,以及交流 220 V。这些二次电源在设计过程中同样离不开嵌入式计算机。如利用 BUCK 电路,采用脉宽调制技术,在嵌入式计算机的作用下,就可以将 270 V 的高压直流电转换成低压 28 V 直流电。

随着能源系统的进展,各个国家越来越重视电动飞机的研制。电动飞机依靠电动机而不是液压驱动,能源来自燃料电池、太阳能电池、超级电容器、无线能量传输装置或其他种类的电池等。基于嵌入式系统的电源变换器装置是整个电动飞机工作的基础。

2020 年 9 月,中国明确提出 2030 年"碳达峰"与 2060 年"碳中和"目标。2021 年 10 月 24 日,中共中央、国务院印发了《关于完整准确全面贯彻新发展理念做好碳达峰碳中和工作的意见》。在实现碳中和、碳达峰的过程中,以新能源为主体的新型电力系统构建具有重要意义。在电力能源发、输、配的实现过程中,需要嵌入式系统的支持。

3. 惯性导航系统

惯性导航系统以陀螺和加速度计为基本运动信息传感器,根据陀螺的输出建立导航坐标系,根据加速度计的输出解算出运载体在导航坐标系中的速度和位置。惯性导航系统完全依靠运载体自身设备独立自主地进行导航,不依赖外部信息。对于远程巡航导弹,惯性导航系统加上地图匹配技术或其他制导技术,可实现飞越几千千米之后仍能高精度打击目标。惯性导航系统最先应用于 V-2 火箭制导。经过近 80 年的发展,惯性导航系统用于各种运动机具中,包括飞机、潜艇、导弹等。图 1.17 为 YIS500 系列惯性导航系统装置。系统集成战术级陀螺仪和加速度计可以输出三维角速度、加速度、磁场信息以及经过融合的三维方位角度、位置和速度信息。相关功能的实现依赖内部的嵌入式计算机。嵌入式计算机依据陀螺仪和加速度计的输出,采用组合导航算法,实现导航信息的输出。

4. 华为手机应用

每部手机都存在多个嵌入式控制器。在手机高性能芯片领域,高通、联发科、三星、苹果、华为五家呈现争霸的局面。华为具有较强的手机终端制造能力和芯片研发能力。麒麟 990 是华为研发的新一代手机处理器,如图 1.18 所示。麒麟 990 5G 是全球首款基于 7 nm 和极紫外光刻(extreme ultraviolet lithography,EUV)工艺的 5G SOC,集成 5G 基带芯片,无须外挂 5G 芯片就能实现 5G 网络,同时支持 SA/NSA 两种 5G 组网模式。

图 1.17

惯性导航系统装置

图 1.18

麒麟 990 处理器

随着工业 4.0、医疗电子、智能家居、物流管理和电力控制等领域的快速发展和推进,嵌入式系统利用自身的技术特点,逐渐成为众多行业的必需产品。嵌入式系统在未来的工业和生活中有着越来越广阔的应用前景。

1.4　ARM 内核

1.4.1　ARM 公司

1991 年,ARM(Advanced RISC Machine)公司成立于英国剑桥。最初的 ARM 公司为苹果公司招募了数十名工程师,专门为苹果早期的 Newton 手持设备开发低能耗芯片。公司成立初期,ARM 公司的业绩平平,处理器的出货量徘徊不前。由于资金短缺,ARM 做出了一个意义深远的决定:自己不制造芯片,只将芯片的设计方案授权给其他公司,由它们来生产。正是这个模式,最终使得 ARM 芯片遍地开花。ARM 选择了与 Intel 不同的设计路线(持续迈向 x86 系列高效能设计),专注于低成本、低功耗的研发方向。进入 21 世纪之后,由于手机制造行业的快速发展,出货量呈现爆炸式增长,ARM 处理器占领了大量全球手机市场。

世界各大半导体生产商从 ARM 公司购买其设计的 ARM 内核,根据各自不同的应用领域,加入适当的外围电路,从而形成自己的芯片进入市场。英飞凌、恩智浦、三星、德州仪器等许多公司均拥有各个不同形式的 ARM 授权。授权费和版税就成了 ARM 的主要收入来源。一个基本的内核,ARM 公司就可以得到高达 20 万美元的授权费用。若是包含架构修改,授权费用就可能超过千万美元。ARM 的授权模式极大地降低了嵌入式计算机自身的研发成本和研发风险。这种风险共担、利益共享的模式,形成了一个以 ARM 为核心的嵌入式系统生态圈,使得嵌入式系统的低成本成为可能。

1.4.2　ARM 系列内核

从架构的角度来讲,存在 ARMv1、ARMv2、ARMv3、ARMv4 等构架。从内核版本角度来说,ARM 内核共有 ARM1、ARM2、ARM6、ARM7、ARM9、ARM10、ARM11 和 Cortex 以及对应的修改版或增强版。这些版本中,越靠后的内核、架构,对应的性能越先进,功能也越强。ARM 处理器架构都是基于 RISC 指令集设计。ARM 内核是实现指令集的硬件架构基础。

ARMv1 架构只在原型机 ARM1 上出现过,只有 26 位的寻址空间(64 MB),没有用于商业产品。

首批量产的 ARM 处理器 ARM2 就是基于 ARMv2 架构的。这种架构支持 32 位乘法指令和协处理器指令,但同样仍为 26 位寻址空间。

ARMv3 架构采用高速缓存、MMU 和写缓冲,寻址空间增大到 32 位(4 GB),在 ARM6 上得到应用。

ARMv4 架构增加了 16 位 Thumb 指令集,使处理器可以工作在 Thumb 状态。这种架构目前被广泛应用。ARM7TDMI、ARM8、ARM9TDMI 内核广泛采用这种架构。

ARMv5 架构引入了 DSP 指令,支持 JAVA,提高了 ARM/Thumb 状态之间的切换效率。ARM7EJ、ARM9E、ARM10E 和 Xscale 采用这种架构。

ARMv6 架构增加了用于多媒体处理的单指令多数据 SIMD,提高了语音及图像的处理性能。ARM11 采用的是该类架构。

2004 年,ARMv7 架构诞生,开始以 Cortex 来重新命名处理器,Cortex-M3/4/7,Cortex-R4/5/6/7,Cortex-A8/9/5/7/15/17 都是基于该架构。该架构提升了数字信号处理和多媒体处理吞吐能力,并提供改进的浮点支持 3D 图形和游戏。

2007 年,在 ARMv6 基础上衍生了 ARMv6-M 架构,该架构是专门为低成本、高性能设备而设计,向由 8 位嵌入式计算机占主导地位的市场,提供 32 位功能强大的解决方案。Cortex-M0/1/0+即采用的该架构。

2011 年,ARMv8 架构诞生,Cortex-A32/35/53/57/72/73 采用的是该架构,这是 ARM 公司的首款 64 位处理器架构。

在众多基于 ARM 内核中,比较有代表性的内核有以下几种。

1. ARM7 内核

ARM7 于 1994 年推出,是使用范围最广的 32 位 ARM 系列内核。ARM 的指令执行速度为0.9 MIPS,采用三级流水线和冯·诺依曼结构。这种内核支持 Thumb 16 位压缩指令集和 32 位的 ARM 指令。考虑到低于 ARM6 性能的内核已经不存在相应的产品,ARM7 是目前应用中最低端的 ARM 核。由于 ARM7 没有 MMU(内存管理单元),这种内核不能运行诸如 WinCE 等多用户多进程嵌入式实时操作系统,但是 uCLinux 这类精简实时的 RTOS 不需要 MMU,可以在 ARM7 内核上运行。

2. ARM9 内核

与 ARM7 不同,ARM9 采用哈佛体系结构,指令和数据操作过程中采用不同的总线,提高了数据处理速度。以 load 指令和 store 指令为例,相比于 ARM7,ARM9 执行这两条指令的时间减少了 30%。ARM9 采用五级流水线,将每一个指令处理分配到 5 个时钟周期内,在每一个时钟周期内同时有 5 个指令在执行。ARM9 支持更高的时钟频率,运行速度高达 200 MHz。ARM9 内部存在内存管理单元,使这种内核能够运行诸如 WinCE 等多用户多进程操作系统。通过这些操作系统,可以设计出人性化的人机互动界面,如一些网络产品和手机产品。

3. ARM9E 内核

ARM9E 中的 E 意思是增强型(enhance instruction)DSP 指令。ARM9E 具备 ARM9 内核的功能。ARM9E 使用单一的内核,提供微控制器、DSP、Java 应用系统的解决方案,极大减少了芯片的面积和系统的复杂程度,很适合于同时需要使用 DSP 和微控制器的应用场合。

4. Cortex 系列内核

ARM 公司经在 ARM11 以后的产品改用 Cortex 命名。不同于 ARM 系列内核,Cortex 内核采用不同的架构,包括:

(1) 只支持 Thumb 指令,但是扩展了 32 位指令 Thumb-2 版本。

(2) 内置的嵌套向量中断控制负责中断处理,自动处理中断优先级、中断屏蔽、中断嵌套,具有较低的延迟。

(3) 中断向量表从跳转指令,变为中断和系统异常处理函数的起始地址。

(4) 寄存器组和某些编程模式也做了改变。

依据应用领域不同,Cortex 处理器系分为:Cortex-A(Application Processor,应用处理器)、Cortex-R(Real-time Processor,实时处理器)、Cortex-M(Microcontroller Processor,微控制器处理器)。

Cortex-A 系列应用型处理器适用于具有高计算要求、功能丰富、交互媒体、图形处理等应用领域。Cortex-A 系列处理器具有以下典型系列产品:Cortex-A73 处理器、Cortex-A72 处理器、Cortex-A57 处理器、Cortex-A53 处理器、Cortex-A15 处理器、Cortex-A9 处理器、Cortex-A8 处理器、Cortex-A7 处理器、Cortex-A5 处理器。

Cortex-R 实时处理器面向可靠性、可用性、容错功能、可维护性和实时响应等要求的嵌入式系统应用领域。该系列处理器可以保证响应速度和吞吐量的可靠性操作。Cortex-R 处理器提供的性能比 Cortex-M 系列要高得多,但是其又不像 Cortex-A 系列处理器更偏重于复杂软件操作系统。ARM Cortex-R 系列处理器包括 Cortex-R4、Cortex-R5、Cortex-R7、Cortex-R8 等子系列。

Cortex-M 系列处理器主要针对成本和功耗敏感的嵌入式应用领域。在嵌入式系统设计领域,性能不是选择嵌入式计算机的唯一指标。在许多应用中,低功耗和成本是关键的选择指标。Cortex-M 系列就是基于这一问题进行开发的。Cortex-M 处理器更多地集中在低性能端,但是性能相比于许多传统的微控制器强大许多。例如,Cortex-M4 最大的时钟频率可以达到 400 MHz。Cortex-M 处理器包含各种产品来满足不同的需求,如 Cortex-M0、Cortex-M0+、Cortex-M3、Cortex-M4、Cortex-M7。

Cortex-M0 是能耗最低的 ARM 系列嵌入式计算机内核。在处理器在不到 12 K 门的面积内,能耗仅有 85 μW/MHz,是各种 8 位/16 位处理器应用中的高性价比选择对象。M0 指令只有 56 个,可以快速掌握整个 Cortex-M0 指令集。

Cortex-M3 处理器在低能耗和高性能之间进行了折中设计。由于采用了 Tail-Chaining 中断技术,完全基于硬件进行中断处理,最多可减少 12 个时钟周期数;采用 Thumb-2 指令集,以获得最佳性能和代码大小,包括硬件除法、单周期乘法和位字段操作等指令。

1.4.3 典型 ARM 系列嵌入式计算机

航空工业西安翔腾微电子科技有限公司以 ARMv7-A 架构为基础,采用 Cortex-A7 内核,设计了工作频高达 600 MHz 的 HKSA9201 型嵌入式计算机。该嵌入式计算机主要用于制导武器的核心处理计算、飞行控制、制导控制、任务调度等领域,同时也能很好地满足机电控制领域应用需求。

HKSA9201 嵌入式计算机集成了 2 个内核,具有两级缓存、集成 DDR 接口等资源,能够实现信息快速交互,MMU 内存管理单元实现内存分配与管理,包含以太网、UART、SPI、CAN2.0B、1553B、ARINC429、I²C 等外围接口,是一款高性能、低功耗处理器,其结构如图 1.19 所示。

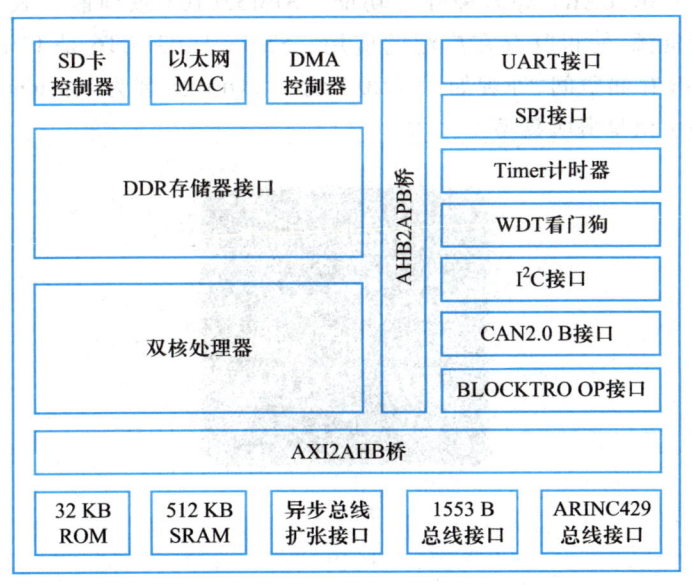

图 1.19
HKSA9201 嵌入式计算机的结构

意法半导体(STMicroelectronics)集团于 1987 年 6 月成立,是由意大利的 SGS 微电子公司和法国 Thomson 半导体公司合并而成。相关的工业统计数据显示,意法半导体是全球第五大半导体厂商,在很多市场居世界领先水平。STM32 系列嵌入式计算机就是由意法半导体购买 ARM 公司内核,生产的面向高性能、低成本、低功耗等应用领域的嵌入式计算机。STM32 系列产品包括:主流产品(STM32F0、STM32F1、STM32F3)、超低功耗产品(STM32L0、STM32L1、STM32L4)、高性能产品(STM32F2、STM32F4、STM32F7、STM32H7)。

STM32 系列包含不同的产品,且通过命名进行分类。STM32 产品对应的名称,共分为 7 个部分,以 STM32 F103 V C T 6 进行具体说明:

(1)内核类型。STM32 代表该处理器采用 ARM Cortex-M 系列的 32 位内核。

(2)芯片子系列。其中 F 代表 flash 存储器系列。F0xx 和 F1xx 系列为 2.0~3.6 V,F2xx 和 F4xx 系列为 1.8~3.6 V。L 为低电压(1.65~3.6 V)系列。W 为无线系统应用系列。

(3)103 表示增强型系列。其余表示方法中,101 为基本型;102 为 USB 基本型;105 为互联型。

(4)引脚数目。其中,T 代表 36 脚,C 代表 48 脚,R 代表 64 脚,V 代表 100 脚,Z 代表 144 脚,I 代表 176 脚。

(5)flash 容量。其中,4 代表 16 KB;6 代表 32 KB;8 代表 64 KB;B 代表 128 KB;C 代表 256 KB;D 代表 384 KB;E 代表 512 KB;G 代表 1 MB。

(6)芯片封装模式。其中,H 代表 BGA 封装,T 代表 LQFP 封装,U 代表 VFQFPN 封装。

(7)应用温度范围。其中,6 代表-40~85 ℃;7 代表-40~105 ℃。

STM32F103 系列嵌入式计算机是一种属于 32 位 ARM 处理器,采用 Cortex-M3 内核。处理器最高可达到 72 MHz 工作频率,能够实现单周期乘法和硬件除法。芯片集成定时器 Timer,CAN,ADC,SPI,I²C,USB,UART 等多种外设功能。STM32F103 系列嵌入式计算机的硬件结构中,具有丰富的外设资源,使得其存在广泛的应用。STM32F103VCT6 是 LQFP 封装的 100 个引脚,具有 256 KB flash 存储空间,外观如图 1.20 所示。LQFP 封装为 1.4 mm 的四侧引脚扁平封装,引脚从四个侧面引出呈海鸥翼型。

图 1.20

STM32F103VCT6 的外观

STM32F103VCT6 每个引脚都具有固定的功能。图 1.21 给出了每个引脚的名称,如第 26 引脚为作为数字量输入输出使用的 PA3。这 100 个引脚大多具有复用功能,如 26 引脚同样可作为 ADC 第 10 路输入使用。在具体电路设计过程中,每个引脚连接合适的信号,才可以实现相关的软件功能和硬件功能。

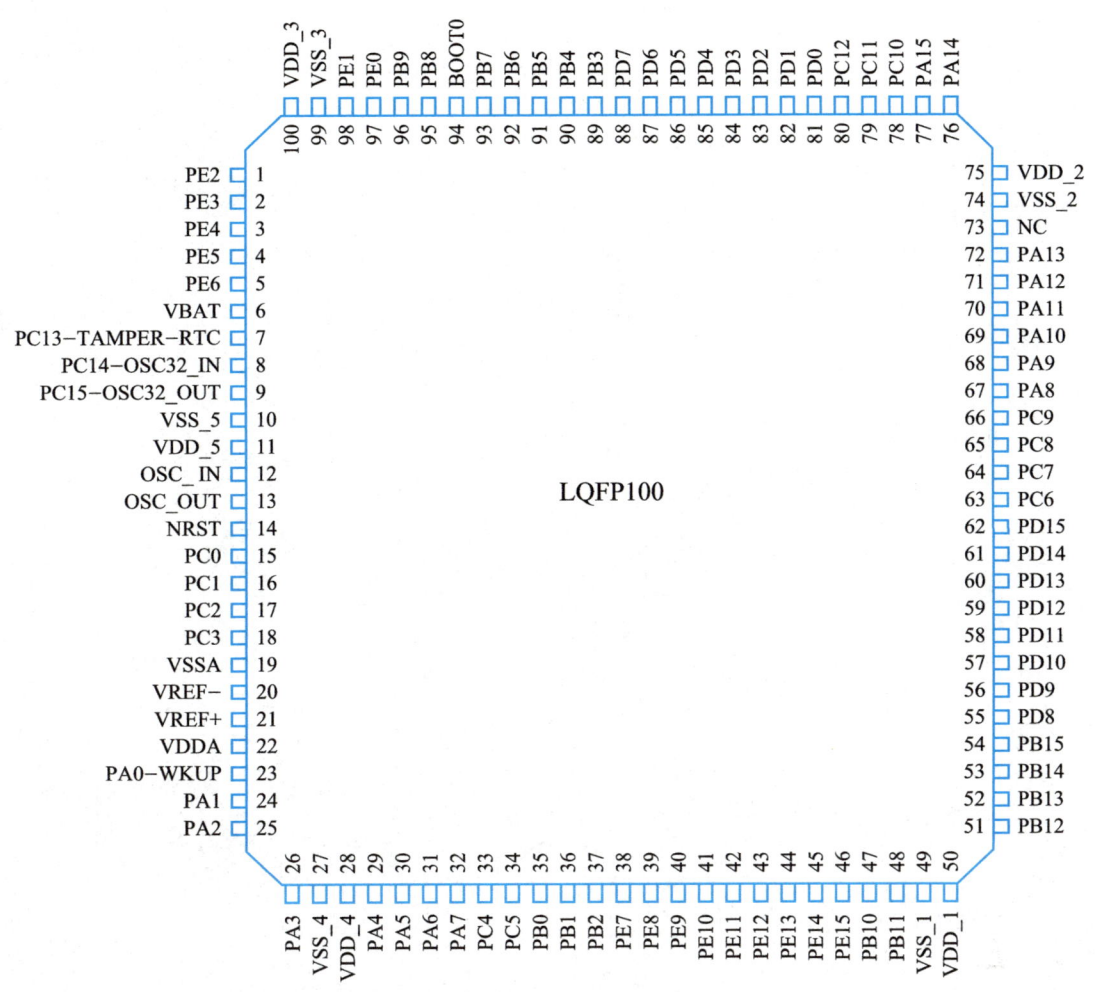

图 1.21

STM32F103VCT6 各个引脚主要功能图示

第2章 Cortex-M3内核

2.1 内核特性

Cortex-M3 是 ARM 公司推出的低成本、高性能通用内核。半导体生产商购买这个内核后,通过接口总线的形式,在一个芯片中将内核、储存器、外设等模块组合,组成一个嵌入式计算机,如图 2.1 所示。

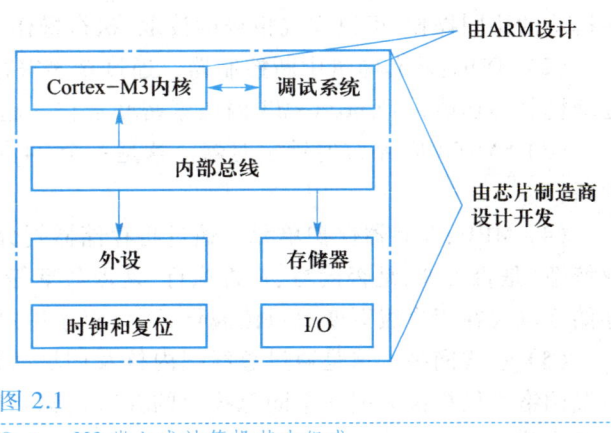

图 2.1
Cortex-M3 嵌入式计算机基本组成

Cortex-M3 是一个 32 位内核。内部的数据总线是 32 位,寄存器是 32 位,存储器接口是 32 位。存储器设计方面,拥有独立的指令总线和数据总线,取指与数据访问可以同时进行。该内核的基本结构,如图 2.2 所示。

内核在功能实现过程中,主要包括如下几个模块:

(1) Cortex-M3 内核:这是整个内核的核心部分,包括指令提取单元(instruction fetch unit)、译码单元(decoder)、寄存

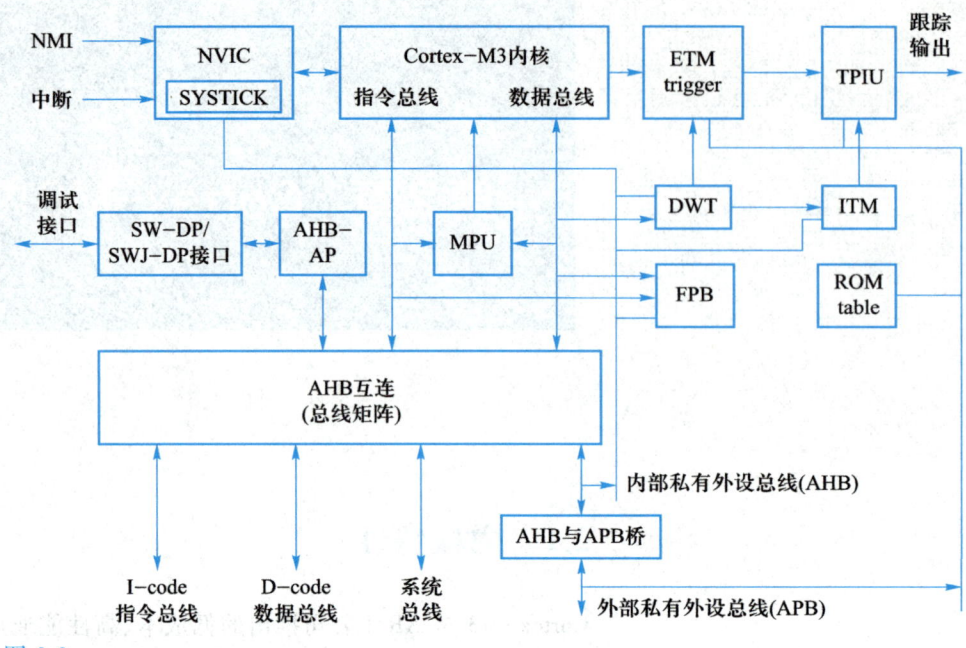

图 2.2

Cortex-M3 内核的基本结构

器组(register bank)、ALU(arithmetic logic unit)、32 位硬件乘法器、32 位硬件除法器等。通过这些模块的协同操作,可以完成指令的读取、执行操作,以及数据的计算操作。

（2）NVIC:嵌套向量中断控制器。通过众多寄存器操作,支持中断嵌套模式,提供向量中断处理机制等功能,与 Cortex-M3 内核紧密联合在一起,提高内核处理外部事件的快速性。

（3）SYSTICK:系统时钟定时器。这是一个 24 位倒计时计数器,作为定时器用,可产生定时中断。

（4）MPU:存储器保护单元。通过将存储器划分成存储区域块,并设置每个存储区域块的存取特性(是否缓冲、是否读写、是否执行、是否共享等),实现存储区域块访问保护。例如,设置某存储区域块在用户级下变成只读属性,可以阻止用户程序破坏该区域的关键数据。

（5）总线网络。这是通过总线把内核及调试接口连接到不同类型和功能划分的外部模块。总线网络不仅提供数据在不同总线上的并行传输功能,还提供附加数据传送功能,如写缓冲、位带操作等。

（6）调试接口,具体包括:

① 串行线/串口线 JTAG 调试端口(SW-DP/SWJ-DP)。两种端口都可以与 AHB 访问端口(AHB-AP)协同工作,以使外部调试器可以发起 AHB 上的数据传送,执行调试活动。

② 基于 AHB 总线的通用调试接口(AHB-AP)。AHB 访问端口通过少量的寄存器,实现对全部 Cortex-M3 存储器的访问。这个功能由 SW-DP/SWJ-DP 通过一个通用调试接口来实现。当外部调试器需要执行存储器访问操作的时候,通过 SW-DP/SWJ-DP 来访问 AHB-AP,产生所需的数据传送。

③ 嵌入式跟踪宏单元(ETM)。ETM 用于实现实时指令跟踪,是一个可选模块。只有部分

Cortex-M3 系列嵌入式计算机具有 ETM,具备实时指令跟踪能力。

④ 数据观察点触发器(DWT)。DWT 用于设置调试数据观察点的触发条件。当数据地址或数据值符合观察点条件时,会产生观察点事件,激活调试器产生数据跟踪信息,与 ETM 联动,跟踪在哪条指令上发生了触发事件。

⑤ 指令跟踪宏单元(ITM)。通过该模块可以直接把数据送给 TPIU;DWT 触发事件通过 ITM 产生数据跟踪包,并输出到跟踪数据中。

⑥ 跟踪端口接口单元(TPIU)。TPIU 用于和外部的跟踪硬件(如跟踪端口分析仪)进行数据交互。

⑦ flash 重载及断点单元(FPB)。FPB 可以用于 flash 地址重载和断点设置。flash 地址重载是指:当内核访问的某条指令匹配到 flash 地址时,把该地址重映射到 SRAM 中指定的位置,从而实现另外的物理存储空间的指令访问。这个特性对于测试非常有用。

⑧ 配置查找表(ROM 表)。ROM 表提供存储器的映射信息。当调试系统定位各调试组件时,需要找出相关寄存器地址,可以通过这个表查询。

2.2　总线网络

高级微控制器总线体系结构 AMBA(advanced microcontroller bus architecture)协议是由 ARM 公司定义,用于连接和管理 ARM 内核、片上系统模块之间相互通信的开放标准、互连规范。因为 ARM 系列嵌入式计算机的广泛使用且拥有众多第三方支持,AMBA 被 ARM 公司 90% 以上的合作伙伴采用。AMBA 协议通过使用 AHB 和 APB 等规范对 SOC 模块进行管理。

高级高性能总线 AHB(advanced high performance bus)主要用于高性能模块之间的连接,它包括以下一些特性:

① 单个时钟边沿操作;

② 非三态的实现方式;

③ 支持突发传输;

④ 支持分段传输;

⑤ 支持多个主控制器;

⑥ 可配置 32～128 位总线宽度;

⑦ 支持字节、半字和字的传输。

高级外设总线 APB(advanced peripheral bus)主要用于连接低速的外设。APB 桥是唯一的主模块,各种外设是从模块。

相对来说,APB 连接模块具有较低的操作速度,AHB 连接模块具有较高的操作速度。利用 "AHB 与 APB 桥" 模块可以解决两者操作速度不匹配的问题。AHB 与 APB 桥作为 APB 总线的主设备,完成 AHB 协议与 APB 协议的相互转换。

Cortex-M3 内核能够支持总线网络,如图 2.3 所示。取指和数据访问可以采用不同的总线设计模式,允许指令总线和数据总线在同一时刻访问不同的存储器设备(如从 flash 中取指,从 SRAM 中访问数据),提高内核性能。

总线网络主要分为以下几大类:

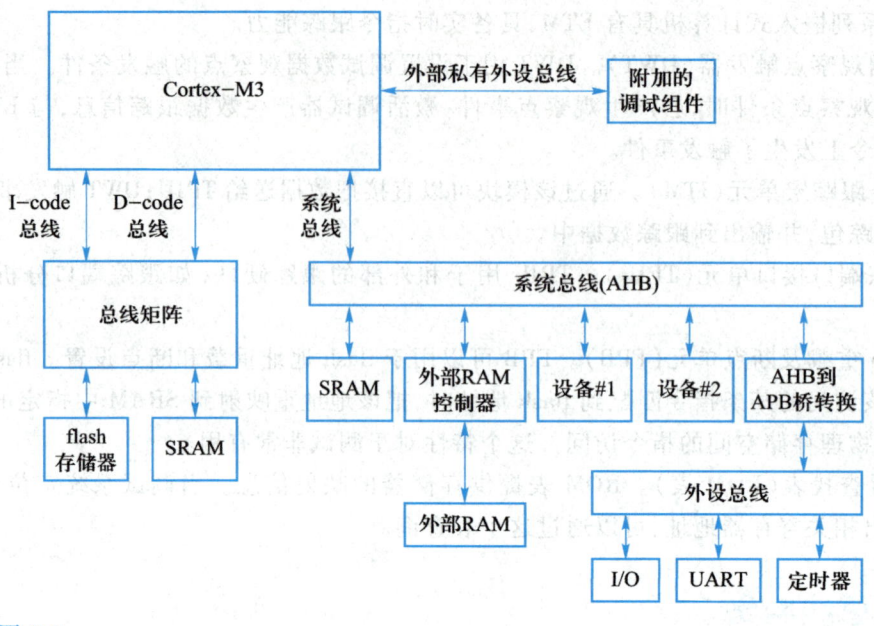

图 2.3
Cortex-M3 内核支持总线网络

（1）I-code 指令总线。这是基于 AHB-Lite 总线协议的 32 位总线。AHB-Lite 总线协议是整个 AHB 协议的子集，只支持一个总线主设备，不需要总线仲裁器及相应的总线请求、授权。I-code 指令总线对应的地址为 0x00000000~0x1FFFFFFF 地址段，用于取指操作。取指过程以字方式操作，即每次取 4 字节长度指令。即使对 16 位指令进行取指，内核仍然按照这个思路，一次取出两条 16 位的 Thumb 指令。

（2）D-code 数据总线。这是基于 AHB-Lite 总线协议的 32 位总线，对应 0x00000000~0x1FFFFFFF 地址段，主要用于数据访问操作。地址总线上总是 32 位对齐的地址；对于非对齐的地址操作，将转换成多次的对齐数据访问。

对于 0x00000000~0x1FFFFFFF 地址段，采用 I-code 指令总线（取指令）和 D-code 数据总线（数据操作）都可以访问。图 2.3 中，总线矩阵引入的目的就是实现 AHB 总线复用，允许 I-code 和 D-code 访问，使指令和数据在同一条总线上传输。使用总线矩阵后，flash 和 SRAM 可以被 I-code 和 D-code 访问。这个总线矩阵的功能与图 2.2 中所示总线矩阵有所不同。图 2.2 中，总线矩阵不能认为是 AHB 总线切换开关。

（3）系统总线。这是基于 AHB-Lite 总线协议的 32 位总线，对应 0x20000000~0xDFFFFFFF 和 0xE0100000~0xFFFFFFFF 两个地址段，用于访问存储器和外设，具体包括 SRAM、片上外设、片外 RAM 片外扩展设备以及系统级存储区等区域。系统总线可以传送指令和数据，数据传输过程中都是对齐操作。

（4）外设总线。这是基于 APB 总线协议的 32 位总线，用于访问私有外设，对应 0xE0040000~0xE00FFFFF 内存地址段。

（5）调试访问端口总线。调试访问端口总线接口是一条基于增强型 APB 规格的 32 位总线，专用于挂接调试接口，例如 SWJ-DP 和 SW-DP。

2.3 存储系统

2.3.1 存储系统的地址映射

Cortex-M3 内核采用 32 位地址总线。每个地址单元存储过程中以字节为基础。32 位地址的最小编号为 0,最大编号为 0xFFFFFFFF。这个地址范围为 4 GB。为了便于对不同资源进行访问,Cortex-M3 内核将全部的 4 GB 地址空间分成 8 个 512 MB 的存储区块。每个存储区块由最高 3 位地址译码进行区别,如表 2.1 所示。

表 2.1　存储器映射

A31:A29	分类	片上资源	地址范围
111b	生产商定义存储区 (vendor specific memory)	保留	0xFFFFFFFF 0xE0100000
	私有外设总线 (private peripheral bus)	核心外设	0xE00FFFFF 0xE0000000
110b 101b	片外设备 (external device)	外部存储器	0xDFFFFFFF 0xA0000000
100b 011b	片外 RAM (external RAM)		0x9FFFFFFF 0x60000000
010b	片内外设 (peripheral)	片上外设	0x5FFFFFFF 0x40000000
001b	静态存储器(SRAM)	SRAM	0x3FFFFFFF 0x20000000
000b	代码存储器(code)	flash ROM	0x1FFFFFFF 0x00000000

各个存储空间主要功能为:

(1)代码区(code,0x00000000~0x1FFFFFFF,512 MB)

这个区域主要用于存放程序代码。程序可以放到代码区,也可存放在内部 SRAM 区以及外部 RAM 区。因为指令总线与数据总线是分开,为使取指和数据访问使用各自总线,最理想的是把程序放到代码区。

flash ROM 的地址从 0x0800 0000 开始,终止地址取决于片上 flash ROM 的容量。如 STM32F103VC6 片上提供 256 KB flash ROM,映射地址范围 0x0800 0000~0x0803 FFFF。

在该区域中,存在引导程序 Boot Loader。引导程序 Boot Loader 是芯片设计厂家在 ARM 内部固化的一段代码,用户无法修改或删除。这段代码在芯片复位后被首先运行,其功能主要是初始化芯片,从而将系统的软硬件环境带到一个合适的状态。Boot Loader 直接操作硬件,依赖于硬件。在嵌入式领域中建立一个通用的 Boot Loader 几乎是不可能,可以让一个 Boot Loader 代码支持多种不同的构架和操作系统,方便移植。

（2）片上 SRAM 区（0x20000000~0x3FFFFFFF，512 MB）

芯片通过系统总线来访问片上 SRAM。SRAM 的起始地址为 0x20000000，终止地址取决于片上 SRAM 的容量。如 STM32F103VC6 片上提供 48 KB SRAM，映射地址范围 0x20000000~0x2000BFFF。

虽然 flash ROM 和 SRAM 都可以进行数据存放，但在使用过程中有所区别。一般来说，程序和常量存放在 flash ROM 里面，在嵌入式计算机断电的情况下，数据不会丢失。全局和静态变量、初始化的全局和静态变量、堆区放置在 SRAM，在断电情况下，数据会丢失。

该区最底部 1 MB 地址范围是"位带区"（0x20000000~0x200FFFFF），可存放 1M 个位（bit）的变量。与此对应，该内部 SRAM 区有一个 32 MB 的"位带别名（alias）区"（0x22000000~0x23FFFFFF），用一个字（4 字节）来代表每一个位带区的每一个位。这样对每一个字进行读写时，实际上就是对位带区的每一个位进行读写。

（3）片内外设区（peripheral，0x40000000~0x5FFFFFFF，512 MB）

该区域用于映射外设的寄存器，主要由片内外设使用。该外设区内不允许执行指令。片内外设寄存器对应地址表示过程中，经常利用地址偏移量方式进表示，其中基础地址为 0x40000000。

（4）外部存储空间，包括外部 RAM 区（external RAM，0x60000000~0x9FFFFFFF，1 024 MB）和外部设备区（external device，0xA0000000~0xDFFFFFFF，1 024 MB）

外部 RAM 区用于连接外部 RAM，外部设备区用于连接外部设备。两者的区别在于外部 RAM 区允许执行指令，而外部设备区则不允许。

（5）私有外设总线区（0xE0000000~0xE00FFFFF）

① 内部私有外设总线区（0xE0000000~0xE003FFFF，256 KB）。内部私有外设总线区，只用于 Cortex-M3 内部 AHB 外设，如 NVIC、FPB（flash 重载和断点单元）、DWT（数据观察点触发器）、ITM（指令跟踪宏单元）、SYSTICK 等。

② 外部私有外设总线区（0xE0040000~0xE00FFFFF，768 KB）。外部私有外设总线区用于 Cortex-M3 内部 APB 设备，包括跟踪端口接口单元（TPIU）、嵌入式跟踪宏单元（ETM）、ROM 表。Cortex-M3 允许嵌入式计算机制造商添加其他片上 APB 外设到 APB 私有外设总线上，并通过 APB 接口来访问。

（6）生产商定义存储区

未用的存储器区域，由芯片生产商使用，通过系统总线来访问，但是不允许在其中执行指令。

内核上电后，CPU 是从 0x0000 0004 地址开始执行，不从 0x0000 0000 开始执行程序，这一点有别于大部分嵌入式计算机，这是因为地址 0x0000 0000 用来存放栈顶值。通过芯片引脚 BOOT1、BOOT0 配置，程序从 flash ROM、Boot Loader、片内 RAM 开始执行程序。但是前述中，这三段程序代码起始地址都不是 0x0000 0004。为了解决这个问题，系统采用地址重映射。

嵌入式计算机可以有片内和片外存储器。这些存储单元本身不具有地址信息。存储单元地址是由芯片厂家或用户分配的。给物理存储器分配逻辑地址的过程称为存储器映射。通过这些逻辑地址，就可以访问到相应存储器的物理存储单元。

将已经过映射的存储器再次映射的过程称为存储器重映射。它使同一物理存储单元出现多个不同的逻辑地址。存储器重映射并不是对映射单元的内容进行了复制，而只是将多个地址指向了同一个存储单元,这种效果是通过芯片内部的"存储器管理部件"实现的。存储器重映射的过程如图 2.4 所示。实际物理存储单元通过存储器管理部件进行存储器映射,获得逻辑地址 Addr1。实际物理存储单元通过存储器管理部件进行存储器重映射,获得逻辑地址 Addr2。此时,逻辑地址 Addr1 和 Addr2 可以访问同一实际物理存储单元。通过重映射,使不同地址对应相应的存储内容。

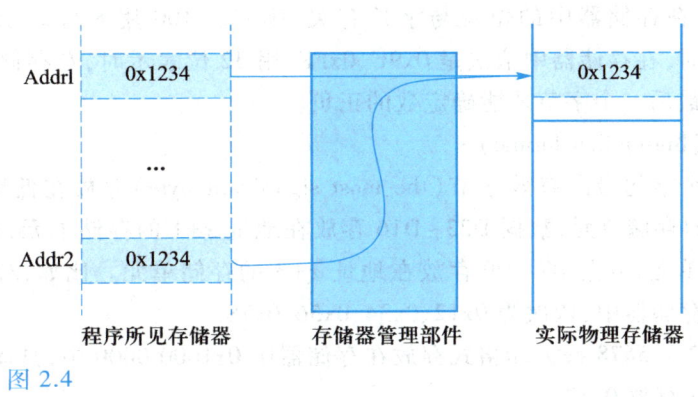

图 2.4
存储器重映射的过程

以 BOOT0 和 BOOT1 配置为 flash 启动为例,芯片上电后,flash 的 0x0800 0004 地址被映射到 0x0000 0004 地址处。执行 0x0000 0004 地址处的程序,等同于执行 0x0800 0004 地址程序。

2.3.2 多字节数据存储

存储器由多个存储单元构成。对于 Cortex-M3 内核来说,每个基本存储单元一般可以存放一个 8 位二进制字节。存储器可以看作是线性结构,存储单元按升序编号。这些编号就是存储单元的地址。

Cortex-M3 内核支持以下 6 种数据类型:

① 字节(Byte)数据:8 位有符号、无符号

② 半字(Halfword)数据:16 位有符号、无符号

③ 字(Word)数据:32 位有符号、无符号

32 位数据线一次可以传送 32 位字,即 4 个字节。每 4 个存储单元为一组,与数据总线保持固定的连接关系。4 个字节和 4 个连续存储单元存在以下两种模式:

(1)小端格式(little-endian format)

这种存储方式将一个字的最低有效字节(the least significant byte)存放在低地址,即数据 D7~D0 存放在地址 x 的存储单元,数据 D15~D8 存放在地址 $x+1$ 的存储单元,数据 D23~D16 存放在地址 $x+2$ 的存储单元,数据 D31~D24 存放在地址 $x+3$ 的存储单元。其中,地址 x 这个数值能够被 4 整除。

将 32 位数 0x1234 5678 按小端格式存放在存储器中 0x1000 0000 中,具体存储为:

① 0x1000 0000 存放 0x78;

② 0x1000 0001 存放 0x56;

③ 0x1000 0002 存放 0x34;

④ 0x1000 0003 存放 0x12;

小端格式有如下优缺点。

优点：在同样表示范围内的数，用不同字长表示是兼容。比如，数值 100 用 8 位表示时，在存储器中是 0x64；用 16 位表示时，在存储器中依次是 0x64、0x00；用 32 位表示时，在存储器中依次是 0x64、0x00、0x00、0x00。

缺点：数的符号在存储器中的位置与字长有关，比如，−100 用 8 位表示时，在存储器中是 0x9C；用 16 位表示时，在存储器中依次是 0x9C、0xFF；用 32 位表示时，在存储器中依次是 0x9C、0xFF、0xFF、0xFF。最后一个字节才能确定数的正负。

（2）大端格式（big-endian format）

这种格式将一个字的最高有效字节（the most significant byte）存放在低地址，即数据 D31~D24 存放在地址 x 的存储单元，数据 D23~D16 存放在地址 x+1 的存储单元，数据 D15~D8 存放在地址 x+2 的存储单元，数据 D7~D0 存放在地址 x+3 的存储单元。比如，32 位数 0x1234 5678 按大端格式存放在存储器中，依次为 0x12、0x34、0x56、0x78。

将 32 位数 0x1234 5678 按大端格式存放在存储器 0x1000 0000 中，具体存储为：

① 0x1000 0000 存放 0x12；

② 0x1000 0001 存放 0x34；

③ 0x1000 0002 存放 0x56；

④ 0x1000 0003 存放 0x78；

大端格式有如下优缺点。

优点：数的符号在存储器中的位置与字长无关，比如，−100 用 8 位表示时，在存储器中是 0x9C；用 16 位表示时，在存储器中依次是 0xFF、0x9C；用 32 位表示时，在存储器中依次是 0xFF、0xFF、0xFF、0x9C。第一个字节就能确定数的正负。

缺点：同样表示范围内的数，用不同字长表示是不兼容的，比如数值 100 用 8 位表示时，在存储器中是 0x64；用 16 位表示时，在存储器中依次是 0x00、0x64；用 32 位表示时，在存储器中依次是 0x00、0x00、0x00、0x64。

Cortex-M3 在复位时确定使用哪种"端模式"，且运行时不得更改，一般默认小端模式。指令预取永远使用小端模式。配置控制存储空间的访问也永远使用小端模式。私有外设总线区 0xE0000000~0xE00FFFFF 也永远使用小端模式。

2.3.3　位带操作

对于多个二进制表示的数据，可以采用例程 2.1 所示的操作进行部分位操作。利用逻辑**或**运算"遇 1 得 1"的特性可以对变量的指定位域置 1（称为 set）；利用逻辑与运算"遇 0 得 0"的特性可以对变量的指定位域清 0（称为 reset 或 clear）。

例程 2.1　位操作的清 0 与置 1

```
y |= (1 << bM);      //  y 中置 1 第 bM 位
y |=Mask;            //  y 中置 1 由 Mask 指定的位域
x &= ~(1 << bM);     //  x 中清 0 第 bM 位
x &= ~Mask;          //  x 中清 0 由 Mask 指定的位域
```

一段程序往往需要多条指令来实现。一段程序可能会被另一段程序打断。假如，一段程序将 PD.ODR 的第 6 位置 1，点亮 LED1，另一段程序将 PD.ODR 的第 5 位置 1，点亮 LED2。前一段程序刚读出 PD.ODR 的原值是 0x0008，准备将 0x0048 写回去。恰巧这时被后一段程序打断了，也读出 PD.ODR 的原值是 0x0008，并将 0x0028 写回去，点亮了 LED2。然后，前一段程序继续运行，将 0x0048 写回去，点亮了 LED1。LED2 会被熄灭，这是我们不希望的结果。我们希望前一段程序从读出 PD.ODR 的原值，并将 0x0048 写回去的过程不被打断。内核为我们提供了对单个数据位进行不可打断的**位带操作**的手段。位带操作（bit-band operation）就是开发人员可以单独对多字节数据的某一位进行读写操作。

位带区域（bit-band region）是对数据位进行原子操作的地址范围，即支持位带操作的地址区域。直接访问这个区域，与对非位带区域的访问行为相同，但通过别名区域操作，可对此区域进行间接位操作。SRAM 区域和片上外设存储器区域各提供 1 MB 的位带区域，地址对应关系如表 2.2 所示。

表 2.2　位带区域与位带别名区域地址对应关系

存储器区域	位带区域	位带别名区域
SRAM	0x2000 0000~0x200F FFFF	0x2200 0000~0x23FF FFFF
片上外设	0x4000 0000~0x400F FFFF	0x4200 0000~0x43FF FFFF

位带别名区域（bit-band alias region）：用于对位带区域进行位操作的地址窗口，如表 2.2 所示，其中的每一个 32 位字对应位带区域中的一个位。对位别名区域的数据读操作反映位带区域对应位的状态；对位别名区域的写操作是对位带区域相应二进制位进行读-修-写。外设区域不能取指令。SRAM 的别名区域取指令时不做映射。

位带区域中第 n 个字节的第 m 个数据位，映射到位带别名区域的地址为

$$Addr = AliasBase + 4 \times (8 \times n + m)$$
$$= AliasBase + (n \ll 5) + (m \ll 2) \tag{2.1}$$

别名区域的地址对应位带区域中第 n 个字节的第 m 个位为

$$n = (Addr - AliasBase) \gg 5 = A_{24:5} \tag{2.2}$$

$$m = ((Addr - AliasBase) \gg 2) \ \& \ 7 = A_{4:2} \tag{2.3}$$

其中：

$Addr$ 是映射到目标位的别名存储器区域的字地址；

$AliasBase$ 是别名区域的起始地址。

读取位带别名区域地址 $Addr$ 处的 32 位字、16 位半字或 8 位字节，得到的都是位带区域第 n 个字节的第 m 个数据位。写入位带别名区域地址 $Addr$ 处的 32 位字、16 位半字或 8 位字节，实际上是先读取位带区域第 n 个字节，用待写入数据的第 0 位替换这个字节的第 m 个数据位，然后写回这个字节到位带区域第 n 个字节。

假如从地址 0x2000 0000 开始依次存放了 0x12、0x34：

从地址 0x2200 0000 读出的是 0x12 的第 0 位，值为 0；

从地址 0x2200 0004 读出的是 0x12 的第 1 位,值为 1;

从地址 0x2200 0008 读出的是 0x12 的第 2 位,值为 0;

……

从地址 0x2200 0020 读出的是 0x34 的第 0 位,值为 0;

从地址 0x2200 0024 读出的是 0x34 的第 1 位,值为 0。

从地址 0x2200 0028 读出的是 0x34 的第 2 位,值为 1。

向地址 0x2200 0000 写入 1,实际是从地址 0x2000 0000 读出 0x12,将第 0 位改为 1,再将 0x13 写回地址 0x2000 0000。

再向地址 0x2200 0004 写入 0,实际是从地址 0x2000 0000 读出新值 0x13,将第 1 位改为 0,再将 0x11 写回地址 0x2000 0000。

2.4 核心寄存器

2.4.1 软件调试界面

Keil 为我们提供了一个集成开发环境 IDE(Integrated Development Environment),称为 μVision,是德国 Keil Elektronik GmbH/Keil Software Inc.公司的产品,ARM 公司拥有版权,如图 2.5 所示。通过这个工具软件可以观察 CPU 的行为,看到程序的执行过程。

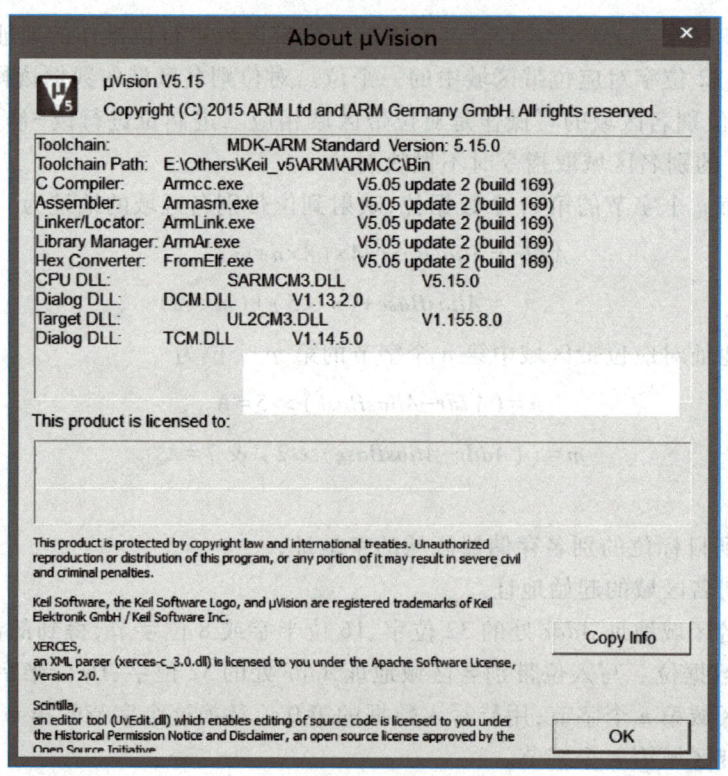

图 2.5

μVision 的版权声明

在这个 IDE 中,我们可以编辑源程序,还可以直观地看到程序运行过程中核心寄存器和存储器的变化。我们将以 ARM 公司的 Cortex–M3 嵌入式计算机为例来介绍。

程序编译、链接成功后,点击 🔍 按钮或用快捷键 Ctrl+F5(鼠标停留在按钮上会显示出快捷键),也可点选菜单项"Debug"下的"Start/Stop Debug Session",进入调试界面,如图 2.6 所示。

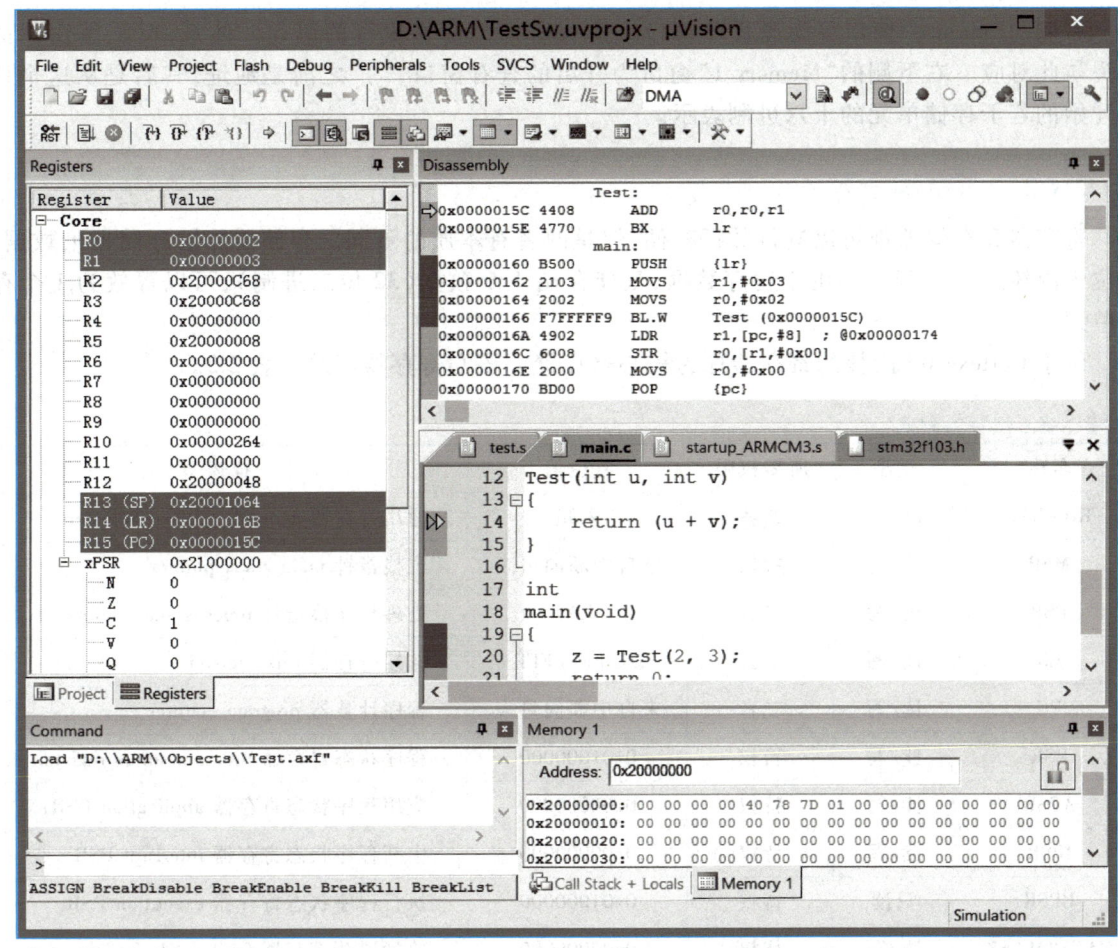

图 2.6

μVision 的调试界面

点选图 2.6 中菜单项"View"下的"Memory Windows",选择"Memory 1",开启存储器查看窗口,选择要查看的存储器地址。左上方的"Registers"为核心寄存器窗口,可以看到各个寄存器及其值,包括 16 个核心寄存器 R0~R15。其中,R13 用作栈指针 SP、R14 用作链接寄存器 LR、R15 用作程序计数器 PC。程序状态寄存器 xPSR 的最高 4 位依次为负值标志位 N、零值标志位 Z、进位标志位 C 和溢出标志位 V。

右上方的"Disassembly"窗口为反汇编窗口,将存储器中的指令码以汇编的形式显示出来,其中:

（1）第一列是地址，箭头所指为即将执行的指令，图中为 0x0000 015C。注意，寄存器 PC 指示了这个地址。

（2）第二列是指令码，如 4408。

（3）第三列是指令助记符，如 ADD 表示加法指令。

（4）第四列是操作数，如 r0,r0,r1。r0 是保存计算结果的目标寄存器；两个加数来自寄存器 r0 和 r1。

右侧的"main.c"窗口等为源程序窗口。箭头所指为即将执行的语句。注意，反汇编窗口的箭头与此对应。右下侧的"Memory 1"窗口为开启的查看窗口，":"之前是地址，其后是从这个地址开始的若干存储单元的十六进制表示。

2.4.2 寄存器分类

寄存器和存储器都可以进行数据存储，但是两者有本质的不同。存储器能够存储批量数据，且位于内核之外。寄存器用于暂存数据，只能存储 1 个数据（32 位二进制），可以等效为 1 个存储单元。

位于 Cortex-M3 内核的寄存器称为核心寄存器。核心寄存器汇总于表 2.3。

表 2.3　核心寄存器列表

名称	类型	所需权限	复位值	描述
R0～R12	读/写	二者	未知	通用寄存器 general-purpose registers
MSP	读/写	特权	来自中断向量表	主栈指针 main stack pointer
PSP	读/写	二者	未知	处理程序栈指针 process stack pointer
LR	读/写	二者	0xFFFFFFFF	链接寄存器 link register
PC	读/写	二者	来自中断向量表	程序计数器 program counter
PSR	读/写	特权	0x01000000	程序状态寄存器 program status register
APSR	读/写	特权	0x00000000	应用程序状态寄存器 application PSR
IPSR	读/写	特权	0x00000000	中断程序状态寄存器 interrupt PSR
EPSR	只读	特权	0x01000000	执行程序状态寄存器 execution PSR
FAULTMASK	读/写	特权	0x00000000	故障屏蔽寄存器 fault mask register
PRIMASK	读/写	特权	0x00000000	优先级屏蔽寄存器 priority mask register
BASEPRI	读/写	特权	0x00000000	基优先级寄存器 base priority register
CONTROL	读/写	特权	0x00000000	控制寄存器 CONTROL register

这些核心寄存器可以分为如下几大类：

1. 通用寄存器（general-purpose registers）

核心寄存器 R0～R12 是用于数据操作的 32 位通用寄存器。多数 16 位短指令只能访问寄存器 R0～R7。通用寄存器可以存放数据或地址，它们可以参与计算。拥有较多的通用寄存器是现代嵌入式计算机的一个显著特征。每个通用寄存器都可以充当传统嵌入式计算机中不同寄存器的许多角色,大大提高了指令的灵活性。核心寄存器 R13～R15 赋予了特定的用途,它们也可以像通用寄存器一样使用,但是受到许多限制。

2. 程序计数器(program counter)

寄存器 R15 用作程序计数器 PC,指示了即将读取并执行的指令所在的存储单元的地址。取出一条指令后,PC 自动指向下一条指令,这使得程序可以顺序执行。赋予 PC 一个新的地址,就可以使程序从这个新的地址开始继续顺序执行,这称为分支。

3. 链接寄存器(link register)

寄存器 R14 用作链接寄存器 LR,它可保存函数调用后的返回地址(调用前 PC 已指向这个地址),为异常处理保存返回信息。

调用函数就是去执行一段程序,在这段程序执行完后继续执行原来的程序。去执行的这段程序称为函数(函数可以有返回值,也可以没有返回值)。要从函数返回,就需要保存返回地址,也就是调用函数那条指令的下一条指令的地址。传统的嵌入式计算机是将返回地址存入栈中。我们所学的 Cortex-M3 用链接寄存器 LR 保存返回地址。执行调用指令时,PC 已指向返回地址,先将 PC 的值保存到 LR,然后将函数的起始地址装载到 PC,这就可以去执行函数。返回时,用 LR 中保存的返回地址恢复 PC 的原值,程序就回到返回地址继续执行后续指令。

4. 栈指针(stack pointer)

寄存器 R13 用作栈指针 SP。在函数中再调用函数时,只有一个 LR 就不够了,这时可以先把 LR 的原值存入栈中。

我们可以把栈看作是对数组的一种特殊操作,数组可以随意读写其中的任何一项,而栈只允许在数组的一端存入或取出数据。将读写数据的位置称为栈顶,存入数据称为入栈(push),取出数据称为出栈(pop)。栈指针 SP 用于指示栈顶的位置,来操作一个系统提供的栈。栈的特点是读写顺序先入后出 FILO(first in last out),就是按顺序先存进去的数据,按相反的顺序取出来。这个特点适合于在多层调用函数时临时保存一些数据,被调用函数逐层返回的顺序与调用顺序相反,也就会以相反的顺序取出原先保存的数据。利用栈数据操作,在一个函数的开头位置可以保存一些寄存器的值,在这个函数的末尾位置,从栈中恢复这些寄存器的值,就可以自由地使用这些寄存器而不会改变它们原来的值。

Cortex-M3 内核有两个堆栈指针:MSP(主堆栈指针)和 PSP(进程堆栈指针)。在任何一个时刻,只能有一个堆栈指针起作用,即任何一个时刻只能使用一个堆栈指针,要么使用 MSP,要么使用 PSP。当程序复位后(开始运行后),一直到第一次任务切换完成前,使用的都是 MSP,即 main 函数运行时用的是 MSP。当 main 函数开始运行前,启动文件会给这个函数分配一个堆栈空间,用于保存 main 函数运行过程中的变量。此时,MSP 就指向该堆栈的首地址。在裸机开发中,全程使用 MSP,并没有使用 PSP。在基于操作系统开发中,当运行中断服务程序的时候,CONTROL 的 bit1 是 0,SP 使用 MSP;当运行线程程序的时候,CONTROL 的 bit1 是 1,SP 使用 PSP。

堆栈指针就是普通的指针,只是他们指向堆栈。关于堆栈中数据操作对应 SP 的变化,如图 2.7 所示。

5. 程序状态寄存器 PSR(program status register)

程序状态寄存器(PSR)还可以当作 3 个独立的寄存器使用:执行程序状态寄存器 EPSR、中

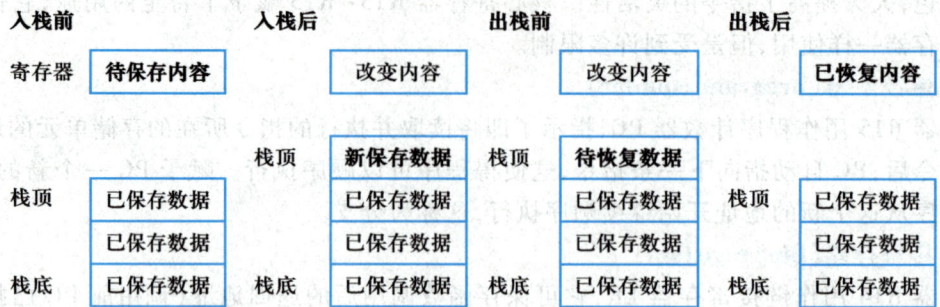

图 2.7

堆栈中数据操作对应 SP 的变化

断程序状态寄存器 IPSR、应用程序状态寄存器 APSR。这几个状态寄存器以及相应位域的定义如表 2.4 所示。这 3 个寄存器一起叫作程序状态寄存器。PSR 是 32 位的寄存器,在这 32 位中,APSR、IPSR、EPSR 各占一部分。

表 2.4 程序状态寄存器(PSR)位的分配

PSR	N	Z	C	V	Q	ICI/IT	T	保留	ICI/IT	ISR_NUMBER
APSR	N	Z	C	V	Q	保留				
EPSR	保留					ICI/IT	T	保留	ICI/IT	保留
IPSR	保留									ISR_NUMBER

三个独立的程序状态寄存器区别为:

(1)执行程序状态寄存器 EPSR 用于区分指令集并管理带条件后缀指令的执行。位 T 用于区分 ARM 指令集和 Thumb 指令集。本内核只有 Thumb 指令集,位 T 的值总是 1。位 IT 用于管理带条件后缀指令的执行。

(2)中断程序状态寄存器 IPSR 用于指示正在处理的中断类型的编码。每个中断都会有一个特定的中断编号(表示中断类型)。这对调试时识别当前的中断非常有用,可以看出是何种类型中断出现。

(3)应用程序状态寄存器 APSR 包含 5 个条件标志位的当前状态,如表 2.5 所示。它们记录了此前执行的指令所产生计算结果的特征。在进行数据运算过程中,需要灵活利用表中的几个状态标志位。

表 2.5 APSR 位的定义

位域	描述
31	N:负值标记或小于标记(negative or less than flag)。 0:计算结果是正值或零,大于或等于;1:计算结果是负的,小于

位域	描述
30	Z：零值标记(zero flag)。 0:计算结果不是零,不相等;1:计算结果是零,相等
29	C：进位或借位标记(carry or borrow flag)。 对于加法:0:未产生进位;1:产生进位。 对于减法:0:产生借位,低于;1:未产生借位,高于或相同。 减法借位与加法进位相反,可理解为原是 1,借走后为 0
28	V：溢出标记(overflow flag)。 0:操作未产生溢出;1:操作产生了溢出
27	Q：保持的饱和标记(sticky saturation flag) 0:从复位以来或该位上次被清 0 以来未出现饱和;1:SSAT 指令或 USAT 指令产生饱和。 该位由软件用 MRS 指令清 0

6. 中断控制寄存器组

（1）**故障屏蔽寄存器 FAULTMASK**。这是一个有效位数为 1 位的寄存器,且只有最低位有效,具体数值设置意义为:

① 值为 0,使能所有中断处理;

② 值为 1,禁止除 reset 和 NMI 外所有中断处理。

这个寄存器在操作系统中主要用于暂时关闭故障处理功能,如在任务崩溃时,常常伴随着一大堆故障。为了不去响应这些故障,可以通过这个位设置为 1 实现。

（2）**优先级屏蔽寄存器 PRIMASK**。这是一个有效位数为 1 位的寄存器,且只有最低位有效,具体数值设置意义为:

① 值为 0,使能可配置优先级的中断处理;

② 值为 1,禁止除 reset、NMI 和 hardfault 外所有中断处理。

（3）**基优先级寄存器 BASEPRI**。这是一个有效位数为 9 位的寄存器,定义了被屏蔽优先级的阈值。当 PRIMASK 和 FAULTMASK 都为 0 时,表明内核可以响应中断处理。如果 BASEPRI 寄存器数值为 0,所有中断都允许得到处理;如果 BASEPRI 非 0,则只有优先级高于 BASEPRI 寄存器数值的中断才允许得到处理。为了响应大多数中断,FAULTMASK、PRIMASK、BASEPRI 这三个寄存器的值都可以设置为 0。

7. 控制寄存器 CONTROL

这是一个有效位数为 2 位的寄存器,且只有最低两位有效,具体定义为:

（1）**CONTROL[1]**:用于选择最栈指针,其值为 0 时,选择 MSP 为活动 SP,使用主栈指针;其值为 1 时,选择 PSP 为活动 SP,使用进程栈。

（2）**CONTROL[0]**:操作模式选择位,其值为 0 时,处理器为特权级,这是复位后的默认状态,也是响应异常处理或中断时的状态,可以执行所有指令;其值为 1 时,处理器为非特权级,需要特权模式才能执行的指令不能被执行。在非特权级下,如果需要执行特权指令,只能通过 svc 请求系统核心软件提供服务,不能由应用程序直接执行特权指令。

2.4.3 应用程序示例分析核心寄存器操作

例程 2.2 演示处理器核心寄存器的作用。

例程 2.2 main_Step1.c

```c
int z;
int Test(int u, int v)
{
    return (u+v);
}
int main(void)
{
    z=Test(2, 3);
    return 0;
}
```

选择按时间 1 级优化,编译、链接后进入调试界面,反汇编代码如图 2.8 所示。

```
Disassembly
                       Test:
0x0000015C 4408        ADD      r0,r0,r1
0x0000015E 4770        BX       lr
                       main:
0x00000160 B500        PUSH     {lr}
0x00000162 2103        MOVS     r1,#0x03
0x00000164 2002        MOVS     r0,#0x02
0x00000166 F7FFFFF9    BL.W     Test (0x0000015C)
0x0000016A 4902        LDR      r1,[pc,#8]   ; @0x00000174
0x0000016C 6008        STR      r0,[r1,#0x00]
0x0000016E 2000        MOVS     r0,#0x00
0x00000170 BD00        POP      {pc}
```

图 2.8
反汇编代码

刚进入调试界面时,程序暂停在 main 的第一条指令上,对应的核心寄存器数值如图 2.9(a)所示。程序计数器 PC 值为 0x0000 0160。执行指令 PUSH{lr},其作用是将链接寄存器 LR 的值压栈保存。比较图 2.9(a)与(b)可见,PC 按照第一条指令的长度增加 2,变为 0x0000 0162,指向下条指令。栈指针 SP 则由 0x2000 1068 变为 0x2000 1064,减少了 4。这是因为堆栈操作采用向下增长模式,即堆栈数值增多,SP 减小。如图 2.10 所示,LR 的值 x0000 014B 保存到了栈中地址 0x2000 1064 处,占 4 个字节。注意这里是小端格式,在存储器中多字节数值的低位字节在前、高位字节在后。

执行 main 第四条指令前后的核心寄存器状态如图 2.11 所示,这条指令 BL.W Test 的作用是调用函数,这是一条 32 位长指令,PC 的原值 0x0000 0166 加 4 得到下条指令的地址 0x0000 016A。这个值保存到了 LR,值 0x0000 016B 的最低有效位为 1,表示地址 0x0000 016A 处的指令属于 Thumb 指令集。LR 的最低位标识指令的长度状态,在以 LR 存放的地址进行跳转时,首先将最低位与 0 进行与操作后,才能作为地址。

执行 Test 第一条指令前后的核心寄存器状态如图 2.12 所示,这条指令 ADD r0,r0,r1 的作

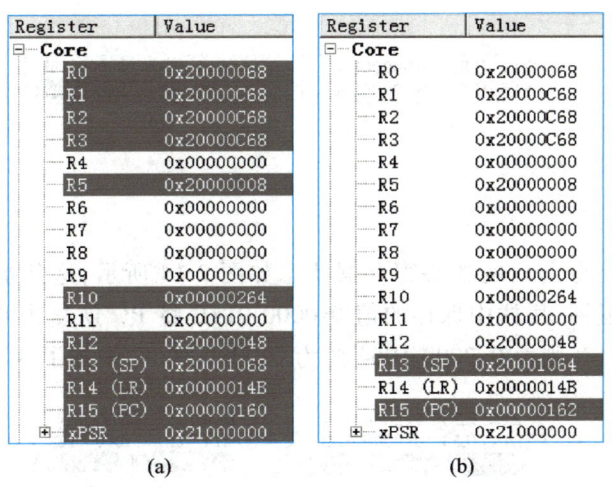

图 2.9

执行 main 第一条指令前后的核心寄存器数值

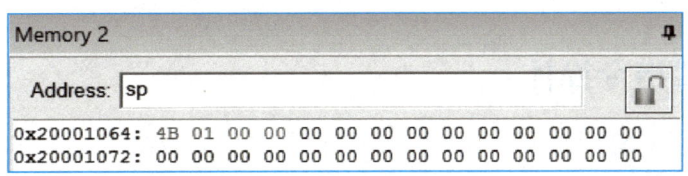

图 2.10

执行 main 第一条指令后栈的内容

图 2.11

执行 main 第四条指令前后的核心寄存器状态

用是将 R0 的值 0x0000 0002 与 R1 的值 0x0000 0003 相加,结果 0x0000 0005 保存到 R0,而条件
标志位不受影响。

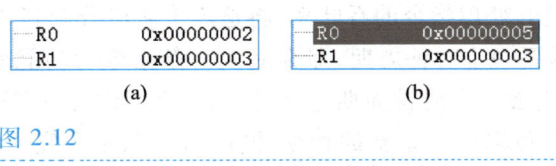

图 2.12

执行 Test 第一条指令前后的核心寄存器状态

  执行 Test 第二条指令前后的核心寄存器状态如图 2.13 所示,这条指令 BX LR 作用是
从函数返回,用 LR 中保存的值 0x0000 016B 将 PC 恢复为 0x0000 016A,去掉最低有效位

的 1。

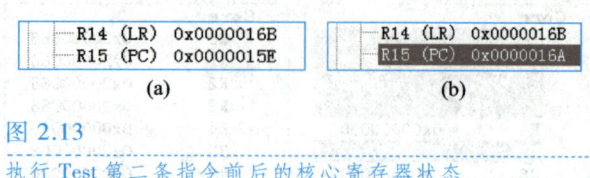

图 2.13
执行 Test 第二条指令前后的核心寄存器状态

执行 main 第八条指令前后的核心寄存器状态如图 2.14 所示,这条指令 POP {pc} 的作用是出栈并从 main 函数返回,用栈中保存的值 0x0000 014B 将 PC 恢复为 0x0000 014A,去掉了最低有效位的 1。栈指针 SP 则由 0x2000 1064 变为 0x2000 1068,增加了 4。

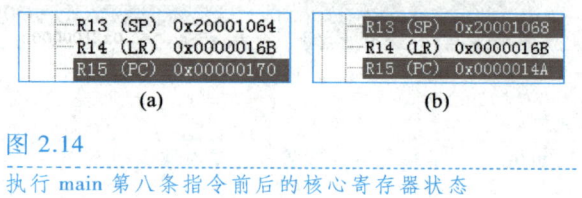

图 2.14
执行 main 第八条指令前后的核心寄存器状态

2.5 流水线指令操作

2.5.1 三级流水线

流水线技术是一种提高计算机运行速度的技术。这种技术把一条指令的执行过程分解为多个步骤,并在内核中为每个步骤都配置一个专门完成对应步骤的硬件装置来协同工作,实现多条指令并行处理。

传统的处理器是冯·诺依曼架构,取指令与读写数据共用一套总线,没办法采用流水线操作。但是 Cortex-M3 提供如图 2.3 所示的支持哈佛架构的多总线接口,具有以下特点:

(1)为代码存储空间提供专用于取指令的总线接口 I-code;

(2)用于读取数据的总线接口 D-code;

(3)为其他存储空间提供总线接口系统。

这种设计模式为代码存储空间实现了哈佛架构,在读写数据的同时可以取指令,并且可以方便地读取代码存储空间的只读数据。

采用流水线后,Cortex-M3 内核处理一条指令需要 3 个阶段:取指令(fetch)、译码(decode)和执行(execute)。为了提升处理指令的吞吐率,将这 3 个阶段分配到 3 个部件上完成,构成 3 级流水线。假如每个阶段需要一个时钟周期,那么完成一条指令的功能就需要 3 个时钟周期。采用流水线,一条指令仍然需要 3 个时钟周期完成,但是 3 个部件可以并行地处理处于不同阶段的 3 条指令,每个时钟周期就可以取一条新的指令,同时有一条指令完成处理。这使得 Cortex-M3 的大部分指令都可以在一个时钟周期内完成处理。

处理指令的三级流水线如表 2.6 所示,我们看到“指令 1”在第 0 拍取指令,在第 1 拍译码,在第 2 拍执行,总共需要 3 个时钟周期。但是,之后每一拍都可以完成一条指令处理。

表 2.6 指令的三级流水线处理过程

时钟节拍	0	1	2	3	4	5	6	7	8
取指令	指令1	指令2	指令3	指令4	指令5	指令6	指令7	指令8	指令9
译码		指令1	指令2	指令3	指令4	指令5	指令6	指令7	指令8
执行			指令1	指令2	指令3	指令4	指令5	指令6	指令7

Cortex-M3 有 16 位短指令,还有 32 位长指令,但是在从存储器读取指令时,总是从按字对齐的地址读取 4 个字节,这就需要有总共 6 个字节的取指令缓存。译码后,可以确定指令是 2 字节或 4 字节。如果指令缓存中有 4 个空位(移走了 2 条短指令或 1 条长指令),就再从存储器读取 4 个字节。

指令在执行阶段可能会读写存储器,这就会与取指令发生冲突。为了改善流水线的性能,需要双总线,一套总线用于读写数据,另一套总线专门用于取指令。这就是哈佛结构的嵌入式计算机的优势,它有独立的指令总线和数据总线。

引入流水线操作后,Cortex-M3 多数指令可以认为在单个机器周期内完成,但是整个程序指令执行过程中,不会完全按顺序执行。比如,分支指令也可能清空流水线,导致预先执行的指令失效,严格意义来说,三级流水线下指令周期不定。一般来说,Cortex-M3 可以认为 1.25 MIPS/MHz 是平均执行速度。MIPS 为每秒处理的百万级的机器语言指令数,表示内核在每 MHz 运行速度下可以执行多少个 MIPS,如 10 MIPS/MHz 表示内核运行在 1 MHz 的频率下,每秒可执行一千万条指令。对于某型 STM32F103 嵌入式计算机,时钟频率为 72 MHz,指令执行速度为 72×1.25 MIPS = 90 MIPS,即每秒可以执行 9 000 万条指令。

2.5.2 指令的处理

指令编码实例分析:一条指令 ADD R0,R0,R1 的编码是 0x4408,存放于存储器中地址为 0x0000 015C 和 0x0000 015D 的两个存储单元。取指令时,向 I-code 总线的地址总线提供地址 0x0000 015C,并发出读信号,从这个地址开始的连续 4 个存储单元的代码出现在 I-code 的数据总线上,将指令编码 0x4408 XXXX 装载到取指令缓存中,然后移入指令寄存器进行译码。Cortex-M3 在译码时总是将其看作 2 个 16 位半字,在指令寄存器中,高 16 位来自存储器中前 2 个字节,低 16 位来自存储器中后 2 个字节。指令寄存器的高 16 位包含指令码,根据编码是否低于 0xE800 判断是否为 16 位短指令。如果低于 0xE800,则是短指令,忽略指令寄存器低 16 位;否则就是 32 位长指令,由寄存器低 16 位提供补充信息。

指令译码时,这条指令在指令寄存器的高 16 位,指令编码如表 2.7 所示。根据编码知道这是一条 16 位短指令,忽略低 16 位。同时,这个编码指定这是一条加法指令,计算结果与第一个操作数共用一个寄存器 Rdn,由编码位 {b23,b18~16} 的值 0000b 指定寄存器 R0,第二个操作数 Rm 由编码位 b22~19 的值 0001b 指定寄存器 R1。

表 2.7 指令 ADD Rdn,Rm 的编码

31	30	29	28	27	26	25	24	23	22	21	20	19	18	17	16	助记符	操作数	备注
0	1	0	0	0	1	0	0	d	R	m			R	d	n	ADD	Rdn,Rm	加法
0	1	0	0	0	1	0	0	0	0	0	0	1	0	0	0	ADD	R0,R1	0x4408 XXXX

执行指令时,加法器与有关核心寄存器相连接,如图 2.15 所示。将寄存器 R0 的输出端连接到加法器的第一个输入端,将寄存器 R1 的输出端连接到加法器的第二个输入端。等待一段时间后,加法器的输出信号达到稳定状态,将加法器的输出端连接到寄存器 R0 的输入端,计算结果保存到寄存器 R0。

第一操作数与目标寄存器使用同一个寄存器 R0,可表示为图 2.16 的形式,这时 R0 用作累加器。

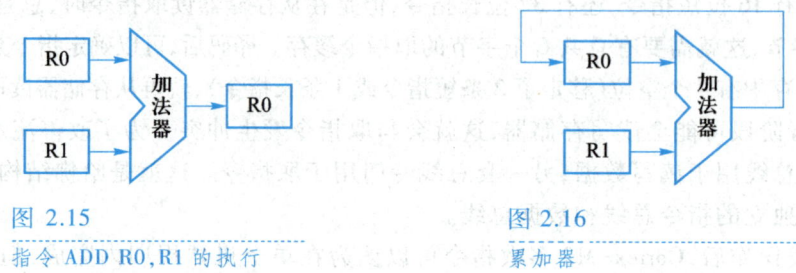

图 2.15
指令 ADD R0,R1 的执行

图 2.16
累加器

指令的执行就是根据指令的编码,按照一定的时间顺序改变电路的连接关系。算术逻辑单元 ALU 的结构图如图 2.17 所示,通过开关的通断改变电路的连接关系。开关的状态由一组工作锁存器控制,指令译码的结果存入另一组预备锁存器。执行指令时,预备锁存器的状态移入工作锁存器。

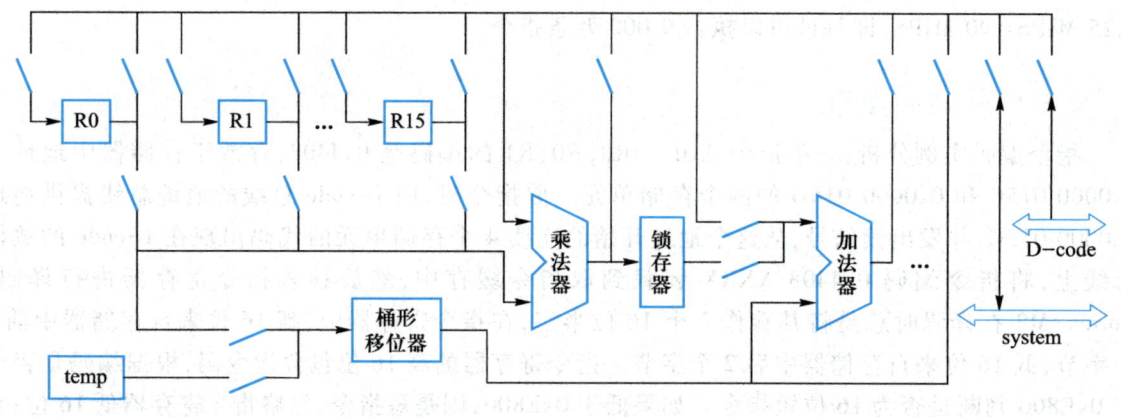

图 2.17
算术逻辑单元 ALU 的结构图

2.5.3 调试与跟踪

编写程序时,语法错误比较容易解决,编译器会报告错误位置和错误类型,结合程序语言的语法知识,很快就可以排除这一类错误。逻辑错误就不太容易解决了,严重的逻辑错误甚至可能造成"死机",这通常是循环的结束条件没有满足,也有可能是程序"跑飞"了,也就是跳转到了错误的程序地址。比较隐蔽的错误是数组越界,这通常会产生难以捉摸的故障。程序员们形象地将程序中的缺陷称为"虫子(bug)",而排除程序中的缺陷就称为"捉虫子(debug)",比较规范的说法就是"调试程序"。调试程序就是通过试运行程序,找出其中的缺陷。最基本的调试方法就是在程序中加入一些输出语句,以便了解程序执行到了哪个位置,某个关键的变量是什么值,利用这些变量的数值分析程序的执行状态。

嵌入式系统通常没有标准的输入输出设备,这就给调试程序带来了额外的困难。需要底层程序能正常工作时,才能通过通信设备将输入输出信息重定向到主机的终端程序上。如果发生严重错误,底层程序不能正常工作,将无法看到输出信息。

人们想出了各种调试手段。早期的嵌入式计算机集成度低,采用双列直插 DIP 式的封装。为了调试程序,将一个“仿真头”插在嵌入式计算机的位置,利用另一块调试电路板上的微处理器和存储器调试目标电路板的程序。

随着集成度的提高,芯片引脚变成了高密度的球状引脚栅格阵列 BGA。同时,系统的工作频率也大幅提升,这就使得早期的调试手段难以继续使用。电气与电子工程师协会 IEEE（Institute of Electrical and Electonics Engineers）的联合测试工作组 JTAG（Joint Test Action Group）提出了边界扫描的方法,并制定了 IEEE 1149.1—1990 标准:为每个引脚附加一个锁存器,将这些锁存器串联成一个移位链,这样就可以读出每个引脚的状态,并为每个引脚设置新的状态。采用这一方法还可以得到系统内部的状态,比如 CPU 的寄存器状态和存储器的状态。

基于 Cortex-M3 内核的 STM32F103 系列嵌入式计算机,除了 JTAG 调试模式,还提供了更方便的 SWD 调试模式。两种调试接口对比如下:

（1）JTAG 调试接口通常采用 14 针 DIP 插座,如图 2.18 所示。电路设计过程中,图 2.18 对应信号需要连接到嵌入式计算机相应的引脚中。

电源	V_{CC}	1	2	GND	地
测试系统复位	$\overline{TRST}$	3	4	GND	地
测试数据串行输入	TDI	5	6	GND	地
测试模式选择	TMS	7	8	GND	地
测试系统时钟	TCK	9	10	GND	地
测试数据串行输出	TDO	11	12	NC	未连接,缺针用于防插反
电源	V_{CC}	13	14	GND	地

图 2.18
JTAG 调试接口

（2）SWD 调试接口。调试接口只需用 4 针 SIP 插座,如图 2.19 所示。这种调试接口是使用频率更高的接口。

采用 SWD 和 JTAG 都可以实现调试过程中程序下载,但是 SWD 存在以下优点:

（1）SWD 比 JTAG 在高速模式下更加可靠。在大数据量操作时,JTAG 会出现下载程序失败的问题,但是 SWD 发生问题的概率会小很多。

1	V_{CC}	电源
2	DIO	测试数据串行输入输出
3	CLK	测试系统时钟
4	GND	地

图 2.19
SWD 调试接口

（2）SWD 接口需要的引脚较少,因而需要的 PCB 空间就小,能够有效缩小电路板的面积。

Cortex-M3 内核植入了跟踪接口,它与调试系统相连。调试系统还连接了内核的存储器接口。另外,片上的总线提供了调试接口。这些设施提供了基本的调试功能:程序的启动与暂停,断点功能使程序运行到指定地址时暂停,观察点功能使程序在读/写指定地址时暂停。程序暂停后,可以查看核心寄存器的状态,也可以查看存储器的状态。

在此基础上,集成开发环境 IDE 为我们提供了丰富的调试手段。合理利用这些调试手段,能够提高程序调试效率,具体包括如下操作方式:

(1)　● 插入/移除断点(insert/remove breakpoint)(快捷键为 F9):在当前光标所在行放置一个断点。

(2)　○ 使能/禁用断点(enable/disable breakpoint)(快捷键为 Ctrl-F9):如果当前光标所在行有断点,则在使能断点与禁用断点之间切换。

(3)　◌ 禁用所有断点(disable all breakpoints)。

(4)　● 撤销所有断点(kill all breakpoints)(快捷键为 Ctrl-Shift-F9)。

(5)　器 复位 CPU(reset CPU):使 CPU 状态恢复到初始的确定状态,然后进入“复位”的异常处理过程并暂停。

(6)　▣ 运行(run)(快捷键为 F5):使程序从暂停位置开始继续运行。

(7)　● 停止(stop):使程序在当前运行位置暂停。

(8)　▯ 单步(step)(快捷键为 F11):焦点在源程序窗口时(默认),运行一行后暂停,焦点在反汇编窗口时,执行一条指令后暂停。

(9)　▯ 跳过函数调用(step over)(快捷键为 F10):当前暂停位置不是函数调用时,与单步相同,否则运行到函数调用的返回点并暂停。

(10)　▯ 跳出函数调用(step out)(快捷键为 Ctrl-F11):运行到当前函数调用的返回点并暂停。

(11)　▯ 运行到光标所在行(run to cursor line)(快捷键为 Ctrl-F10):焦点在源程序窗口(默认)时,运行到光标所在行的语句之前暂停;焦点在反汇编窗口时,运行到光标所在行的指令前暂停。

在程序设置了断点后,指令在执行到断点位置时,全自动停止相应的执行过程,调试人员可以观测寄存器和存储器的数值状态。

2.6　中断与异常处理

2.6.1　中断

我们希望计算机能对“刺激”做出“反应”。刺激是 CPU 外部或内部发生某种变化,反应是由一段程序及时作出适当的处理。例如程序运行时,我们可能会需要知道某个按键被按下了,然后去执行相应的程序。这可以有两种方式实现。

1. 查询方式

用程序不断地查看这个按键所连接的引脚的电平状态,引脚电平有变化时转去执行一段程序。这样,计算机就无法做其他有用的事了。考虑到计算机主要功能是数据处理,这样做会降低计算机效率。

2. 中断方式

用电路来监视这个按键所连接的引脚的电平状态,引脚电平有变化时,自动转去执行一段程序。电路监测过程不影响计算机正常程序的执行。

当嵌入式计算机正在处理某项事务的时候,如果外界或者内部发生了紧急事件,要求嵌入式计算机暂停正在处理工作而去处理这个紧急事件,待处理完后,再回到原来中断的地方,继续执行原来被中断的程序,这个过程称作为中断。中断和实际生活实例对比如图 2.20 所示。

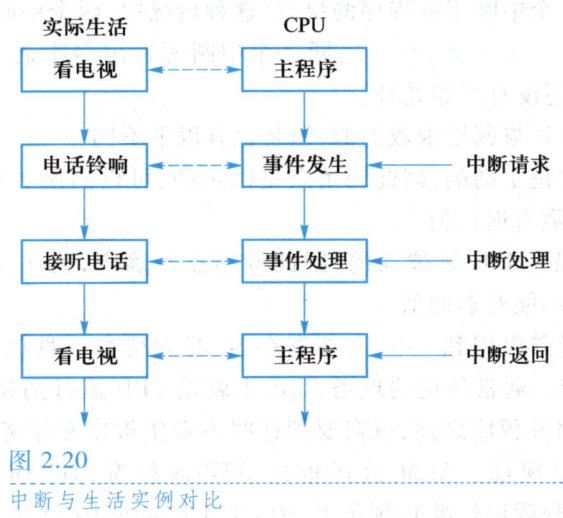

图 2.20
中断与生活实例对比

采用中断的优点为:

(1)提高了 CPU 的实时处理能力。需要实时处理的各种信息,可在任何时间发出中断申请,CPU 就可以马上响应、处理。

(2)资源的分时共享。通过中断,片上资源可以在不同时刻得到操作 CPU 的机会。

中断在使用过程中,几个关键因素需要明确:

① 中断源。能够产生中断的事件称为中断源。这个事件可以来源于内核、外设、嵌入式计算机外部。

② 中断服务程序 ISR(interrupt service routine)。中断事件出现后,需要暂停当前正在执行的程序,转去先执行一段"应急处理"程序,这段程序称为 ISR。ISR 所要执行的具体操作需要系统设计人员编写具体的软件代码实现。

③ 中断返回。中断服务程序执行完后,需要返回到原来地方继续执行相应程序。这就需要在中断出现时,进行现场保护,便于返回。现场保护为中断返回提供基础。

④ 中断向量表。中断向量表是一个表,对应一段特定内存地址空间。这个表里面存放的是中断向量。中断服务程序的入口地址或存放中断服务程序的首地址成为中断向量。中断向量表由 ARM 公司设置。系统设计人员在相应的中断服务程序入口地址区域设计代码。当某个中断被触发以后,内核就会自动跳转到中断向量表中对应的中断服务程序执行。每种中断的中断向量对应一个字长空间(4 Bytes),正好是一个 32 位地址。

2.6.2 中断的处理

中断可以处于以下 4 种状态之一：

（1）非活动（inactive）：中断还没有发出请求或已经完成处理。

（2）待决（pending）：来自周边设备或软件的中断请求已经发出，但还没有开始处理，等待内核执行相应的服务程序。

（3）活动（active）：已经开始处理而未完成，处理器正在执行相应的服务程序。注意：一个中断服务程序可以打断另一个中断服务程序的执行，这种情况中，两个中断都处于活动状态。

（4）活动并待决（active and pending）：同一个中断源发出多次请求，其中一个已经开始处理而未完成，其他的请求还没有开始处理。

执行中断服务程序 ISR 与调用函数类似，但是也有以下不同：

（1）主程序调用函数是主动的，因此调用点是确定的，可以向函数传递参数，可以改变部分 CPU 内部寄存器的值，函数有返回值。

（2）执行中断服务程序 ISR 是被动的，因此调用点不确定，无法传递参数，不能改变任何 CPU 内部寄存器的值，也不能有返回值。

中断服务程序的运行需要用到 CPU 内部寄存器，必须得有一种机制去保持中断前后 CPU 内部寄存器的值不被改变。通常所说的现场，实际上就是 CPU 运行到某一时刻时内部寄存器的值。CPU 在跳转到中断服务程序之前，就需要把这些不希望被中断服务程序改变的寄存器的值保存到栈中，这就是保存现场。ARM 公司推出 ATPCS 标准，即 ARM-Thumb procedure call standard（ARM-Thumb 过程调用标准），规定了 R0~R15 对应的 16 个寄存器使用规则：R0~R3 在函数调用时用来传递参数或者保存函数返回值，R4~R11 用来保存局部变量，R12~R15 是特殊功能寄存器。这种规则使用下，寄存器组拆分成 2 部分：

（1）调用者保存的寄存器（R0~R3，R12，LR，PSR）。

（2）被调用者保存的寄存器（R4~R11）。

比如，函数 A 调用函数 B，函数 A 就是调用者，函数 B 就是被调用者。函数 A 在调用函数 B 之前，函数 A 就应该要保存 R0~R3、R12、LR、PSR 这几个调用者要保存的寄存器；函数 B 本身会保证调用前后这些寄存器的值保持不变。

中断服务程序执行之前，需要现场保存下列信息：

（1）通用寄存器 R0~R3 和 R12。

（2）链接寄存器 LR。

（3）返回地址 return address。

（4）程序状态 PSR。

保存现场的工作由 CPU 硬件自动完成，不需要写代码去把中断前需要保存的寄存器的值存放到栈中。

中断服务函数本身会保证 R4~R11 的值不会被改变。

CPU 进入中断服务程序时，LR 寄存器保存的并不是中断前下一条指令的地址，而是一个特殊的数值，被称为 EXC_RETURN，如表 2.8 所示。这个特殊值用于 CPU 触发中断返回机制，进行现场恢复。

表 2.8　EXC_RETURN 值

EXC_RETURN 值	返回后的模式	返回过程和返回后的栈
0xFFFF FFF1	处理程序模式（特权）	MSP
0xFFFF FFF9	线程模式（非特权）	MSP
0xFFFF FFFD		PSP

　　恢复现场就是指 CPU 执行完中断服务程序后，返回中断前的下一条指令的地址，继续执行程序，并且把保存在栈中寄存器的值恢复到寄存器中去。CPU 识别到 PC 的值等于 EXC_RETURN，就会触发中断返回机制，这个机制会把保存在栈中 R0~R3、R12、LR、PSR 的寄存器的值恢复回去。

　　下面以例程 2.3 说明 ISR 的进入和退出过程。

例程 2.3　svc.c 中断服务过程 ISR

```
Void SVC_Handler(void)
{
    int  y1,y2,y3,y4,y5,y6;
    y1=0x11;
    y2=0x12;
    y3=0x13;
    y4=0x14;
    y5=0x15;
    y6=0x16;
}

static void Test(int p0, int p1, int p2, int p3)
{
    int  x1,x2,x3,x4,x5,x6,x7,x8;
    x1=4;
    x2=5;
    x3=6;
    x4=7;
    x5=8;
    x6=9;
    x7=10;
    x8=11;
    __asm("SVC #0");
}

int main(void)
{
    Test(0, 1, 2, 3);
    return 0;
}
```

　　在由指令 SVC　#0 进入 ISR 之前，我们给各个寄存器赋予了特殊的值，如图 2.21 所示。

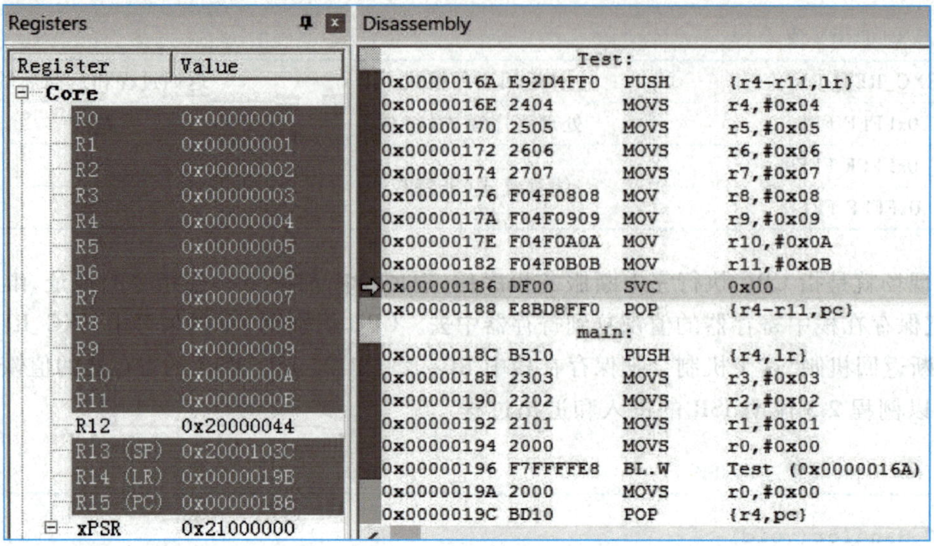

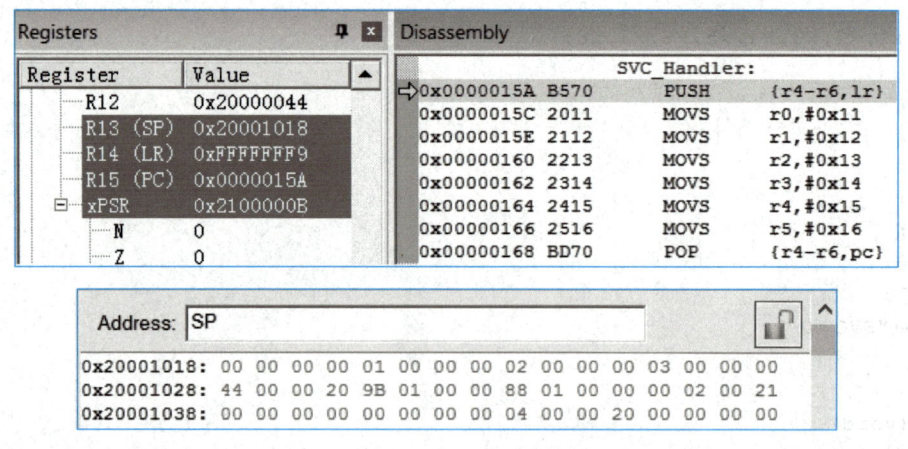

图 2.21

进入 ISR 之前寄存器的值

进入 ISR 之后,寄存器状态和栈状态如图 2.22 所示。我们可以看出寄存器 R0～R3 的值 0、1、2 和 3 依次保存到了地址 0x2000 1018、0x2000 101C、0x2000 1020、0x2000 1024,寄存器 R12 的值 0x2000 0044 保存到了地址 0x2000 1028,链接寄存器 LR 的值 0x0000 019B 保存到了地址 0x2000 102C,返回地址 0x0000 0188 保存到了地址 0x2000 1030。程序状态寄存器的值 0x2100 0000 将第 9 位保留位设置为 1 变成 0x2100 0200,以指示 SP 原值 0x2000 103C 不是 8 字节对齐的,保存到了栈 中地址 0x2000 1034。栈中空出 0x2000 1038～0x2000 103B 这 4 个字节,以实现 8 字节对齐。

图 2.22

进入 ISR 之后的状态

进入 ISR 时,后面要用到的寄存器 R4 和 R5,以及预留用作临时变量的 R6,用指令 PUSH {R4～R6,LR} 将其值保存到栈上,同时保存了 LR 的值。链接寄存器 LR 赋予了特殊的值 0xFFFF FFF9,表示需要从 ISR 返回到线程模式,SP 使用 MSP。最后,用指令 POP　{R4～R6,

PC}从栈里恢复 R4~R6,并将 LR 的值弹出到 PC,以实现返回。

2.6.3 内核异常

中断的概念可以扩大到内核的异常情况引起嵌入式计算机自动转去执行相应程序。内核部分产生的中断,称为异常。Cortex-M3 内核的异常包括:

1. 复位(reset)

我们可能会好奇:计算机启动时,从哪里开始执行程序? 在计算机上电的过程中,电压会有一段时间不稳定,为了使计算机从一个稳定的确定状态开始运行,设计了一个"复位(reset)"线:当 reset 为低电平时,计算机处于"冻结"的复位状态;当 reset 达到高点平时,计算机开始运行。reset 线的电平从低变高的一瞬间,我们称为"解除复位",简称"复位"。所有的计算机都会约定一个特定的地址,复位时从这个地址得到要执行的第一条指令的地址。我们学习的这个计算机约定这个特定的地址是 0x0000 0004,这个地址称为"复位"的向量。计算机解除复位时,从"复位"向量得到要执行的第一条指令的地址。

嵌入式计算机将复位当作特殊形式的异常。复位时,嵌入式计算机的运行停止,指令可能处于任何点。解除复位时,从向量表中 Reset 项提供的地址重新开始执行。

2. 非可屏蔽中断 NMI(nonmaskable interrupt)

由外设发出信号或由软件触发。这是除了复位之外最高优先级的异常,它总是被使能的。NMI 不能被任何异常处理屏蔽或禁止活动,且不能被除复位外任何异常处理打断,对应的优先级仅次于复位。例如:为了提高系统时钟的可靠性,在使用时钟安全机制(CSS)时,一旦 HSE 时钟出现故障,就会产生 NMI。

3. 硬故障(hard fault)

硬故障是一种"不可编程"的故障,存储器管理故障、总线故障、用法故障如果不能得到执行,就会上升为硬故障。

4. 存储器管理故障(memory management)

这是存储器保护相关的故障引起的一种异常。存储器管理故障包括:访问了 MPU 设置区域覆盖范围之外的地址、往只读区域写数据、非特权级下访问了只允许在特权级下访问的地址。

5. 总线故障(bus fault)

对"总线"操作出现问题,导致的故障会产生这类异常。当 AHB 接口正在传送数据时,如果回复了一个错误信号,则会产生总线故障。常见故障包括入栈错误和出栈错误。中断处理起始阶段的堆栈 PUSH 动作,触发总线故障,称为入栈错误。中断处理收尾阶段的堆栈 POP 动作,触发总线故障,称为出栈错误。

6. 用法故障(usage fault)

这是指令执行相关的故障引起的一种异常,这包括:未定义指令、错误的未对齐的访问、除数为 0、异常处理返回时的错误等。

7. 请求系统服务 SVC(system service call)

请求系统服务是由 SVC 指令触发的一种异常。在操作系统 OS(operating system)环境下,应用程序可以使用 SVC 指令访问 OS 内核功能或设备驱动程序。

8. 待决系统服务(pend system service)

一种中断驱动的对系统级服务的请求。在 OS 环境下,当无其他异常处于活动状态时,用

PendSV 来做文境切换。

9. 系统节拍定时器(system tick timer)

系统定时器计数到零时会产生一种异常,软件也可以产生这类异常。在 OS 环境下,处理器将这个异常用作系统节拍。

这几种异常所对应中断服务程序中,存储器管理故障、总线故障和用法故障属于故障处理程序,其他的属于系统处理程序。

异常所对应异常向量,如例程 2.4 所示。

例程 2.4　异常向量

```
__Vectors
    DCD    __initial_sp          ; 00 栈顶(top of stack)
    DCD    Reset_Handler         ; 04 复位处理程序(reset handler)
    DCD    NMI_Handler           ; 08 非可屏蔽中断处理程序(nmi handler)
    DCD    HardFault_Handler     ; 0C 硬故障处理程序(hard fault handler)
    DCD    MemManage_Handler     ; 10 存储器管理故障处理程序(mpu fault handler)
    DCD    BusFault_Handler      ; 14 总线故障处理程序(bus fault handler)
    DCD    UsageFault_Handler    ; 18 用法故障处理程序(usage fault handler)
    DCD    0                     ; 1C 保留(reserved)
    DCD    0                     ; 20 保留(reserved)
    DCD    0                     ; 24 保留(reserved)
    DCD    0                     ; 28 保留(reserved)
    DCD    SVC_Handler           ; 2C 请求系统服务处理程序(svcall handler)
    DCD    DebugMon_Handler      ; 30 调试监视器处理程序(debug monitor handler)
    DCD    0                     ; 34 保留(reserved)
    DCD    PendSV_Handler        ; 38 待决系统服务处理程序(pendsv handler)
    DCD    SysTick_Handler       ; 3C 系统节拍处理程序(systick handler)
```

系统处理程序的复位(reset)、非可屏蔽中断(NMI)、硬故障(hardfault)、请求系统服务(SVC)、待决系统服务(pendSV)和系统节拍(systick)总是使能。使能故障处理程序通过系统处理程序控制状态寄存器 SHCSR 的设置来实现。查看这些中断的待决与活动也使用 SHCSR,改变待决状态使用中断控制与状态寄存器 ICSR。

下面以示例程序说明系统节拍定时器的使用方法。在使用系统节拍定时器时,需要了解对应寄存器的使用方法。这是因为功能实现需要建立在正确的寄存器配置基础上。表 2.9 给出了寄存器的总体组成。

表 2.9　系统节拍定时器寄存器的总体构成

偏移量	寄存器复位值	31	30	29	28	27	26	25	24	23	22	21	20	19	18	17	16	15	14	13	12	11	10	9	8	7	6	5	4	3	2	1	0
00	CTRL 0000 0004													保留			COUNTFLAG							保留							CLKSOURCE	TICKINT	ENABLE

偏移量	寄存器复位值	31	30	29	28	27	26	25	24	23	22	21	20	19	18	17	16	15	14	13	12	11	10	9	8	7	6	5	4	3	2	1	0
04	LOAD 0000 0000	保留								RELOAD																							
08	VAL 0000 0000	保留								CURRENT																							
0C	CALIB 0000 2328	保留								TEAMS																							

这些寄存器在使用过程中,通过例程 2.5 进行表示。

例程 2.5 系统节拍定时器寄存器程序表示

```
#define BasePPB     0xE0000000                    //  私有设备总线
#define BaseSCS     (BasePPB+0xE000)              //  系统控制空间

typedef struct
{
    Reg32  CTRL;                                   // 00  控制与状态寄存器
    Reg32  LOAD;                                   // 04  重装载值寄存器
    Reg32  VAL;                                    // 08  当前值寄存器
    Reg32  CALIB;                                  // 0C  校准寄存器
} T_STK;

#define mySTK  (*((T_STK*)  (BaseSCS+0x0010)))    //  系统节拍定时器

enum
{
    // 00  0000 0000  CTRL      控制与状态寄存器
    SysTick_CTRL_bENABLE=0,                        // 00  使能计数: 0/1 为禁用/使能
    SysTick_CTRL_bTICKINT,                         // 01  使能中断: 0/1 为禁用/使能
    SysTick_CTRL_bCLKSOURCE,                       // 02  输入时钟
    SysTick_CTRL_bCOUNTFLAG=16,                    // 16  溢出标记: 1 为计数到过 0
    // 02  输入时钟
    SysTick_CTRL_bCLKSOURCE_9MHz=0,                // 0   AHB/8
    SysTick_CTRL_bCLKSOURCE_72MHz,                 // 1   AHB
    // 0C  0000 2328  CALIB  校准寄存器
    SysTick_CALIB_bTENMS,                          // 00  校准值
    SysTick_CALIB_bSKEW=30,                        // 30  偏离标志: 1 为是
    SysTick_CALIB_bNOREF                           // 31  无参考时钟: 0 为有
};
```

例程 2.6 实现的功能为:在 4 字 8 段码 LED 上显示秒表计时,分辨率为 0.1 s。用系统节拍定时器产生间隔 1 ms 的定时中断,为程序提供了开始运行以来的毫秒计时 myClock。4 字 8 段码 LED 复用 8 根 GPIO 线 PE7~0 控制每一段是否点亮。另外,用 4 根 GPIO 线 PE11~8 控制每个

字的共阴极,选择这个字是否点亮,因此 4 个字不能同时显示不同的内容。为了显示不同内容,采用扫描刷新的显示方式,每个字点亮 1 ms,熄灭 3 ms。

例程 2.6　STK_Clock.c 定时中断与秒表

```c
#include <stdio.h>
#include "stm32f103.h"                              //   自定义
#include "disp.h"                                   //   8 段码显示
static U32              myClock;                     //   自定义时钟
void SysTick_Handler(void)
{                                                    //   定时中断(每 1 ms 自动调用一次)
    DispTick();                                      //   循环显示每个字
    myClock++;                                       //   驱动自定义时钟
}
static void Init(void)
{
    myClock = 0;                                     //   自定义时钟初值
    DispInit();                                      //   配置 PE11:0
    mySTK.LOAD = 72000 - 1;                          //   重装载值,向下计数从 71 999 到 0,产生 1 ms
                                                     //   周期
    mySTK.CTRL =
        (1 << SysTick_CTRL_bENABLE) |                //   使能定时器
        (1 << SysTick_CTRL_bTICKINT) |               //   使能中断源
        (SysTick_CTRL_bCLKSOURCE_72MHz << SysTick_CTRL_bCLKSOURCE);   //   输入时钟 72 MHz
}
int main(void)
{
    U32          k;
    char         s[6];
    Init();
    while (1)
    {
        k = (50+myClock)/100;                        //   从开始运行以来的1/10 秒数
        if (k > 9999)                                //   上限
            k = 9999;
        sprintf(s, "%03d.%01d", k / 10, k % 10);     //   按格式转换成字符串
        DispTrans(s);                                //   字符串转换成显示码,填写显示缓冲区
    }
    return 0;
}
```

中断控制器检测到中断请求后,将中断请求保持在中断待决标志位上,转向 ISR 时自动清除这个待决标志位,不需要 ISR 清除中断标志。在 SysTick_Handler 中放置断点,从菜单条查看"Peripherals/Core Peripherals/Nested Vectored Interrupt Controller",如图 2.23 所示。我们看到这个中断是使能的(enable)、非待决(pending)及活动的(active),这就是前面讲述中断状态时所说"活动"状态。

单步跟踪执行到从 ISR 返回,NVIC 的状态如图 2.24 所示,我们看到这个中断是非待决及非活动的,这就是前面讲述中断状态时所说"非活动"状态。

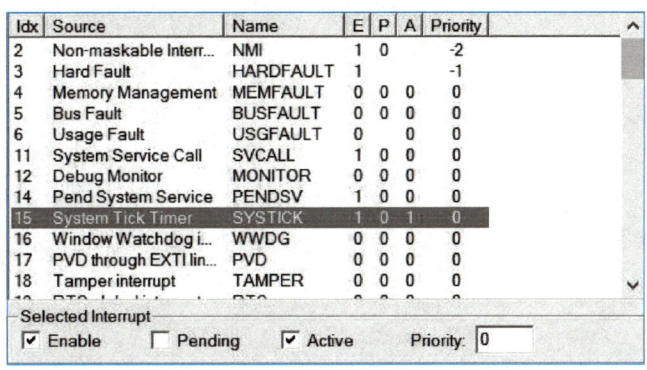

图 2.23
中断"活动"状态

Idx	Source	Name	E	P	A	Priority
14	Pend System Service	PENDSV	1	0	0	0
15	System Tick Timer	SYSTICK	1	0	0	0
16	Window Watchdog i...	WWDG	0	0	0	0

图 2.24
中断"非活动"状态

从菜单条查看"Peripherals/Core Peripherals/System Tick Timer",将 Reload 值改为 1,将 Current 值改为 0,如图 2.25 所示。单步执行出现了中断"待决"状态,如图 2.26 所示。继续运行,到达 ISR 中的断点,出现了中断"活动并待决"状态,如图 2.27 所示。

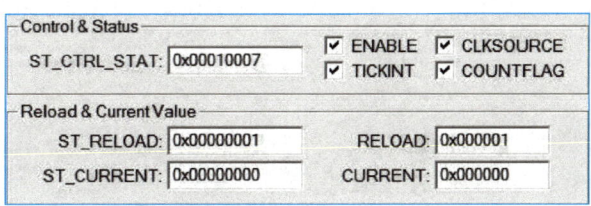

图 2.25
系统节拍定时器

Idx	Source	Name	E	P	A	Priority
14	Pend System Service	PENDSV	1	0	0	0
15	System Tick Timer	SYSTICK	1	1	0	0
16	Window Watchdog i...	WWDG	0	0	0	0

图 2.26
中断"待决"状态

Idx	Source	Name	E	P	A	Priority
14	Pend System Service	PENDSV	1	0	0	0
15	System Tick Timer	SYSTICK	1	1	1	0
16	Window Watchdog i...	WWDG	0	0	0	0

图 2.27
中断"活动并待决"状态

第 3 章　Cortex-M3 指令系统

3.1　汇编指令

3.1.1　汇编指令基本格式

Cortex-M3 逐条执行指令,每条指令的功能反映了内核数据处理的能力。ARM 采用精简指令集计算机 RISC(reduced instruction set computer)架构。最初 ARM 指令集的长度固定为 32 位。为了改善代码密度,16 位长度的 Thumb 指令集被提出。开发者可以同时使用 ARM 指令集和 Thumb 指令集来降低代码大小,如 ARM7 系列。这是两套指令集,对应两个运行状态,需要在 ARM 状态和 Thumb 状态之间来回切换。作为 Thumb 指令集的补充,ARM 指令集的大部分功能都逐步被纳入 Thumb 指令集。Thumb 指令集演化为 16 位和 32 位混合长度指令集,称为 Thumb-2 指令集。Thumb-2 指令集的诞生使得编译器可以在单个指令集中平衡性能和代码的大小,提供极好代码密度,最小化系统内存大小和成本。Cortex-M3 采用 Thumb-2 指令集。

一条汇编指令基本格式如下:

```
<opcode> {cond} {suffix}  <Rd>,<Rn>{,<operand2>}
```

其中,<>号内的项是必需的,{}号内的项是可选的。各项的说明如下:

① opcode:操作码,即指令助记符,用于表征这个指令的主要功能,如实现加法运算对应的指令助记符为 ADD。

② cond:可选,即指令执行条件,如果不写,则使用默认条件 AL(无条件执行)。

③ suffix:可选,表示指令执行基本功能基础,进行了

扩展。

④ 操作数：第一个操作数一般为本指令执行结果的存储处，通过寄存器表征。绝大多数 16 位指令只能使用 R0~R7，32 位指令则可以使用 R0~R15。第二个操作数的表达方式比较灵活，可以是常数表达式、寄存器方式、寄存器移位方式。

同一指令添加不同的后缀就会有不同的功能。具体包括以下几类：

（1）B（Byte）：功能不变，操作长度变为 8 位，按照字节操作。

（2）H（Half Word）：功能不变，操作长度变为 16 位，按照半字操作。

（3）S 后缀：指令执行后状态寄存器的条件标志位将被刷新；不使用 S 后缀时，指令执行后条件标志位不会发生变化。根据这些标志位的变化情况，就可以进行一些判断，从而可能影响指令执行顺序。

（4）"!"后缀。指令地址表达式中不含"!"后缀，表明基址寄存器中的地址不会发生变化；指令中含有"!"后缀，变化结果如下：基址寄存器中的值（指令执行后）= 指令执行前的值+地址偏移量。

（5）条件标志码。把程序状态寄存器里面的 N、Z、C、V 四个标志位作为判断条件，控制程序执行，具体判断条件分类如表 3.1 所示。

表 3.1　判断条件分类

操作码	条件助记符	标志	含义
0000	EQ	Z = 1	相等
0001	NE	Z = 0	不相等
0010	CS/HS	C = 1	无符号数大于或等于
0011	CC/LO	C = 0	无符号数小于
0100	MI	N = 1	负数
0101	PL	N = 0	正数或零
0110	VS	V = 1	溢出
0111	VC	V = 0	没有溢出
1000	HI	C = 1, Z = 0	无符号数大于
1001	LS	C = 0, Z = 1	无符号数小于或等于
1010	GE	N = V	有符号数大于或等于
1011	LT	N ≠ V	有符号数小于
1100	GT	Z = 0, N = V	有符号数大于
1101	LE	Z = 1, N ≠ V	有符号数小于或等于
1110	AL	任何	无条件执行（指令默认条件）
1111	NV	任何	从不执行（不要使用）

3.1.2 寻址方式

寻址方式是根据指令中给出的地址码字段来实现寻找真实操作数地址的方式。Cortex-M3 常用的寻址方式有以下几种。

1. 立即数寻址

指令中操作码字段后面的地址码部分就是数据。数据就包含在指令当中,取出指令也就取出了可以立即使用的操作数。立即数寻址指令举例如下:

```
MOV  R0,#0xFF  ;将立即数 0xFF 装入 R0 寄存器
```

2. 寄存器寻址

这种寻址方式中,操作数的值在寄存器中。指令中的地址码字段指出的是寄存器编号,指令执行时直接取出寄存器的值来操作。寄存器寻址指令举例如下:

```
MOV  R1,R2  ;将 R2 中的值存入 R1
```

3. 寄存器移位寻址

当第 2 个操作数是寄存器移位方式时,第 2 个寄存器操作数在与第 1 个操作数操作之前,选择进行移位操作。寄存器移位寻址指令举例如下:

```
MOV  R0,R2,LSL #3  ;R2 的值左移 3 位,结果放入 R0;即 R0=R2×8
```

4. 寄存器间接寻址

寄存器间接寻址指令中的地址码,给出的是一个通用寄存器编号,所需的操作数保存在寄存器指定地址的存储单元中,即寄存器的值为操作数的地址指针,举例如下:

```
LDR  R1,[R2]  ;将 R2 指向的存储单元的数据读出保存在 R1 中。
```

5. 基址寻址

基址寻址就是将基址寄存器的内容与指令中给出的偏移量相加,形成操作数的有效地址。基址寻址用于访问基址附近的存储单元,常用于查表、数组操作、功能部件寄存器访问等,举例如下:

```
LDR  R2,[R3,#0x0C]  ;读取 R3+0x0C 地址的存储单元的内容,放入 R2
```

6. 相对寻址

相对寻址是基址寻址的一种变通。程序计数器 PC 提供基准地址,指令中的地址码字段作为偏移量,两者相加后得到的地址即为操作数的有效地址。

3.1.3 汇编程序基本结构

例程 3.1 是一个完整的汇编程序。其中,函数 Test 可以由例程 3.2 的 C 程序调用。

例程 3.1 test_Step2.s

```
;           int Test(int u,int v);    R0=u,R1=v
            ;代码节,只读,对齐 4
            AREA || .text ||, CODE, READONLY, ALIGN=2
Test        PROC                     ;过程开始
            ADDS        R0,R0,R1     ;R0=u+v
            LDR         R1,=x        ;R1=x 的地址
```

```
        LDR              R1,[R1]              ; R1 =x 的值
        ADDS             R0,R1                ; R0+= x
        BX               lr                   ; 返回
        ENDP                                  ; 过程结束
        ;数据节,对齐 4
        AREA ||.data||, DATA, ALIGN=2
x       DCD              100                  ; int x=100
        EXPORT Test [CODE]                    ; 导出符号
        END
```

例程 3.2 main_Step2.c

```
extern int Test(int u, int v);
int main(void)
{
    return Test(2, 3);
}
```

汇编程序的每行都有可选的标号,标号要顶头。

汇编指示 AREA 为代码指定了名为 ||.text|| 的节 section,这个节的属性是代码 CODE、只读 READONLY、字对齐 ALIGN=2。其后的指令和只读数据放入这个节,链接时同名节的内容排列在一起,并在对应的存储器区域分配地址。

汇编指示 PROC 标明一个函数或过程的开始,并为这个函数命名为 Test。

汇编指示 ENDP 标明一个函数或过程的结束。

汇编指示 AREA 为数据指定了名为 ||.data|| 的节,这个节的属性是数据 DATA、字对齐 ALIGN=2。其后的数据放入这个节。

汇编指示 DCD 100 为变量 x 保留 4 字节存储空间并赋初值 100。

汇编指示 EXPORT 导出函数名 Test,使它们成为外部可引用的。

汇编指示 END 标明汇编的结束,其后的内容被汇编器忽略。

3.1.4 操作码功能分类

Cortex-M3 的指令可以分为以下几类:

(1) 存储器访问指令 memory access instructions。

(2) 数据处理指令 data processing instructions。

(3) 分支与控制指令 branch and control instructions。

(4) 杂项指令 miscellaneous instructions。

存储器访问指令如表 3.2 所示。

表 3.2 存储器访问指令

助记符	简要描述	类别
ADR	装载相对 PC 地址(标号表达式)(load PC-relative address)	装载地址

助记符	简要描述	类别
LDR	使用相对 PC 地址装载寄存器：直接寻址 (load register using PC-relative address)	装载单寄存器
LDR{type}	使用立即数偏移量装载寄存器：间接寻址+偏移量,移动指针 (load register using immediate offset)	
	使用寄存器偏移量装载寄存器：间接寻址+变址,数组下标 (load register using register offset)	
LDR{type}T	非特权访问装载寄存器 (load register with unprivileged access)	
STR{type}	使用立即数偏移量保存寄存器：间接寻址+偏移量,移动指针 (store register using immediate offset)	保存单寄存器
	使用寄存器偏移量保存寄存器：间接寻址+变址,数组下标 (store register using register offset)	
STR{type}T	非特权访问保存寄存器 (store register with unprivileged access)	
LDRD	使用相对 PC 地址装载寄存器：直接寻址 (load register using PC-relative address)	装载双寄存器
	使用立即数偏移量装载寄存器：间接寻址+偏移量 (load register using immediate offset)	
STRD	使用立即数偏移量保存寄存器：间接寻址+偏移量 (store register using immediate offset)	保存双寄存器
LDM{mode}	装载多寄存器(load multiple registers)	装载多寄存器
POP	从栈上弹出寄存器,出栈(pop register from stack)	
STM{mode}	保存多寄存器(store multiple registers)	保存多寄存器
PUSH	压入寄存器到栈上,入栈(push register onto stack)	
LDREX{type}	装载并设互斥标记(load register exclusive) 检查标记并保存(store register exclusive)	互斥操作
STREX{type}	注：装载后第一个保存者保存成功(无法区分由谁装载),后续保存失败,需重试。	
CLREX	清除互斥标记,强制所有互斥保存失败(clear exclusive)	

数据处理指令如表 3.3 所示。

表 3.3　数据处理指令

助记符	简要描述	类别
MOV	传送(move)	传送
MOVT	传送高半部(move top)	
ADD	加法(add)	通用算术运算
SUB	减法(subtract)	

助记符	简要描述	类别
ADC	带进位加法（add with carry）	
SBC	带借位减法（subtract with carry）	
RSB	反向减法（reverse subtract）	
CMP	比较（相减）（compare）	比较
CMN	相反数比较（相加）（compare negative）	
LSL	逻辑左移（logical shift left）	移位
ASR	算术右移（arithmetic shift right）	
LSR	逻辑右移（logical shift right）	
ROR	循环右移（rotate right）	
RRX	带扩展循环右移（rotate right with extend）	
AND	逻辑与（logical AND）	逻辑运算
ORR	逻辑或（logical OR）	
EOR	异或（exclusive OR）	
ORN	逻辑或非（logical OR NOT）	
BIC	位清除（逻辑与非）（bit clear）	
MVN	传送逻辑非值（逻辑非）（move NOT）	
TEQ	测试相等（逻辑异或）（test equivalence）	测试
TST	测试（逻辑与）（test）	
MUL	乘法，32 位结果（multiply, 32-bit result）	32 位结果乘法
MLA	带累加乘法，32 位结果（multiply with accumulate, 32-bit result）	
MLS	乘法与减法，32 位结果（multiply and subtract, 32-bit result）	
UMULL	无符号乘法（32×32），64 位结果 [unsigned multiply (32×32), 64-bit result]	64 位结果乘法
SMULL	有符号乘法（32×32），64 位结果 [signed multiply (32×32), 64-bit result]	
UMLAL	带累加无符号乘法（32×32+64），64 位结果 [unsigned multiply with accumulate (32×32+64), 64-bit result]	
SMLAL	带累加有符号乘法（32×32+64），64 位结果 [signed multiply with accumulate (32×32+64), 64-bit result]	
UDIV	无符号除法（unsigned divide）	32 位结果除法
SDIV	有符号除法（signed divide）	
RBIT	位逆序（reverse bits）	逆序

助记符	简要描述	类别
REV	字中字节逆序（reverse byte order in a word）	
REV16	每个半字中字节逆序（reverse byte order in each halfword）	
REVSH	低半字字节逆序并符号扩展 （reverse byte order in bottom halfword and sign extend）	
SSAT	有符号饱和（signed saturate）	饱和
USAT	无符号饱和（unsigned saturate）	
BFC	位域清除（bit field clear）	位域操作
BFI	位域插入（bit field insert）	
SBFX	有符号位域提取（signed bit field extract）	
UBFX	无符号位域提取（unsigned bit field extract）	
UXTB	字节零扩展（zero extend a byte）	扩展
UXTH	半字零扩展（zero extend a halfword）	
SXTB	字节符号扩展（sign extend a byte）	
SXTH	半字符号扩展（sign extend a halfword）	
CLZ	计数先导零（count leading zeros）	其他

分支与控制指令如表 3.4 所示。

表 3.4　分支与控制指令

助记符	简要描述	类别
B	分支（branch）	分支
BX	间接分支（branch indirect）	可用于返回 BX　LR
CBNZ	比较且非零分支（compare and branch if non zero）	可用于循环
CBZ	比较且为零分支（compare and branch if zero）	
BL	带链接分支（branch with link）	调用
BLX	带链接间接分支（branch indirect with link）	
IT	如果-则（if-then）	条件块
TBB	字节查表分支（table branch byte）	查表分支
TBH	半字查表分支（table branch halfword）	

杂项指令如表 3.5 所示。

表 3.5　杂项指令

助记符	简要描述	类别
MRS	从特殊寄存器向寄存器传送 （move from special register to register）	操作特殊寄存器

助记符	简要描述	类别
MSR	从寄存器向特殊寄存器传送 (move from register to special register)	
CPSID	改变处理器状态,禁用中断 (change processor state, disable interrupts	
CPSIE	改变处理器状态,使能中断 (change processor state, enable interrupts	
NOP	无操作(no operation)	影响程序执行
BKPT	断点(breakpoint)	
SVC	请求系统服务(system service call)	
DMB	数据存储器拦截(data memory barrier)	
DSB	数据同步拦截(data synchronization barrier)	
ISB	指令同步拦截(instruction synchronization barrier)	
SEV	发送事件(send event)	休眠
WFE	等待事件(wait for event)	
WFI	等待中断(wait for interrupt)	

3.2 读写存储器

3.2.1 基本指令

要处理的数据总是来自存储器,处理的结果也要放回存储器。存储器数据操作主要用到两大类指令:

① 装载(load):读取存储器中的数据,将其写入核心寄存器。

② 保存(store):读取核心寄存器中的数据,将其写入存储器。

装载采用指令为 LDR 指令,基本格式是:

```
LDR  <Rd>, <Address>
```

其中,<Rd>表示目标寄存器(要加载到的寄存器),<Address>表示数据所在的内存地址。这两部分内容必须存在。

保存采用指令为 STR 指令,基本格式是:

```
STR  <Rd>, <Address>
```

其中,<Rd>表示要存储到内存的寄存器,<Address>表示要存储数据的内存地址。这两部分内容必须存在。

LDR 和 STR 使用过程中,寄存器可以选用 R0~R15 寄存器中的一个。但是存储器的地址表达方式存在多种。

3.2.2　存储器地址表达方式

数据在寄存器和存储器进行移动操作过程中,寄存器地址表达方式存在多种表达方式。下面介绍几种常用表达方式。

1. 间接寻址表达方式

编译时,程序中的变量需要用寄存器提供地址来读写。寄存器中的地址,通常称作为基址。

例程 3.3 将 32 位变量 x 的值赋值给另一个变量 k,局部自动变量 k 编译为 R0。

例程 3.3　main_var.c 变量

```
TData1   x={0x87654321};
int main(void)
{
    int k;
    k=x.u32;
    ...
    return 0;
}
```

	LDR	R1,=x	; 装载 x 地址 0x20000000
	LDR	R0,[R1]	; 装载 x.u32
0x20000000	DCD	0x87654321	; x 所在位置填写 32 位常量

指令 LDR　R0,[R1]表示由寄存器 R1 提供地址,从 R1 指示的源地址 0x2000 0000 装载 32 位整字 0x8765 4321 到 R0。这条指令的编码如表 3.6 所示,编码的位 b26~b22 表示偏移量的 1/4,位 b18~b16 指定目标寄存器 Rd,位 b21~b19 指定基址寄存器 Rn。

表 3.6　间接表示数据地址的指令

31	30	29	28	27	26	25	24	23	22	21	20	19	18	17	16	助记符	操作数	备注
0	1	1	0	1	b	b	b	b	b	Rn	Rn	Rn	Rd	Rd	Rd	LDR	Rd,[Rn,#4 * ui5]	装载寄存器
					0	0	0	0	0	0	0	1	0	0	0	LDR	R0,[R1,#0]	编码 6808

2. 基于立即数偏移的基址寻址表达方式

例程 3.4 演示了对不同类型变量的读写操作。

例程 3.4　main_var.c 变量

```
typedef union
{
    unsigned long      u32;       //   无符号 32 位,4 字节
    signed long        i32;       //   有符号 32 位,4 字节
    unsigned short     u16[2];    //   无符号 16 位,2 * 2 字节
    signed short       i16[2];    //   有符号 16 位,2 * 2 字节
    unsigned char      u8[4];     //   无符号 8 位,4 * 1 字节
```

```c
    signed char            i8[4];          //  有符号 8 位,4 * 1 字节
} TData1;                                   //  总共 4 字节
typedef struct
{
    unsigned long          u32;            //  无符号 32 位,4 字节
    signed long            i32;            //  有符号 32 位,4 字节
    unsigned short         u16;            //  无符号 16 位,2 字节
    signed short           i16;            //  有符号 16 位,2 字节
    unsigned char          u8;             //  无符号 8 位,1 字节
    signed char            i8;             //  有符号 8 位,1 字节
} TData2;                                   //  总共 14 字节
TData1                     x = {0x87654321};
TData2                     y;
int main(void)
{
    int                    k;
    k = x.u32;
    y.u32 = k;
    k = x.i32;
    y.i32 = k;
    k = x.u16[0];
    y.u16 = k;
    k = x.i16[1];
    y.i16 = k;
    k = x.u8[2];
    y.u8 = k;
    k = x.i8[3];
    y.i8 = k;
    return 0;
}
```

```
    LDR        R0,[R1,#0]          ; 装载 x.u32
    STR        R0,[R2,#0]          ; 保存到 y.u32
    LDR        R0,[R1,#0]          ; 装载 x.i32
    STR        R0,[R2,#4]          ; 保存到 y.i32
    LDRH       R0,[R1,#0]          ; 装载 x.u16[0]
    STRH       R0,[R2,#8]          ; 保存到 y.u16
    LDRSH      R0,[R1,#2]          ; 装载 x.i16[1]
    STRH       R0,[R2,#10]         ; 保存到 y.i16
    LDRB       R0,[R1,#2]          ; 装载 x.u8[2]
    STRB       R0,[R2,#12]         ; 保存到 y.u8
    LDRSB      R0,[R1,#3]          ; 装载 x.i8[3]
    STRB       R0,[R2,#13]         ; 保存到 y.i8
```

假设 R1 的值为变量 x 的地址 0x2000 0000,R2 的值为变量 y 的地址 0x2000 0008。

装载 32 位整字不需要区分是否有符号,指令 LDR　R0,[R1,#0]指定 R1 为基址寄存器、偏移量为 0,从源地址 0x2000 0000 装载 32 位整字 0x8765 4321 到 R0。

装载 16 位半字需要区分是否有符号进行不同的扩展,指令 LDRH　R0,[R1,#0]从 R1 指定的源地址读取 16 位无符号数 0x4321,零扩展装载到 R0 后为 0x0000 4321。指令 LDRSH　R0,[R1,#2]从源地址 R1+2 读取 16 位有符号数 0x8765,符号扩展装载到 R0 后为 0xFFFF 8765。

同样,装载 8 位字节也需要区分是否有符号进行不同的扩展,指令 LDRB　R0,[R1,#2]从源地址 R1+2 读取 8 位无符号数 0x65,零扩展装载到 R0 为 0x0000 0065。指令 LDRSB　R0,[R1,#3]从源地址 R1+3 读取 8 位有符号数 0x87,符号扩展装载到 R0 为 0xFFFF FF87。

这种装载指令的一般形式是:

```
LDR{type} Rt,[Rn,#offset]
```

由基址 Rn 和偏移量 offset 指定源地址 Rn+offset,根据可选的后缀 type 读取整字、半字或字节,半字或字节要扩展到 32 位,扩展时要区分是否有符号,然后装载到目标寄存器 Rt。

保存指令不需要区分是否有符号,指令 STR　R0,[R2,#0]将 R0 的值 0x8765 4321 保存到 R2 指定的目标地址,指令 STR　R0,[R2,#4]将 R0 的值 0x8765 4321 保存到目标地址 R2+4。

指令 STRH　R0,[R2,#8]将 R0 值 0x0000 4321 的低 16 位 0x4321 保存到目标地址 R2+8,指令 STRH　R0,[R2,#10]将 R0 值 0xFFFF 8765 的低 16 位 0x8765 保存到目标地址 R2+10。

指令 STRB　R0,[R2,#12]将 R0 值 0x0000 0065 的低 8 位 0x65 保存到目标地址 R2+12,指令 STRB　R0,[R2,#13]将 R0 值 0xFFFF FF87 的低 8 位 0x87 保存到目标地址 R2+13。

这些保存指令的一般形式是:

```
STR{type} Rt,[Rn,#offset]
```

由基址 Rn 和偏移量 offset 指定目标地址 Rn+offset,根据可选的后缀 type 提取源寄存器 Rt 值的整字、低半字或最低字节,不需要区分是否有符号,然后保存到目标地址。

通过这个例子也能看出 union 和 struct 的区别,union 中各个分量的偏移量都从 0 开始,而 struct 中各个分量的偏移量是累加的。

3. 基于前/后变址的基址寻址表达方式

使用指针操作数组可以方便地在数组的各项之间移动。为了支持数组操作,采用"基址+常值偏移量"的寻址模式,在读写数据的同时还可以改变基址,以加速对数组的操作。

例程 3.5 演示了用指针操作数组。数组 x 的起始地址 0x2000 0000 装载到 R1,相当于指针 p 的作用。

例程 3.5 main_ArrayPtr.c 变量

```
short     x[4]={1, 2, 3, 4};
int main(void)
{
    short          *p, k;
    p=x;
    k=*(p++);       //  先使用数据,然后移动指针
    k=*(++p);       //  先移动指针,然后使用数据
```

```
    return k;
}
    LDRSH       R0,[R1],#2          ; k = * (p++)
    LDRSH       R0,[R1,#2]!         ; k = * (++p)
```

指令 LDRSH　R0，[R1]，#2 采用后变址，先从地址 0x2000 0000 装载数值 1，然后 R1 中的基址 0x2000 0000 加 2 改变为 0x2000 0002。这条指令的一般形式是：

```
    LDR{type } Rt,[Rn],#offset
```

由基址 Rn 指定源地址，根据可选的后缀 type 装载整字、半字或字节到目标寄存器 Rt，然后将 Rn 改为新的基址 Rn+offset。同样的形式也可以用于保存指令，即

```
    STR{type } Rt,[Rn],#offset
```

由基址 Rn 指定目标地址，根据可选的后缀 type 保存 Rt 中整字、低半字或最低字节，然后将 Rn 改为新的基址 Rn+offset。

指令 LDRSH　R0，[R1，#2]！采用前变址，先将 R1 中的基址 0x2000 0002 加 2 后改变为 0x2000 0004，然后从这个新的地址装载数值 3。这条指令的一般形式为

```
    LDR{type } Rt,[Rn,#offset ]!
```

先将 Rn 改为新的基址 Rn+offset，然后以此新的基址作为源地址，根据可选的后缀 type 装载整字、半字或字节到目标寄存器 Rt。同样的形式也可以用于保存指令，即

```
    STR{type } Rt,[Rn,#offset ]!
```

先将 Rn 改为新的基址 Rn+offset，然后以此新的基址作为目标地址，根据可选的后缀 type 保存 Rt 中的整字、低半字或最低字节。指令执行完成后，Rn 的值为 Rn+offset。

4. 基于寄存器偏移量的基址寻址表达方式

例程 3.6 演示了用下标操作数组。

例程 3.6　main_ArrayIdx.c 变量

```
typedef struct
{
    char        x1[2];              // 00 每项 1 字节
    short       x2[2];              // 02 每项 2 字节
    char        x3[2][3];           // 06 每项 3 个 1 字节
    long        x4[2];              // 0C 每项 4 字节
    long        x8[2][2];           // 14 每项 2 个 4 字节
} TData;
Tdata           D;
int main(void)
{
    short       k;
    k=1;
    D.x1[k]=0x12;                           // 每项 1 字节
    D.x2[k]=0x3456;                         // 每项 2 字节
```

```
        D.x3[k][0]=0x78;                    //  每项 3 个 1 字节
        D.x4[k]=0x90ABCDEF;                  //  每项 4 字节
        D.x8[k][0]=0x11223344;               //  每项 2 个 4 字节
        return 0;
}
        MOVS        R1,#1
        MOVS        R0,#0x12
        LDR         R2,=x1
        STRB        R0,[R2,R1]               ; x1[k]=0x12
        MOVW        R0,#0x3456
        LDR         R2,=x2
        STRH        R0,[R2,R1,LSL #1]        ; x2[k]=0x3456
        MOVS        R0,#0x78
        ADD         R3,R1,R1,LSL #1          ; R3=3 * R1
        LDR         R2,=x3
        STRB        R0,[R2,R3]               ; x3[k][0]=0x78
        LDR         R0,L1                    ; 0x90AB CDEF
        LDR         R2,=x4
        STR         R0,[R2,R1,LSL #2]        ; x4[k]=0x90AB CDEF
        LDR         R0,L2                    ; 0x1122 3344
        LDR         R2,=x8
        STR         R0,[R2,R1,LSL #3]        ; x8[k][0]=0x1122 3344
0x20000000:   00 12 00 00 56 34 00 00   00 78 00 00 00 00 00 00   存储器映像
0x20000010:   EF CD AB 90 00 00 00 00   00 00 00 00 44 33 22 11
```

数组的起始地址装载到 R2,用 R1 作为下标。

指令 STRB   R0,[R2,R1]将 R0 值 0x0000 0012 的低 8 位 0x12 保存到地址 R2+R1,即 x1[k]。

指令 STRH   R0,[R2,R1,LSL #1]将 R0 值 0x0000 3456 的低 16 位 0x3456 保存到地址 R2+2 * R1,即 x2[k]。

指令 STRB   R0,[R2,R3]将 R0 值 0x0000 0078 的低 8 位 0x78 保存到地址 R2+R3,其中 R3=3 * R1,即 x3[k][0]。

指令 STR   R0,[R2,R1,LSL #2]将 R0 值 0x90AB CDEF 保存到地址 R2+4 * R1,即 x4[k]。

指令 STR   R0,[R2,R1, LSL #3] 将 R0 值 0x1122 3344 保存到地址 R2+8 * R1,即 x8[k][0]。

这些保存指令的一般形式是:

```
STR{type}  Rt,[Rn,Rm]
STR{type}  Rt,[Rn,Rm,LSL #n]
```

下标值 Rm 左移指定位数后与基址相加指定目标地址为 Rn+(Rm << n),根据可选的后缀 *type* 保存 Rt 中的整字、低半字或最低字节,其中,*n* 为 0、1、2 或 3,相当于 Rm 乘以不同的比例系数 1、2、4 或 8,实现比例变址。当比例系数为 1,即 *n* 为 0 时可以省略,表示为[Rn, Rm]。同样的形式也可以用于装载指令,即

```
LDR{type}  Rt,[Rn,Rm]
```

```
LDR{type }    Rt,[Rn,Rm,LSL #n ]
```
指定源地址为 Rn+(Rm << n)，根据可选的后缀 *type* 装载整字、半字或字节到目标寄存器 Rt。

5. 基于相对 PC 的寻址表达方式

采用相对 PC 的寻址可以直接表示指令附近数据的地址。由于 Cortex-M3 的指令通常位于 ROM 中，因此只有装载指令 LDR 采用相对 PC 的寻址，而保存指令 STR 不能采用这种方式。

例程 3.7 演示了采用相对 PC 寻址的 32 位长指令 LDR 的各种形式及其作用。

例程 3.7　main_LDR_PC.s 相对 PC 的寻址

```
0x0000015C L1         DCD        0x04030201      ; 填写双字 (32 位)
0x00000160 F85F8008   LDR        R8, L1          ; 0x4030201
0x00000164 F8DF9024   LDR        R9, L2          ; 0x84838281
0x00000168 F81F0010   LDRB       R0, L1          ; 1
0x0000016C F89F101C   LDRB       R1, L2          ; 0x81
0x00000170 F91F2018   LDRSB      R2, L1          ; 1
0x00000174 F99F3014   LDRSB      R3, L2          ; 0xFFFFFF81
0x00000178 F83F4020   LDRH       R4, L1          ; 0x201
0x0000017C F8BF500C   LDRH       R5, L2          ; 0x8281
0x00000180 F93F6028   LDRSH      R6, L1          ; 0x201
0x00000184 F9BF7004   LDRSH      R7, L2          ; 0xFFFF8281
0x0000018C L2         DCD        0x84838281
```

指令 LDR　R8, L1 从标号 L1 表示的源地址 0x0000 015C 处读取 32 位字 0x0403 0201，装载到 R8。指令 LDR　R9, L2 从标号 L2 表示的源地址 0x0000 018C 处读取 32 位字 0x8483 8281，装载到 R9。这两条指令的一般形式为

```
LDR   Rd, Label
```

读取标号表达式 *Label* 表示的源地址处的 32 位字，装载到目标寄存器 Rd。

这种地址表示模式下，指令 LDR 编码如表 3.7 所示。编码的位 b11~b0 表示偏移量，位 b23 表示偏移的方向，位 b15~b12 指定寄存器，其他位表示从存储器指定地址将数据装载到这个寄存器。PC 是当前指令地址加 4。

表 3.7　采用相对 PC 的长指令 LDR 编码

31	30	29	28	27	26	25	24	23	22	21	20	19	18	17	16	助记符	操作数	备注
1	1	1	1	1	0	0	0	0	1	0	1	1	1	1	1	LDR	R8,+4−8	编码 F85F8008
								1								LDR	R9,+4+0x24	编码 F8DF9024

15	14	13	12	11	10	9	8	7	6	5	4	3	2	1	0	描述
R	t			b	b	b	b	b	b	b	b	b	b	b	b	ui12 = {b11~b0}
1	0	0	0	0	0	0	0	0	0	0	0	1	0	0	0	
1	0	0	1	0	0	0	0	0	0	1	0	0	1	0	0	

位于地址 0x0000 0160 的指令 LDR　R8, L1 用标号 L1 表示源地址 0x0000 015C，PC 是当前指令地址+4，即 0x0000 0164。目标地址相对 PC 的偏移量为−8。

位于地址 0x0000 0164 的指令 LD   R9，L2 用标号 L2 表示源地址 0x0000 018C，PC 是当前指令地址+4，即 0x0000 0168。目标地址相对 PC 的偏移量为 0x24。

指令 LDRB   R0，L1 从源地址 L1 处读取 8 位字节 0x01，零扩展到 32 位后为 0x0000 0001，装载到 R0。指令 LDRB   R1，L2 从源地址 L2 处读取 8 位字节 0x81，零扩展到 32 位后为 0x0000 0081，装载到 R1。这两条指令的一般形式为

```
LDRB  Rd, Label
```

读取源地址 Label 处的 8 位字节，零扩展到 32 位装载到目标寄存器 Rd。

指令 LDRSB   R2，L1 从源地址 L1 处读取 8 位字节 0x01，符号扩展到 32 位后为 0x0000 0001，装载到 R2。指令 LDRSB   R3，L2 从源地址 L2 处读取 8 位字节 0x81，符号扩展到 32 位后为 0xFFFF FF81，装载到 R3。这两条指令的一般形式为

```
LDRSB  Rd, Label
```

读取源地址 Label 处的 8 位字节，符号扩展到 32 位装载到目标寄存器 Rd。

指令 LDRH   R4，L1 从源地址 L1 处读取 16 位半字 0x0201，零扩展到 32 位后为 0x0000 0201，装载到 R4。指令 LDRH   R5，L2 从源地址 L2 处读取 16 位半字 0x8281，零扩展到 32 位后为 0x0000 8281，装载到 R5。这两条指令的一般形式为

```
LDRH  Rd, Label
```

读取源地址 Label 处的 16 位半字，零扩展到 32 位装载到目标寄存器 Rd。

指令 LDRSH   R6，L1 从源地址 L1 处读取 16 位半字 0x0201，符号扩展到 32 位后为 0x0000 0201，装载到 R6。指令 LDRSH   R7，L2 从源地址 L2 处读取 16 位半字 0x8281，符号扩展到 32 位后为 0xFFFF 8281，装载到 R7。这两条指令的一般形式为

```
LDRSH  Rd, Label
```

读取源地址 Label 处的 16 位半字，符号扩展到 32 位装载到目标寄存器 Rd。

3.3   计算操作

常用的计算有加法、减法、乘法和除法，可以用移位代替部分乘法和除法，可以用逻辑运算实现位域操作，如用逻辑与实现位域清 0，用逻辑或实现位域置 1 等。

3.3.1   传送指令

数据传送指令主要包括两大类：立即数传送到寄存器、寄存器传送到寄存器。这两种操作方式，在指令表示数据方式有所不同。

将立即数传送到寄存器的传送指令的一般形式为

```
MOVS  Rdn, #ui 8
MOVW  Rd, #ui 16
MOVT  Rd, #ui 16
```

第一条指令是 16 位短指令，限制 Rdn 只能使用 R0~R7，另外三条指令是 32 位长指令，Rd 可使用 R0~R12 及 LR。带后缀 S 时，传送的数据可影响标志位 N 和 Z，反映其值是负值、零值或正值。

指令 MOVS   Rdn，#ui8，将值在 0~255 之间的 8 位无符号数放入指定寄存器 Rdn 的低 8 位，高 24 位清 0。

指令 MOVW 将值在 0~65 535 之间的 16 位无符号数放入指定寄存器 Rd 的低 16 位,高 16 位清 0。

指令 MOVT 将值在 0~65 535 之间的 16 位无符号数放入指定寄存器 Rd 的高 16 位,低 16 位不变。

在寄存器之间传送数据的传送指令的一般形式为

```
MOV    Rdn, Rm
MOVS   Rd, Rm
MOV{S}  Rd, Rm, shift #n
MOV{S}  Rd, Rm, RRX
```

第一条指令是 16 位短指令,另外三条指令是 32 位长指令,Rdn、Rd 和 Rm 都可使用 R0~R12 及 LR。带后缀 S 时,传送的数据可影响标志位 N 和 Z,反映其值是负值、零值或正值。

例程 3.8 将 8 位常量 0x41 赋值给变量 x,局部自动变量 x 编译为核心寄存器 R0。

例程 3.8   main_C8.c 常量赋值 8 位

```
int main(void)
{
    char  x;
    x='A';
    return x;
}
    MOVS    R0,# 'A'          ;常量'A'(0x41)传送到 R0
```

指令 MOVS   R0,# 'A' 将将常量'A'传送到 R0,指令编码中包含了这个常量的值 0x41。这条指令使用立即数,用#表示其后是一个常量表达式,其取值范围为 0~255。指令中,MOVS 是助记符 Mnemonic,它是汇编源程序中用于表示指令功能的英文缩写。指令编码如表 3.8 所示,这是 16 位短指令,取指令时指令编码装载到 32 位指令寄存器的高 16 位,忽略其低 16 位。编码的位 b23~b16 表示 8 位常量 ui8,位 b26~b24 指定目标寄存器 Rdn,其他位表示将 8 位常量传送给这个寄存器。

表 3.8   指令编码

31	30	29	28	27	26	25	24	23	22	21	20	19	18	17	16	助记符	操作数	备注
0	0	1	0	0	R	d	n	b	b	b	b	b	b	b	b	MOVS	Rdn,#ui8	传送
					0	0	0	0	1	0	0	0	0	0	1	MOVS	R0,#0x41	编码 2041

例程 3.9 将 16 位常量 0x1234 赋值给变量 x,局部自动变量 x 编译为 R0。

例程 3.9   main_C16.c 常量赋值 16 位

```
int main(void)
{
    short  x;
    x=0x1234;
    return x;
}
    MOVW    R0,#0x1234           ;常量 0x1234 传送到 R0
```

指令 MOVW   R0,#0x1234 将常量 0x1234 传送到 R0,指令编码中包含了这个常量的值 0x1234。这条指令用#表示其后是一个常量表达式,其取值范围为 0~65 535。指令编码如表 3.9

所示,这是 32 位长指令,编码的位{b19~b16,b26,b14~b12,b7~b0}表示 16 位立即数常量 ui16,位 b11~b8 指定目标寄存器 Rd,其他位表示将 16 位常量传送给这个寄存器。

表 3.9　包含 16 位立即数的长指令

31	30	29	28	27	26	25	24	23	22	21	20	19	18	17	16	助记符	操作数	备注
1	1	1	1	0	b	1	0	0	1	0	0	b	b	b	b	MOVW	Rd,#ui16	传送低半部
					0							0	0	0	1	MOVW	R0,#0x1234	编码 F2412034

15	14	13	12	11	10	9	8	7	6	5	4	3	2	1	0	描述
0	b	b	b	R	d	b	b	b	b	b	b	b	b	b	b	ui16 = {b19~b16, b26,b14~b12,b7~b0}
0	1	0	0	0	0	0	0	0	0	1	1	0	1	0	0	

3.3.2　加减法运算

例程 3.10 演示了 32 位数的加法与减法。

例程 3.10　main_AddSub32.c 单倍精度加法与减法

```
int             x=0x12345678, y=0x90ABCDEF;
int             z1, z2;
int main(void)
{
    z1=x+y;
    z2=x-y;
    return 0;
}
; 先分别将变量 x 和 y 的值装载到 R0 和 R1
        ADD     R0,R0,R1        ; 加法
; 然后保存 R0 中的计算结果到变量 z1,重新装载变量 x 和 y
        SUBS    R0,R0,R1        ; 减法
; 然后保存 R0 中的计算结果到变量 z2
```

加法指令 ADD　R0,R0,R1 计算 R0=R0+R1。其中,第一个 R0 是目标寄存器,第二个 R0 是第一操作数,R1 是第二操作数。目标寄存器与第一操作数相同时,可以省略为 ADD R0,R1。

减法指令 SUBS　R0,R0,R1 计算 R0=R0-R1。指令 SUBS 后缀 S 表示计算结果会影响标志位,如果不带后缀 S 就不会影响标志位,但是会编译为长指令。

加法和减法指令的第二操作数是寄存器时,可以带各种移位:

op {S}　Rd, Rn, Rm

op {S}　Rd, Rn, Rm, *shift* #n

op {S}　Rd, Rn, Rm, RRX

其中,*op* 为 ADD 或 SUB,各种移位 *shift* 及其可移位范围 n 如表 3.10 所示,扩展循环右移 RRX 只能移动 1 位,关于移位在下一小节中详述。移位是通过一个称为"桶形移位器"的硬件电路实现的,

它是一个开关矩阵,输入信号与输出信号的不同连接就实现了各种移位,几乎不占用处理器时间。

表 3.10　带移位的加法与减法指令

31	30	29	28	27	26	25	24	23	22	21	20	19	18	17	16	助记符	操作数	备注
1	1	1	0	1	0	1	1	0	0	0	0	R	n			ADD{S}	Rd,Rn,Rm,shift	加法
							1	1	0	1	0					SUB{S}		减法

15	14	13	12	11	10	9	8	7	6	5	4	3	2	1	0	描述
0	b	b	b	R	d			b	b	s	h	R	m			$ui5=\{b14\sim b12, b7\sim b6\}$
										0	0					无移位 ui5=0 LSL 逻辑左移 ui5=(1~31)
										0	1					LSR 逻辑右移 ui5=(0~31),0 表示 32
										1	0					ASR 算术右移 ui5=(0~31),0 表示 32
										1	1					RRX 扩展循环右移 ui5=0 ROR 循环右移 ui5=(1~31)

　加法和减法指令的第二操作数还可以是无符号常量:

op S　　Rd, Rn, #ui 3

op S　　Rdn, #ui 8

op {S} Rd, Rn, #ui 12

op {S} Rd, Rn, #pattern

其中,*op* 为 ADD 或 SUB。对于短指令(必须带后缀 S,会影响标志位),目标寄存器与第一操作数不相同时,只能带 3 位无符号常量;如果目标寄存器与第一操作数相同,可以是 8 位无符号常量。对于长指令,可以带 12 位无符号常量,还可以带特殊模式的 32 位常量,后者如表 3.11 所示。这些特殊模式是不超过 8 位的常量,如 0x87,在第 0 位和第 16 位重复出现,即 0x870087;或在第 8 位和第 24 位重复出现,即 0x87008700;或重复出现 4 次,即 0x87878787;或在 32 位范围内任意移动,如 0x10E(左移 1 位)、0x870(左移 4 位)和 0x87000000(左移 24 位)等。

表 3.11　带特殊模式 32 位常量的加法与减法指令

31	30	29	28	27	26	25	24	23	22	21	20	19	18	17	16	助记符	操作数	备注
1	1	1	1	0	b	0	1	0	0	0	0	R	n			ADD	Rd,Rn,#pattern	加法
							1	1	0	1	0					SUB		减法

15	14	13	12	11	10	9	8	7	6	5	4	3	2	1	0	描述
0	b	b	b	R	d			X	Y							pattern = 0xXY,(n==0), n={b26,b14~b12} 0xXY00XY,(n==1) 0xXY00XY00,(n==2) 0xXYXYXYXY,(n==3) $(0xXY\ |\ 0x80)<<(24-(2*(n-4)+b7)),$ (n>=4)

例程 3.11 演示了 64 位数的加法与减法。

例程 3.11 main_AddSub64.c 双倍精度加法与减法

```
long      x=0x1234567890ABCDEF, y=0xABCDEF9876543210, z1, z2;
int main(void)
{
    z1=x+y;
    z2=x-y;
    return z2;
}
```

```
        ADDS      R4,R0,R2      ; 0x06FFFFFF 低 32 位相加,影响进位 C=1
        ADC       R5,R1,R3      ; 0xBE024611 高 32 位相加,带进位
        SUBS      R0,R0,R2      ; 0x1A579BDF 低 32 位相减,影响借位 C=1
        SBC       R1,R1,R3      ; 0x666666E0 高 32 位相减,带借位
```

```
0x20000000:   EF CD AB 90 78 56 34 12   10 32 54 76 98 EF CD AB   存储器映像
0x20000010:   FF FF FF 06 11 46 02 BE   DF 9B 57 1A E0 66 66 66
```

加法指令 ADDS R4,R0,R2 计算 R4=R0+R2 并影响进位标志 C(有进位为 1,无进位为 0)。

带进位加法指令 ADC R5,R1,R3 计算 R5=R1+R3+C。

减法指令 SUBS R0,R0,R2 计算 R0=R0-R2 并影响进位标志 C(有借位为 0,无借位为 1)。

带借位减法指令 SBC R1,R1,R3 计算 R1=R1-R3+C-1。

带进位加法和带借位减法指令的一般形式是：

opS   Rdn, Rm

op {S} Rd, Rn, Rm

op {S} Rd, Rn, Rm, shift #n

op {S} Rd, Rn, Rm, RRX

op {S} Rd, Rn, #pattern

其中,op 为 ADC、SUBS 或 SBC。

3.3.3 移位运算

例程 3.12 演示了各种移位运算。

例程 3.12 main_shift.c 移位运算

```
unsigned int       x1=0x12345678;
signed int         x2=0x89ABCDEF;
int main(void)
{
    unsigned int    y1;
    signed int      y2;
    __asm("LSLS y1,x1,#1");
```

```
    __asm("LSLS y1,y1,#3");
    __asm("LSRS y1,x1,#1");
    __asm("LSRS y1,y1,#3");
    __asm("RORS y1,x1,#1");
    __asm("RORS y1,y1,#3");
    __asm("RRXS y1,x1");
    __asm("RRXS y1,y1");
    __asm("RRXS y1,y1");
    __asm("RRXS y1,y1");
    __asm("RORS y2,x2,#4");
    __asm("RRXS y2,x2");
    __asm("LSLS y2,x2,#4");
    __asm("ASRS y2,x2,#4");
    y2=x2 / 16;
    return y2;
}
```

```
    LDR      R0,=x1              ; 0x2000 0000 装载 x1 地址
    LDR      R0,[R0]             ; 0x1234 5678 装载 x1 值
    LSLS     R1,R0,#1            ; 0x2468 ACF0 C=0 逻辑左移 1 位 y1=x1 * 2
    LSLS     R1,R1,#3            ; 0x2345 6780 C=1 逻辑左移 3 位 y1=y1 * 8
    LSRS     R1,R0,#1            ; 0x091A 2B3C C=0 逻辑右移 1 位 y1=x1 / 2
    LSRS     R1,R1,#3            ; 0x0123 4567 C=1 逻辑右移 3 位 y1=y1 / 8
    RORS     R1,R0,#1            ; 0x091A 2B3C C=0 循环右移 1 位
    RORS     R1,R1,#3            ; 0x8123 4567 C=1 循环右移 3 位
    RRXS     R1,R0               ; 0x891A 2B3C C=0 带扩展循环右移 1 位
    RRXS     R1,R1               ; 0x448D 159E C=0 带扩展循环右移 1 位
    RRXS     R1,R1               ; 0x2246 8ACF C=0 带扩展循环右移 1 位
    RRXS     R1,R1               ; 0x1123 4567 C=1 带扩展循环右移 1 位
    LDR      R0,=x2              ; 0x2000 0004 装载 x2 地址
    LDR      R0,[R0]             ; 0x89AB CDEF 装载 x2 值
    RORS     R2,R0,#4            ; 0xF89A BCDE C=1 循环右移 4 位
    RRXS     R2,R0               ; 0xC4D5 E6F7 C=1 带扩展循环右移 1 位
    LSLS     R2,R0,#4            ; 0x9ABC DEF0 C=0 逻辑左移 4 位 y2=x2 * 16
    ASRS     R2,R0,#4            ; 0xF89A BCDE C=1 算术右移 4 位 y2=x2 / 16,向-INF 取整
    ASRS     R3,R0,#31           ; 0xFFFF FFFF C=1 算术右移 31 位,得到符号
    ADD      R3,R0,R3,LSR #28    ; 0x89AB CDFE 对于负值使小数部分非 0 值进 1
    ASRS     R2,R3,#4            ; 0xF89A BCDF C=1 算术右移 4 位,y4=x2 / 16,向 0 取整
```

1. 逻辑左移

逻辑左移指令带常值移动量的一般形式为

LSL{S} Rd, Rm, #*n*

将 Rm 的值向高位移动 n 位，n 个最低有效位补 0，n 个最高有效位移出，最后移出的位即原第 $32-n$ 位的值移到 C，计算结果在 Rd，等效乘以 2^n。移动量 n 可为 0~31 位。

值 0x1234 5678 经过逻辑左移的效果如表 3.12 所示。指令 LSLS　R1,R0,#1 将 R0 的值向高位移动 1 位，最低有效位补 0，最高有效位（原第 31 位）的值 0 移到进位标志位 C，计算结果 0x2468 ACF0 在 R1，等效为乘以 2。指令 LSLS　R1,R1,#3 将 R1 的值再向高位移动 3 位，3 个最低有效位补 0，3 个最高有效位移出，最后移出的位（R1 原第 29 位）值 1 移到 C，计算结果 0x2345 6780 在 R1，等效为乘以 8。

表 3.12　值 0x1234 5678 的逻辑左移

	C	31	30	29	28	27	26	25	24	23	22	21	20	19	18	17	16	15	14	13	12	11	10	9	8	7	6	5	4	3	2	1	0
原位	X	0	0	0	1	0	0	1	0	0	0	1	1	0	1	0	0	0	1	0	1	0	1	1	0	0	1	1	1	1	0	0	0
移1位	0	0	0	1	0	0	1	0	0	0	1	1	0	1	0	0	0	1	0	1	0	1	1	0	0	1	1	1	1	0	0	0	0
移4位	1	0	0	1	0	0	0	1	1	0	1	0	0	0	1	0	1	0	1	1	0	0	1	1	1	1	0	0	0	0	0	0	0

值 0x89AB CDEF 经过逻辑左移的效果如表 3.13 所示。指令 LSLS　R2,R0,#4 将 R0 的值向高位移动 4 位，4 个最低有效位补 0，4 个最高有效位移出，最后移出的位（原第 28 位）值 0 移到 C，计算结果 0x9ABC DEF0 在 R2，等效为乘以 16。

表 3.13　值 0x89AB CDEF 的逻辑左移

	C	31	30	29	28	27	26	25	24	23	22	21	20	19	18	17	16	15	14	13	12	11	10	9	8	7	6	5	4	3	2	1	0
原位	X	1	0	0	0	1	0	0	1	1	0	1	0	1	0	1	1	1	1	0	0	1	1	0	1	1	1	1	0	1	1	1	1
移4位	0	1	0	0	1	1	0	1	0	1	0	1	1	1	1	0	0	1	1	0	1	1	1	1	0	1	1	1	1	0	0	0	0

2. 逻辑右移

逻辑右移指令带常值移动量的一般形式是：

```
LSR{S}  Rd, Rm, #n
```

将 Rm 的值向低位移动 n 位，n 个最高有效位补 0，n 个最低有效位移出，最后移出的位即原第 $n-1$ 位的值移到 C，计算结果在 Rd，等效为除以 2^n，计算结果向 0 取整。移动量 n 可为 1~32 位。

值 0x1234 5678 经过逻辑右移的效果如表 3.14 所示。指令 LSRS　R1,R0,#1 将 R0 的值向低位移动 1 位，最高有效位补 0，最低有效位的值 0 移到 C，计算结果 0x091A 2B3C 在 R1，对无符号数等效除以 2，计算结果向 0 取整。指令 LSRS　R1,R1,#3 将 R1 的值再向低位移动 3 位，3 个最高有效位补 0，3 个最低有效位移出，最后移出的位（R1 原第 2 位）值 1 移到 C，计算结果 0x0123 4567 在 R1，对无符号数等效除以 8，计算结果向 0 取整。

表 3.14　值 0x1234 5678 的逻辑右移

	31	30	29	28	27	26	25	24	23	22	21	20	19	18	17	16	15	14	13	12	11	10	9	8	7	6	5	4	3	2	1	0	C
原位	0	0	0	1	0	0	1	0	0	0	1	1	0	1	0	0	0	1	0	1	0	1	1	0	0	1	1	1	1	0	0	0	X
移1位	0	0	0	0	1	0	0	1	0	0	0	1	1	0	1	0	0	0	1	0	1	0	1	1	0	0	1	1	1	1	0	0	0
移4位	0	0	0	0	0	0	0	1	0	0	1	0	0	0	1	1	0	1	0	0	0	1	0	1	0	1	1	0	0	1	1	1	1

值 0x89AB CDEF 经过逻辑右移的效果如表 3.15 所示。指令 LSRS　R2,R0,#4 将 R0 的值向低位移动 4 位，4 个最高有效位补 0，4 个最低有效位移出，最后移出的位（原第 3 位）值 1 移到 C，计算结果 0x089A BCDE 在 R2，对无符号数等效除以 16，计算结果向 0 取整。

表 3.15　值 0x89AB CDEF 的逻辑右移

	31	30	29	28	27	26	25	24	23	22	21	20	19	18	17	16	15	14	13	12	11	10	9	8	7	6	5	4	3	2	1	0	C
原位	1	0	0	0	1	0	0	1	1	0	1	0	1	0	1	1	1	1	0	0	1	1	0	1	1	1	1	0	1	1	1	1	X
移 4 位	0	0	0	0	1	0	0	0	1	0	0	1	1	0	1	0	1	0	1	1	1	1	0	0	1	1	0	1	1	1	1	0	1

3. 算术右移

算术右移指令带常值移动量的一般形式为

```
ASR{S}  Rd, Rm, #n
```

将 Rm 的值向低位移动 n 位，$n-1$ 个次高有效位复制符号位，n 个最低有效位移出，最后移出的位即原第 $n-1$ 位的值移到 C，计算结果在 Rd，等效除以 2^n，计算结果向负无穷取整。移动量 n 可为 1~32 位。

值 0x1234 5678 经过算术右移的效果如表 3.16 所示。指令 ASRS　R1,R0,#1 将 R0 的值向低位移动 1 位，最高有效位即符号位保持不变，最低有效位的值 0 移到 C，计算结果 0x091A 2B3C 在 R1，对有符号数等效为除以 2，计算结果向负无穷取整。指令 ASRS　R1,R1,#3 将 R1 的值再向低位移动 3 位，2 个次高有效位复制符号位 0，3 个最低有效位移出，最后移出的位（R1 原第 2 位）值 1 移到 C，计算结果 0x0123 4567 在 R1，对有符号数等效除以 8，计算结果向负无穷取整。

表 3.16　值 0x1234 5678 的算术右移

	31	30	29	28	27	26	25	24	23	22	21	20	19	18	17	16	15	14	13	12	11	10	9	8	7	6	5	4	3	2	1	0	C
原位	0	0	0	1	0	0	1	0	0	0	1	1	0	1	0	0	0	1	0	1	0	1	1	0	0	1	1	1	1	0	0	0	X
移 1 位	0	0	0	0	1	0	0	1	0	0	0	1	1	0	1	0	0	0	1	0	1	0	1	1	0	0	1	1	1	1	0	0	0
移 4 位	0	0	0	0	0	0	0	1	0	0	1	0	0	0	1	1	0	1	0	0	0	1	0	1	0	1	1	0	0	1	1	1	1

值 0x89AB CDEF 经过算术右移的效果如表 3.17 所示。指令 ASRS　R2,R0,#4 将 R0 的值向低位移动 4 位，3 个次高有效位复制符号位 1，4 个最低有效位移出，最后移出的位（原第 3 位）值 1 移到 C，计算结果 0xF89A BCDE 在 R2，对有符号数等效除以 16，计算结果向负无穷取整。

表 3.17　值 0x89AB CDEF 的算术右移

	31	30	29	28	27	26	25	24	23	22	21	20	19	18	17	16	15	14	13	12	11	10	9	8	7	6	5	4	3	2	1	0	C
原位	1	0	0	0	1	0	0	1	1	0	1	0	1	0	1	1	1	1	0	0	1	1	0	1	1	1	1	0	1	1	1	1	X
移 4 位	1	1	1	1	1	0	0	0	1	0	0	1	1	0	1	0	1	0	1	1	1	1	0	0	1	1	0	1	1	1	1	0	1

4. 循环右移

循环右移指令带常值移动量的一般形式为

ROR{S} Rd, Rm, #n

将 Rm 的值向低位移动 n 位，n 个最低有效位移到 n 个最高有效位，最后移出的位即原第 $n-1$ 位的值复制到 C，计算结果在 Rd。移动量 n 可为 1~32 位。

值 0x1234 5678 经过循环右移的效果如表 3.18 所示。指令 RORS R1,R0,#1 将 R0 的值向低位移动 1 位，最低有效位值 0 移到最高有效位，并复制到 C，计算结果 0x091A 2B3C 在 R1。指令 RORS R1,R1,#3 将 R1 的值再向低位移动 3 位，3 个最低有效位移到 3 个最高有效位，最后移动的位（R1 原第 2 位）值 1 复制到 C，计算结果 0x8123 4567 在 R1。

表 3.18　值 0x1234 5678 的循环右移

	31	30	29	28	27	26	25	24	23	22	21	20	19	18	17	16	15	14	13	12	11	10	9	8	7	6	5	4	3	2	1	0	C
原位	0	0	0	1	0	0	1	0	0	0	1	1	0	1	0	0	0	1	0	1	0	1	1	0	0	1	1	1	1	0	0	0	X
移1位	0	0	0	0	1	0	0	1	0	0	0	1	1	0	1	0	0	0	1	0	1	0	1	1	0	0	1	1	1	1	0	0	0
移4位	1	0	0	0	0	0	0	1	0	0	1	0	0	0	1	1	0	1	0	0	0	1	0	1	0	1	1	0	0	1	1	1	1

值 0x89AB CDEF 经过循环右移的效果如表 3.19 所示。指令 RORS R2,R0,#4 将 R0 的值向低位移动 4 位，4 个最低有效位移到 4 个最高有效位，最后移动的位（原第 3 位）值 1 复制到 C，计算结果 0xF89A BCDE 在 R2。

表 3.19　值 0x89AB CDEF 的循环右移

	31	30	29	28	27	26	25	24	23	22	21	20	19	18	17	16	15	14	13	12	11	10	9	8	7	6	5	4	3	2	1	0	C
原位	1	0	0	0	1	0	0	1	1	0	1	0	1	0	1	1	1	1	0	0	1	1	0	1	1	1	1	0	1	1	1	1	X
移4位	1	1	1	1	1	0	0	0	1	0	0	1	1	0	1	0	1	0	1	1	1	1	0	0	1	1	0	1	1	1	1	0	1

5. 带扩展循环右移

带扩展循环右移指令的一般形式为

RRX{S} Rd, Rm

将 Rm 的值向低位移动 1 位，C 的原值移到最高有效位，最低有效位的值移到 C，计算结果在 Rd。移动量只能是 1，不用指定。

值 0x1234 5678 经过带扩展循环右移的效果如表 3.20 所示。指令 RRXS R1,R0 将 R0 的值向低位移动 1 位，C 的原值 1 移到最高有效位，最低有效位的值 0 移到 C，计算结果 0x891A 2B3C 在 R1。指令 RRXS R1,R1 再重复 3 次，C 的原值 0 移到第 29 位，2 个最低有效位移到 2 个最高有效位，R1 原第 2 位的值 1 移到 C，计算结果 0x1123 4567 在 R1。

表 3.20　值 0x1234 5678 的带扩展循环右移

	31	30	29	28	27	26	25	24	23	22	21	20	19	18	17	16	15	14	13	12	11	10	9	8	7	6	5	4	3	2	1	0	C
原位	0	0	0	1	0	0	1	0	0	0	1	1	0	1	0	0	0	1	0	1	0	1	1	0	0	1	1	1	1	0	0	0	1
移1位	1	0	0	0	1	0	0	1	0	0	0	1	1	0	1	0	0	0	1	0	1	0	1	1	0	0	1	1	1	1	0	0	0
移4位	0	0	0	1	0	0	0	1	0	0	1	0	0	0	1	1	0	1	0	0	0	1	0	1	0	1	1	0	0	1	1	1	1

　　值 0x89AB CDEF 经过带扩展循环右移的效果如表 3.21 所示。指令 RRXS　R2,R0 将 R0 的值向低位移动 1 位,C 的原值 1 移到最高有效位,最低有效位的值 1 移到 C,计算结果 0xC4D5 E6F7 在 R2。

表 3.21　值 0x89AB CDEF 的带扩展循环右移

	31	30	29	28	27	26	25	24	23	22	21	20	19	18	17	16	15	14	13	12	11	10	9	8	7	6	5	4	3	2	1	0	C
原位	1	0	0	0	1	0	0	1	1	0	1	0	1	0	1	1	1	1	0	0	1	1	0	1	1	1	1	0	1	1	1	1	1
移1位	1	1	0	0	0	1	0	0	1	1	0	1	0	1	0	1	1	1	1	0	0	1	1	0	1	1	1	1	0	1	1	1	1

3.3.4　逻辑运算

逻辑运算指令的一般形式为

```
op S       Rdn, Rm
op {S}     Rd, Rn, #pattern
op {S}     Rd, Rn, Rm{, shift #n }
op {S}     Rd, Rn, Rm, RRX
```

其中,op 为 AND、ORR、EOR、MVN、BIC 或 ORN。指令形式的说明与加法指令类似。指令功能如下:

　　(1) 逻辑与指令 AND 的运算规则是“遇 0 得 0,遇 1 不变”,可用于按掩码提取位域。

　　(2) 逻辑与非指令 BIC 将第二操作数的值取反,再与第一操作数进行按位与运算,可用于按掩码对位域清 0。

　　(3) 逻辑或指令 ORR 的运算规则是“遇 1 得 1,遇 0 不变”,可用于实现位域合并、按掩码对位域置 1。

　　(4) 逻辑或非指令 ORN 将第二操作数的值取反,再与第一操作数进行按位或运算。

　　(5) 逻辑异或指令 EOR 的运算规则是“遇 1 取反,遇 0 不变”,可用于按掩码对位域取反。

　　(6) 逻辑非指令 MVN 作为传送指令,无第一操作数,将第二操作数的值按位取反。

　　例程 3.13 演示了各种逻辑运算。

例程 3.13　main_logic.c 逻辑运算

```
#define Mask         0xFF          //  掩码
#define bPos         4             //  位序号
int main(void)
{
    unsigned int      y1, y2, y3, y4, y5, y6;
    unsigned int      x=0x12345678;
    y1=x & (Mask << bPos);           //  逻辑与,选取位域
    y2=x & ~(Mask << bPos);          //  逻辑与非,位域清 0
    y3=y2 │ (0x12 << bPos);          //  逻辑或,位域置 1
    y4=y3 ^ (Mask << bPos);          //  逻辑异或,位域取反
    y5=~ y4;                         //  逻辑非,整体取反
    y6=y5 │ ~y1;                     //  逻辑或非
    return y6;
}
```

```
        LDR      R0,=0x12345678
        AND      R1,R0,#0xFF0         ; 0x00000670 逻辑与,选取位域
        BIC      R2,R0,#0xFF0         ; 0x12345008 逻辑与非,位域清 0
        ORR      R3,R2,#0x120         ; 0x12345128 逻辑或,位域置 1
        EOR      R4,R3,#0xFF0         ; 0x12345ED8 逻辑异或,位域取反
        MVNS     R5,R4                ; 0xEDCBA127 逻辑非,整体取反
        ORN      R6,R5,R1             ; 0xFFFFF9AF 逻辑或非
```

逻辑与指令 AND　R1,R0,#0xFF0 将常量 0xFF0 与 R0 的值 0x1234 5678 进行按位与运算,运算规则是"遇 0 得 0,遇 1 不变",实现按掩码提取位域 0x0000 0670,计算结果在 R1。

逻辑与非指令 BIC　R2,R0,#0xFF0 将常量 0xFF0 取反,得 0xFFFF F00F,再与 R0 的值 0x1234 5678 进行按位与运算,实现按掩码对位域清 0,得 0x1234 5008,计算结果在 R2。

逻辑或指令 ORR　R3,R2,#0x120 将常量 0x120 与 R2 的值 0x1234 5008 进行按位或运算,运算规则是"遇 1 得 1,遇 0 不变",实现位域合并,得 0x1234 5128,计算结果在 R3。

逻辑异或指令 EOR　R4,R3,#0xFF0 将常量 0xFF0 与 R3 的值 0x1234 5128 进行按位异或运算,运算规则是"遇 1 取反,遇 0 不变",实现按掩码对位域取反,得 0x1234 5ED8,计算结果在 R4。

逻辑非指令 MVNS　R5,R4 将 R4 的值 0x1234 5ED8 取反,得 0xEDCB A127,计算结果在 R5。

逻辑或非指令 ORN　R6,R5,R1 将 R1 的值 0x0000 0670 取反,得 0xFFFF F98F,再与 R5 的值 0xEDCB A127 相或,得 0xFFFF F9AF,计算结果在 R6。

3.3.5　乘除法运算

Cortex-M3 内核支持 32 位硬件乘法和硬件操作,在一个周期内就可以完成,提高了数据处理能力。

例程 3.14 演示了乘除法运算。

例程 3.14　main_MulDiv.c 乘除法运算

```c
unsigned long      x1=0x10000003, y1=0x10000007;
signed long        x2=-3, y2=7;
int main(void)
{
    unsigned long      z1, zLo;
    signed long        z2, zHi;
    z1=x1 * y1;
    z1+=x1 * y1;
    z1-=x1 * y1;
    z1=y1 / x1;
    __asm("UMULL zLo,zHi,x1,y1");
    __asm("UMLAL zLo,zHi,x1,y1");
    z2=x2 * y2;
    z2+=x2 * y2;
    z2-=x2 * y2;
    z2=y2 / x2;
    __asm("SMULL zLo,zHi,x2,y2");
    __asm("SMLAL zLo,zHi,x2,y2");
    z1=x1 * y2;
    z2=x2 * y1;
    z1=y1 / x2;
    z2=y2 / x1;
    z1=x1 / y2;
    z2=x2 / y1;
    return z1;
}
```

```asm
        LDR     R0,=x1                ; 0x20000000        装载 x1 地址
        LDR     R6,[R0],#(y1-x1)      ; 0x10000003        装载 x1 值
        LDR     R7,[R0],#(x2-y1)      ; 0x10000007        装载 y1 值
        MUL     R1,R6,R7              ; 0xA0000015        z1=x1 * y1
        MLA     R1,R6,R7,R1           ; 0x4000002A        z1+= x1 * y1
        MLS     R1,R6,R7,R1           ; 0xA0000015        z1-= x1 * y1
        UDIV    R1,R7,R6              ; 0x00000001        z1=y1 / x1
        UMULL   R3,R4,R6,R7           ; 0xA0000015        0x01000000
        UMLAL   R3,R4,R6,R7           ; 0x4000002A        0x02000001
        LDR     R5,[R0],#(y2-x2)      ; 0xFFFFFFFD        装载 x2 值
        LDR     R0,[R0]               ; 0x00000007        装载 y2 值
        MUL     R2,R5,R0              ; 0xFFFFFFEB        z2=x2 * y2
        MLA     R2,R5,R0,R2           ; 0xFFFFFFD6        z2+= x2 * y2
        MLS     R2,R5,R0,R2           ; 0xFFFFFFEB        z2-= x2 * y2
        SDIV    R2,R0,R5              ; 0xFFFFFFFE        z2=y2 / x2
        SMULL   R3,R4,R5,R0           ; 0xFFFFFFEB        0xFFFFFFFF
```

```
        SMLAL           R3,R4,R5,R0             ; 0xFFFFFFD6          0xFFFFFFFF
        MUL             R1,R6,R0                ; 0x70000015          z1=x1 * y2
        MUL             R2,R5,R7                ; 0xCFFFFFEB          z2=x2 * y1
        UDIV            R1,R7,R5                ; 0x00000000          z1=y1 / x2
        UDIV            R2,R0,R6                ; 0x00000000          z2=y2 / x1
        UDIV            R1,R6,R0                ; 0x02492492          z1=x1 / y2
        UDIV            R2,R5,R7                ; 0x0000000F          z2=x2 / y1
```

对于乘积不超过 32 位的指令,包括以下几类。

1. 基本乘法指令

指令的一般形式为

```
MULS  Rd, Rn, Rm
MUL   Rd, Rn, Rm
```

前者是 16 位短指令,后者是 32 位长指令,可计算 $Rd = Rn * Rm$,计算结果只保留 32 位,积的有效值不超过 32 位时,无论乘数是否有符号都能得到正确结果。例如:

乘法指令 MUL R1, R6, R7 计算 $R1 = R6 * R7$ 的值

2. 乘加指令

指令的一般形式为

```
MLA  Rd, Rn, Rm, Ra
```

该指令计算时,无论是否有符号,都能得到正确结果,是 32 位长指令,可计算 $Rd = Ra + Rn * Rm$。积只保留 32 位,积的有效值不超过 32 位时,无论乘数是否有符号都能得到正确结果。

乘加指令 MLA R1, R6, R7, R1 计算 $R1 = R1 + R6 * R7$ 的值。

3. 乘减指令

指令的一般形式为

```
MLS  Rd, Rn, Rm, Ra
```

该指令计算时,无论是否有符号都能得到正确结果,是 32 位长指令,可计算 $Rd = Ra - Rn * Rm$。积只保留 32 位,积的有效值不超过 32 位时,无论乘数是否有符号都能得到正确结果。

乘减指令 MLS R1, R6, R7, R1 计算 $R1 = R1 - R6 * R7$ 的值。

无符号数除法指令 UDIV R1,R7,R6 计算 $R1 = R7/R6$,要求被除数和除数都是无符号数。有符号数除法指令 SDIV R2,R0,R5 计算 $R2 = R0/R5$,要求被除数和除数都是有符号数。这两条指令的一般形式为

```
UDIV  {Rd, }Rn, Rm
SDIV  {Rd, }Rn, Rm
```

这两条指令都是 32 位长指令,计算 $Rd = Rn/Rm$,计算结果向 0 取整。Rd 与 Rn 相同时可缺省。

无符号数长乘法指令 UMULL R3,R4,R6,R7 计算 64 位乘积 $R4:R3 = R6 * R7$,要求两个乘数都是无符号数。有符号数长乘法指令 SMULL R3,R4,R5,R0 计算 64 位乘积 $R4:R3 = R5 * R0$,要求两个乘数都是有符号数。这两条指令的一般形式为

```
UMULL  RdLo, RdHi, Rn, Rm
SMULL  RdLo, RdHi, Rn, Rm
```

这两条指令都是 32 位长指令,计算 $RdHi:RdLo = Rn * Rm$。注意,指令中存放乘积低 32 位

的寄存器在前。

无符号数长乘加指令 UMLAL　R3,R4,R6,R7 计算 64 位乘积累加 R4:R3+=R6 * R7,要求两个乘数都是无符号数。有符号数长乘加指令 SMLAL　R3,R4,R5,R0 计算 64 位乘积累加 R4:R3+=R5 * R0,要求两个乘数都是有符号数。这两条指令的一般形式为

```
UMLAL  RdLo, RdHi, Rn, Rm
SMLAL  RdLo, RdHi, Rn, Rm
```

这两条指令都是 32 位长指令,计算 RdHi:RdLo=RdHi:RdLo+Rn * Rm。注意,指令中存放累加和低 32 位的寄存器在前。

注意:有符号数与无符号数混合相除会编译为无符号数除法,有负数时会得到错误的结果。有符号数与无符号数混合相乘得到 64 位乘积时,无论采用有符号数乘法或无符号数乘法,乘数超出表示范围时都会得到错误的结果。

3.4　控制程序流程

3.4.1　条件分支 if 语句

例程 3.15 演示了 C 语言中典型的分支结构 if...else。

例程 3.15　main_If.c　C 语言中的分支结构

```c
char          x ='a';
int main(void)
{
    int  y;
    if (x == 'a')
        y=1;
    else if (x == 'b')
        y=2;
    else
        y=0;
    return y;
}
```

```
        LDR     R1, =x          ; 装载 x 的地址
        LDRB    R1,[R1,#0]      ; 装载 x 的值
        CMP     R0,#0x61        ; R0 ? 'a'
        BNE     L1              ; ! =,则分支
        MOVS    R0,#1           ; R0=1
        B       L3              ; 会合
L1      LDR     R0, =x          ; 装载 x 的地址
        LDRB    R0,[R0,#0]      ; 装载 x 的值
        CMP     R0,#0x62        ; R0 ? 'b'
        BNE     L2              ; ! =,则分支
        MOVS    R0,#2           ; R0=2
        B       L3              ; 会合
L2      MOVS    R0,#0           ; R0=0
L3      BX      lr              ; 返回
```

比较指令 CMP　R0,#0x61 将 R0 与 'a' 相比较,计算 R0-0x61,影响条件标志位 NZCV。R0 为 'a' 时,相减得 0x00000000,NZCV=0110(非负、是零值、无借位、无溢出)。R0 为 'b' 时,相减得 0x00000001,NZCV=0010(非负、非零值、无借位、无溢出)。这条指令的一般形式为

```
CMP   Rn, Rm
CMP   Rn, Rm, shift #n
CMP   Rn, Rm, RRX
CMP   Rn, #ui 8
CMP   Rn, #pattern
```

其功能与指令 SUBS 相同,但无目标寄存器 Rd,不保留计算结果,仅影响条件标志位。

条件分支指令 BNE　L1 根据条件标志位判断条件是否成立,此处条件为不等于 NE,当标志位 Z 为 0 时条件成立。R0 为 'a' 时,Z 为 1 条件不成立,继续执行下条指令;R0 为 'b' 时,Z 为 0 条件成立,分支到标号为 L1 的指令处。

无条件分支指令 B　L3 分支到标号为 L3 的指令处。

可见,if 语句的编译结果是每个条件语句单独计算,根据条件是否成立而分支。各条件分支计算完成后,由无条件分支(跳转)会合。

条件分支指令的一般形式为

```
Bcond  Label
```

根据条件标志位的值,满足指定的条件时,程序分支到标号 Label 指定的位置,即从新的位置开始继续顺序执行,需要 3 个指令周期;否则程序顺序执行下面的指令,只需要 1 个指令周期。

条件分支短指令编码如表 3.22 所示,标号所表示的地址相对于 PC 的偏移量范围为 $-256 \sim 254$,PC 为当前指令地址加 4。条件分支长指令编码如表 3.23 所示,标号所表示的地址相对于 PC 的偏移量范围为 $-2*0x20000 \sim 2*0x1FFFF$,PC 为当前指令地址加 4。

表 3.22　条件分支短指令编码

31	30	29	28	27	26	25	24	23	22	21	20	19	18	17	16	助记符	操作数	备注	周期
1	1	0	1	c	o	n	d	b	b	b	b	b	b	b	b	Bcond	$Label=PC+2*i8$	条件分支	1,3

表 3.23　条件分支长指令编码

31	30	29	28	27	26	25	24	23	22	21	20	19	18	17	16	助记符	操作数	备注	周期
1	1	1	1	0	0	c	o	n	d	b	b	b	b	b	b	Bcond	Label	条件分支	1,3
					1														1,3

15	14	13	12	11	10	9	8	7	6	5	4	3	2	1	0	描述
1	0	0	0	0	b	b	b	b	b	b	b	b	b	b	b	$Label=PC+2*i18$, $i18=\{b26,b21\sim b16,b10\sim b0\}$
1	0	1	0	1												

无条件分支指令的一般形式为

```
B  Label
```

程序无条件分支到标号 Label 指定的位置,需要 3 个指令周期。

无条件分支短指令编码如表 3.24 所示,标号所表示的地址相对于 PC 的偏移量范围为 -2 048~2 046,PC 为当前指令地址加 4。无条件分支长指令编码如表 3.25 所示,标号所表示的地址相对于 PC 的偏移量范围为 $-2*0x200000~2*0x1FFFFF$,PC 为当前指令地址加 4。

表 3.24　无条件分支短指令编码

31	30	29	28	27	26	25	24	23	22	21	20	19	18	17	16	助记符	操作数	备注	周期
1	1	1	0	0	b	b	b	b	b	b	b	b	b	b	b	B	$Label=PC+2*i11$	分支	3

表 3.25　无条件分支长指令编码

31	30	29	28	27	26	25	24	23	22	21	20	19	18	17	16	助记符	操作数	备注	周期
1	1	1	1	0	b	b	b	b	b	b	b	b	b	b	b	B	$Label$	跳转	3
																BL		调用	3

15	14	13	12	11	10	9	8	7	6	5	4	3	2	1	0	描述
1	0	1	1	1	b	b	b	b	b	b	b	b	b	b	b	$Label=PC+2*i22,\ i22=\{b26:16,b10:0\}$
1	1	1	1	1												

3.4.2　条件分支 switch 语句

例程 3.16 使用大量密集测试值的 switch 语句。switch 语句匹配测试表达式的值与各个分支的测试值,相同则执行对应的分支;否则,执行 default 分支。分支数很少时,switch 与 if…else 语句编译结果相近,分支数较多且测试值密集时,采用查表分支指令。

例程 3.16　main_switch7.c　C 语言中大量密集测试值的 switch 语句

```c
char            x='a';
int main(void)
{
    short       y;
    switch (x)
    {
    case'a':
        y=1;
        break;
    case'b':
        y=2;
        break;
    case'c':
        y=3;
        break;
    case'e':
        y=5;
```

```
            break;
    case'g':
            y=7;
            break;
    default:
            y=0;
    }
    return y;
}
```

```
        SUBS     R0,R0,#0x61          ; R0-='a'
        CMP      R0,#7                ; R0 与 7 进行比较
        BCS      L0                   ; 小于'a'或大于'g'则分支
        TBB      [pc,R0]              ; 查表分支
L       DCB      (L1-L)/2,(L2-L)/2
        DCB      (L3-L)/2,(L0-L)/2
        DCB      (L5-L)/2,(L0-L)/2
        DCB      (L7-L)/2
L1      MOVS     R0,#1
        B        L10                  ; 会合
L2      MOVS     R0,#2
        B        L10                  ; 会合
L3      MOVS     R0,#3
        B        L10                  ; 会合
L5      MOVS     R0,#5
        B        L10                  ; 会合
L7      MOVS     R0,#7
        B        L10                  ; 会合
L0      MOVS     R0,#0
L10
```

查表分支指令 TBB　[pc,R0]以 R0 为下标查找后续的散转表,表中为偏移量的 1/2,按相对 PC 的偏移量分支。

在此之前,要根据测试表达式计算出下标值,并检查下标的范围,超出范围的下标归入 default 分支。例如,R0 原值为'a',减去'a'得到 0,指令 TBB　[pc,R0]分支到标号 L1 处。R0 原值为'b',减去'a'得到 1,指令 TBB　[pc,R0]分支到标号 L2 处。R0 原值为'A',减去'a'得到 0xE0,指令 CMP　R0,#7 使标志位 C 为 1,指令 BCS　L0 分支到标号 L0 处。R0 原值为'h', 减去'a'得到 7,也分支到标号 L0 处。

3.4.3　循环 while 语句

例程 3.17 演示了 do…while 语句,先执行循环体,然后检查循环条件,满足循环条件时继续循环。

例程 3.17　main_DoWhile.s　C 语言中的 do…while 语句

```
int k;
int main(void)
{
    do
    {
        k++;
    } while (k < 10);
    return k;
}
```

L1	LDR	R0,[R1,#0]	; 装载 k 的值
	ADDS	R0,R0,#1	; R0++
	STR	R0,[R1,#0]	; 保存到 k
	CMP	R0,#10	; R0 与 10 进行比较
	BLT	L1	; 小于,则继续循环

　　比较指令 CMP　R0,#10 计算 R0~R10,设置条件标志位。

　　条件分支指令 BLT　L1 带条件后缀 LT(小于),当条件标志位 N 为 1 时,条件成立,即 R0 < 10 时,分支到标号 L1 处继续循环;否则,继续下一条指令,退出循环。

　　例程 3.18 演示了 while 语句,先执行条件检查部分,满足循环条件时才进入循环体。

例程 3.18　main_While.c　C 语言中的 while 语句

```
int k;
int main(void)
{
    while (k < 10)
        k++;
    return k;
}
```

	LDR	R0,[R1,#0]	; 装载 k 的值
	CMP	R0,#0xa	; R0 与 10 进行比较
	BXGE	lr	; 大于或等于,则返回
L1	ADDS	R0,R0,#1	; R0++
	STR	R0,[R1,#0]	; 保存到 k
	CMP	R0,#10	; R0 与 10 进行比较
	BLT	L1	; 小于,则继续循环

　　比较指令 CMP　R0,#10 计算 R0~R10,设置条件标志位。

　　条件分支指令 BXGE　lr 带条件后缀 GE(大于或等于),当条件标志位 N 为 0 时,条件成立,即 R0≥10 时,直接返回,不进入循环;否则,继续下一条指令,进入循环。

　　条件分支指令 BLT　L1 带条件后缀 LT(小于),当条件标志位 N 为 1 时,条件成立,即 R0< 10 时,分支到标号 L1,继续循环;否则,继续执行下一条指令,退出循环。

3.4.4 循环 for 语句

例程 3.19 演示了 for 语句。未优化时编译结果的排列顺序：初值部分、循环体、增量部分、终值检查部分。执行初值部分后，跳到终值检查部分，然后跳回到循环体，接着执行增量部分，紧接着执行终值检查部分。按速度 2 级优化后，执行初值部分后，满足终值检查条件，直接进入循环体，接着执行增量部分，紧接着执行终值检查部分。使用条件后缀指令避免了一部分分支。

例程 3.19 main_For.c C 语言中的 for 语句

```
short              x=10;
int main(void)
{
    int            k;
    static short Values[]= {1, 2, 5, 10, 20, 50, 100, 200, 500};
    for (k=0; (k < 9); k++)
        if (Values[k] > x)
            break;
    return k;
}
```

```
; 未优化
; 初值部分
        MOVS      R0,#0                  ; R0 = 0
        B         L3
; 循环体
L1      LDR       R1,=Values             ; R1 装载 Values 的地址
        LDRSH     R1,[R1,R0,LSL #1]      ; R1 装载 Values[k]的值
        LDR       R2,=x                  ; R2 装载 x 的地址
        LDRSH     R2,[R2,#0]             ; R2 装载 x 的值
        CMP       R1,R2                  ; R1 与 R2 比较
        BLE       L2                     ; 小于或等于,则继续循环
        B         L4                     ; 跳出循环
; 增量部分
L2      ADDS      R0,R0,#1               ; R0++
; 终值检查部分
L3      CMP       R0,#9                  ; R0 与 9 进行比较
        BLT       L1                     ; 小于,则继续循环
L4
```

```
; 速度 2 级优化
; 初值部分
        MOVS      R0,#0                  ; R0 = 0
        LDR       R2,=Values             ; R2 装载 Values 的地址
        LDRSH     R1,[R2,#-2]            ; R1 装载 x 的值
; 循环体
```

```
L1      LDRSH       R3,[R2,R0,LSL #1]       ; R3=[R2+2 * R0]
        CMP         R3,R1                   ; R3 与 R1 比较
; 增量部分
        ADDLE       R0,R0,#1                ; 小于或等于,则 R0++
; 终值检查部分
        CMPLE       R0,#9                   ; 小于或等于,则 R0 与 9 比较
        BLT         L1                      ; 小于,则继续循环
```

上例中,循环体只是一个判断,可以合并到终值检查部分。注意,在循环体中是跳出循环的条件,在终值检查部分则是继续循环的条件。按速度 2 级优化后,两种程序结构编译结果完全相同。

3.4.5 函数调用

例程 3.20 演示有 9 个参数的函数调用。

例程 3.20   main_Func9.c   C 语言中的函数调用

```c
int     x;
int Test(char x1, short x2, long x3, int x4, int x5, int x6, int x7, int x8, int x9)
{
    return (x1+x2+x3+x4+x5+x6+x7+x8+x9);
}
int main()
{
    x=Test(1, 2, 3, 4, 5, 6, 7, 8, 9);
    return x;
}
```

```
Test    PROC
        PUSH        {R4-R8,lr}          ; 保存 R4~R8,lr
        MOV         R4,R0               ; R4=x1
        ADD         R5,sp,#0x18         ; 跳过保存的 R4~R8,lr
        LDM         R5,{R5-R7,R12}      ; 装载 x5~x8 到 R5~R7,R12
        LDR         R8,[sp,#0x28]       ; 装载 x9
        ADDS        R0,R4,R1            ; R0=x1+x2
        ADD         R0,R0,R2            ; R0+= x3
        ADD         R0,R0,R3            ; R0+= x4
        ADD         R0,R0,R5            ; R0+= x5
        ADD         R0,R0,R6            ; R0+= x6
        ADD         R0,R0,R7            ; R0+= x7
        ADD         R0,R0,R12           ; R0+= x8
        ADD         R0,R0,R8            ; R0+= x9
        POP         {R4-R8,pc}          ; 恢复 R4~R8 并返回
        ENDP
```

```
main PROC
        PUSH        {lr}                    ; 保存 lr
        SUB         sp,sp,#0x14             ; 预留 5 字空间
        MOVS        R0,#9                   ; R0 = 9
        MOVS        R1,#8                   ; R1 = 8
        MOVS        R2,#7                   ; R2 = 7
        MOVS        R3,#6                   ; R3 = 6
        STRD        R1,R0,[sp,#12]          ; [sp+12] = {R1,R0}
        STRD        R3,R2,[sp,#4]           ; [sp+4] = {R3,R2}
        MOVS        R0,#5                   ; R0 = 5
        STR         R0,[sp,#0]              ; [sp] = R0
        MOVS        R3,#4                   ; R3 = 4
        MOVS        R2,#3                   ; R2 = 3
        MOVS        R1,#2                   ; R1 = 2
        MOVS        R0,#1                   ; R0 = 1
        BL          Test                    ; 调用 Test
        LDR         R1,=x                   ; R1 装载 x 的地址
        STR         R0,[R1,#0]              ; 保存返回值 x = R0
        MOV         R0,R1                   ; R0 = R1
        LDR         R0,[R0,#0]              ; R0 装载 x 的值
        ADD         sp,sp,#0x14             ; 撤销 5 字空间
        POP         {pc}                    ; 返回
        ENDP

栈空间
0x20001050: 05 00 00 00 06 00 00 00   07 00 00 00 08 00 00 00
0x20001060: 09 00 00 00 4B 01 00 00   00 00 00 00 00 00 00 00
```

指令 BL　Test 调用函数 Test。带链接的分支指令一般形式为

```
BL  Label
```

它将 PC 值加 1 保存到 LR,表示在这个地址是 Thumb 指令,将标号 *Label* 代表的地址装载到 PC,实现对 *Label* 所在地址的函数调用。

指令 BX　LR 使程序从函数返回,形式为

```
BX  Rm
```

它用寄存器 Rm 的值减 1 作为地址进行分支,也就是将 Rm 的值减 1 传送到 PC,实现从函数返回。Rm 的值最低位必须是 1,表示在这个地址是 Thumb 指令。

调用函数时,字节 char 和半字 short 参数都按字传递。参数的前 4 个字,此例中是 0x0000 0001、0x0000 0002、0x0000 0003 和 0x0000 0004,依次通过寄存器 R0~R3 传递,其余参数通过栈传递。返回值通过 R0 传递。

函数中,寄存器 R0～R3 和 R12 的值不用保留。如要使用其他寄存器,比如 R4～R8、LR,可先将其值保存,函数返回前恢复。

3.5 综合应用

1. 计算向量的点积

向量的点积

$$DP = x_1y_1 + x_2y_2 + \cdots + x_Ny_N$$

其中,x 和 y 分别存放在两个 16 位有符号数数组中,如例程 3.21 所示。

例程 3.21　DotProd 点积

```
typedef signed short    i16;
typedef unsigned short  u16;
int myDotProd(int n, i16 x[ ], i16 y[ ])
{
    int   Sum;
    Sum=0;
    for (; n > 0; n--)
        Sum+= * (x++) * * (y++);
    return Sum;
}
```

编译结果,R0 为 n,R1 和 R2 分别指向两个数组的首地址,计算结果在 R3 中,由 R0 传送返回值,如例程 3.22 所示。

例程 3.22

```
; 点积
        EXPORT myDotProd [CODE]
        AREA ‖.text‖, CODE, READONLY, ALIGN=2
myDotProd PROC
        PUSH        {R4}          ; 保存 R4
        MOVS        R3,#0         ; R3 清 0
        CMP         R0,#0         ; 若 R0 <= 0,则跳过
        BLE         L2
L1      LDRSH       R12,[R1],#2   ; R12 = * (x++)
        LDRSH       R4,[R2],#2    ; R4 = * (y++)
        SUBS        R0,R0,#1      ; R0--
        MLA         R3,R12,R4,R3  ; R3+= R12 * R4
        CMP         R0,#0         ; R0 > 0,继续循环
        BGT         L1
L2      POP         {R4}          ; 恢复 R4
        MOV         R0,R3         ; R0 = R3
        BX          lr            ; 返回
        ENDP
        END
```

点积的测试程序如例程 3.23 所示。

例程 3.23　点积的测试程序

```
extern int myDotProd(int n, i16 x[], i16 y[]);
i16    VectX[]={1, 2, 3, 4};
i16    VectY[]={5, 6, 7, 8};
int    z;
int main(void)
{
    z=myDotProd(4, VectX, VectY);
    return z;
}
```

2. 计算有限冲激响应 FIR

计算有限冲激响应 FIR 中

$$y_n = b_0 x_n + b_1 x_{n-1} + \cdots + b_M x_{n-M}$$

其中，x 和 b 分别存放在两个 16 位有符号数数组中。每拍进行一次计算，并将数组 x 的每一项移动到下一项，首项存放最新的数据，则数组 x 中的内容依次为：当前值、延迟 1 拍 (z^{-1}) 的值、延迟 2 拍 (z^{-2}) 的值……这样，数组 x 就实现了延迟线，可以用离散系统的传递函数表示为

$$\frac{Y}{X} = \frac{b_0 + b_1 z^{-1} + \cdots + b_M z^{-M}}{1}$$

C 程序如例程 3.24 所示。

例程 3.24　有限冲激响应 FIR

```
typedef signed short    i16;
typedef unsigned short  u16;
i16    x[]={1, 2, 3, 4};
i16    b[]={5, 6, 7, 8};
int myFIR(i16 NewV)
{
    int    n, Sum, Tmp;
    i16    *pB, *pX;
    x[0]=NewV;
    n=sizeof(x)/sizeof(x[0])-1;
    pB=&b[n];
    pX=&x[n];
    Sum=*pB * *pX;
    for (; n > 0; n--)
    {
        Tmp=*(--pX);          //  Tmp=x[n-1]
        *(pX+2)=Tmp;          //  x[n]=Tmp
        Sum+=*(--pB) * Tmp;   //  Sum+= b[n-1] * Tmp
    }
    return Sum;
}
```

按时间 2 级优化编译结果，R1 和 R2 分别指向两个数组的首地址，计算结果在 R0 中，如例

程 3.25所示。

例程 3.25

```
; FIR有限冲激响应
myFIR PROC
        PUSH        {R4}                ; 保存 R4
        LDR         R1,=x               ; 装载 x 的地址
        STRH        R0,[R1,#0]          ; x[0]=NewV
        MOVS        R2,#3               ; n=3
        ADD         R12,R1,#0xe         ; R12=pB=&b[n]
        ADDS        R1,R1,#6            ; R1=pX=&x[n]
        LDRSH       R0,[R12,#0]         ; R0 = *pB
        LDRSH       R3,[R1,#0]          ; R3 = *pX
        MULS        R0,R3,R0            ; R0 = *pB * *pX
L       LDRSH       R3,[R1,#-2]!        ; R3 = *(--pX)
        STRH        R3,[R1,#4]          ; *(pX+2)=R3
        LDRSH       R4,[R12,#-2]!       ; R4 = *(--pB)
        MLA         R0,R4,R3,R0         ; R0+= R4 * R3
        SUBS        R2,R2,#1            ; R2--
        CMP         R2,#0               ; 若 R2 > 0,则循环
        BGT         L
        POP         {R4}                ; 恢复 R4
        BX          lr                  ; 返回
        ENDP
```

3. 计算无限冲激响应 IIR

计算无限冲激响应 IIR 中

$$y_n = b_0 x_n + b_1 x_{n-1} + \cdots + b_M x_{n-M} - a_1 y_{n-1} - a_2 y_{n-2} - \cdots - a_N y_{n-N}$$

对应离散系统的传递函数为

$$\frac{Y}{X} = \frac{b_0 + b_1 z^{-1} + \cdots + b_M z^{-M}}{1 + a_1 z^{-1} + \cdots + a_N z^{-N}}$$

用数组 d 存放 x 和 y,前 $M+1$ 项是当前的和延迟不同拍的 x,后 N 项是延迟不同拍的 y。用数组 c 存放 b 和 a,前 $M+1$ 项是各项 b,后 N 项是各项 $-a$,如例程 3.26 所示。

例程 3.26　无限冲激响应 IIR

```
int myIIR(i16 NewV)
{
    int         n, Sum, Tmp;
    i16         *pB, *pX;
    x[0]=NewV;
    pC=&c[N+M];
    pD=&d[N+M];
    Sum= *(pC--) * *(pD--);
    for (n=0; n < N+M+1; n++)
    {
        Tmp= *(pD--);
```

```
        * (pD+2) =Tmp;
        Sum+= * (pC--) * Tmp;
    }
    d[N+1]=Sum;
    return Sum;
}
```

4. 查表并线性插值实现正弦函数

正弦函数属于超越函数,无法用普通的算术运算产生。可以采用级数展开,但计算量大,在实时性要求高的场合不能满足需要。例如,高保真数字音响要达到 22.5 ksmps,约 44 μs 就要完成一次计算。在嵌入式系统中,通常采用查表并线性插值的方法来计算超越函数,这个方法具有通用性,可以产生任意连续函数。

如图 3.1 所示,对 0°~90° 作 32 等分,有 33 个数据点。每一项为 16 位有符号数,取值范围 -32 767~+32 767。如果在两点之间作线性插值,则最大误差在曲率最大处,约为幅值的 0.03%。

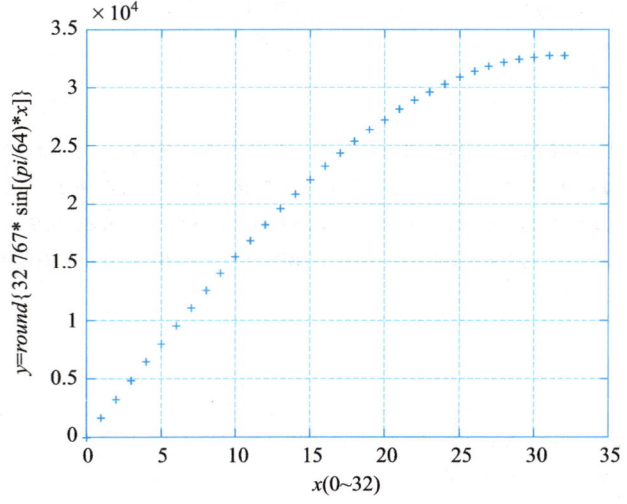

图 3.1

正弦函数

采用 14 位无符号数表示 $[0°, 90°)$ 自变量 x,其高 5 位用来查表,即

```
k = (x / 512) = (x >> 9)
y0 =lstSin[k]
y1 =lstSin[k+1]
```

其低 9 位用来进行线性插值,即

```
u = (x&0x1FF)
y=((512-u) * y0+u * y1)/512
```

完整程序如例程 3.27 所示。

例程 3.27　MySin 查表并线性插值实现正弦函数

```
; 查表并线性插值实现正弦函数 short MySin90(unsigned short x)
; x 取值范围 0..16384,对应 0..90 deg
          EXPORT MySin90 [CODE]                ; 导出标识符
          AREA ‖.text‖, CODE, READONLY, ALIGN=2
MySin90 PROC
          UBFX        R1,R0,#9,#5              ; 提取位 13:9 并零扩展,放入 R1 用作数组的下标
          UBFX        R0,R0,#0,#9              ; 提取位 8:0 并零扩展,放回 R0 用于插值
          LDR         R2,=lstSin               ; 正弦表的首地址
          LDR         R4,[R2,R1,LSL #1]        ; 装载 2 个 16 位数到 R4
          UXTH        R5,R4,ROR #16            ; 高 16 位零扩展到 R5
          UXTH        R4                       ; 低 16 位零扩展到 R4
          MUL         R5,R0                    ; R5=R5 * R0
          RSB         R0,#512                  ; R0=512-R0
          MLA         R5,R0,R4,R5              ; R5=R5+R0 * R4
          LSR         R0,R5,#9                 ; R0=R5 / 512
          BX          lr                       ; 返回
          ENDP

lstSin    DCW         0x0000,0x0648,0x0c8c,0x12c8,0x18f9,0x1f1a,0x2528,0x2b1f   ; 00
          DCW         0x30fb,0x36ba,0x3c56,0x41ce,0x471c,0x4c3f,0x5133,0x55f5   ; 10
          DCW         0x5a82,0x5ed7,0x62f1,0x66cf,0x6a6d,0x6dc9,0x70e2,0x73b5   ; 20
          DCW         0x7641,0x7884,0x7a7c,0x7c29,0x7d89,0x7e9c,0x7f61,0x7fd8   ; 30
          DCW         0x7FFF

          END
```

```c
#include <stdio.h>
typedef signed short        i16;
typedef unsigned short      u16;
extern i16 MySin90(u16 x);
i16     y;
i16 MySin(u16 x)
{
    if ((x & 0x8000)==0)              // [0,180)
    {
        if ((x & 0x4000) == 0)        // [0,90)
            return MySin90(x);
        if (x == 0x4000)              // 90
            return 0x7FFF;
        return MySin90(0x8000-x);     // (90,180)
    }
    else                              // [180,360)
```

```
    {
        x &= 0x7FFF;
        if ((x & 0x4000) == 0)          // [180,270)
            return -MySin90(x);
        if (x == 0x4000)                // 270
            return 0x8001;
        return -MySin90(0x8000-x);      // (270,360)
    }
}


int main(void)
{
    y=MySin((5 * 65536+180) / 360);
    return y;
}
```

计算过程如下：

```
        UBFX        R0,R0,#0,#14            ; R0: 0x038E
        LSRS        R1,R0,#9                ; R1: 1
        UBFX        R0,R0,#0,#9             ; R0: 0x018E
        LDR         R2,=lstSin              ; R2: 0x0204
        LDR         R4,[R2,R1,LSL #1]       ; R4: 0x0C8C0648
        UXTH        R5,R4,ROR #16           ; R5: 0x0C8C
        UXTH        R4                      ; R4: 0x0648
        MUL         R5,R0                   ; R5: 0x0013 81A8
        RSB         R0,#512                 ; R0: 0x0072
        MLA         R5,R0,R4,R5             ; R5: 0x0016 4DB8
        LSR         R0,R5,#9                ; R0: 0x0B26
```

计算结果：0xB26/32767 = 0.087 099 8，比较 sin(5°) = 0.087 155 7，误差仅为 0.064%。

核心程序线性插值：

```
; 计算线性插值 R5=((512-R0) * R4+R0 * R5) / 512
        MUL     R5,R0                   ; R5=R5 * R0
        RSB     R0,#512; R0 =512-R0
        MLA     R5,R0,R4,R5; R5=R5+R0 * R4
        LSR     R0,R5,#9; R0=R5 / 512
```

读取正弦表：

```
; 从数组 lstSin 中装载[R1]和[R1+1]两个 16 位有符号数
        LDR     R2,=lstSin              ; 正弦表的首地址
        LDR     R4,[R2,R1,LSL #1]       ; 装载 2 个 16 位数到 R4
        UXTH    R5,R4,ROR #16           ; 高 16 位零扩展到 R5
        UXTH    R4                      ; 低 16 位零扩展到 R4
```

准备工作如下：

```
; R0 中为自变量 x
        UBFX    R1,R0,#9,#5        ; 提取位 13:9 并零扩展, 放入 R1 用作数组的下标
        UBFX    R0,R0,#0,#9        ; 提取位 8:0 并零扩展, 放回 R0 用于插值
```

3.6　指令汇总

长指令采用 32 位二进制编码。在存储器中看作 2 个 16 位半字, 其字节顺序为 b23~b16、b31~b24、b7~b0 和 b15~b8, 前 2 个字节为主编码, 装载到指令寄存器的高 16 位; 后 2 个字节为补充信息, 装载到指令寄存器的低 16 位。

短指令采用 16 位二进制编码。取指令时装载到指令寄存器的高 16 位, 忽略低 16 位。多数短指令只能使用低半部寄存器 R0~R7, 不标注。个别短指令可以使用全部寄存器 R0~R15, 予以标注。

用指令码的最高 5 位区分长指令和短指令, 编码范围 0x00~0xE7 为短指令, 编码范围 0xE8~0xFF 为长指令。

用 in 表示 n 位二进制有符号常数, 如 i8 表示 8 位二进制有符号常数, 即 -128~127。用 uin 表示 n 位二进制无符号常数, 如 ui8 表示 8 位二进制无符号常数, 即 0~255。

1. 助记符索引 A

短指令:

助记符	操作数	备注	
ADCS	Rdn,Rm	Rdn+= Rm+C	带进位加法
ADDS	Rd,Rn,Rm	Rd=Rn+Rm	加法
ADD	Rdn,Rm	Rdn+= Rm 可用 R0~R15	
ADDS	Rd,Rn,#ui3	Rd=Rn+ui3 0~7	
ADDS	Rdn,#ui8	Rdn+=ui8 0~255	
ADD	Rd,SP,#4 * ui8	Rd=SP+4 * ui8 0~255	
ADD	SP,#4 * ui7	SP+= 4 * ui7 0~127	
ADR	Rd,Label	Rd=(PC & ~3)+4 * ui8	装载地址
ANDS	Rdn,Rm	Rdn &= Rm	逻辑与
ASRS	Rd,Rm,#ui5	Rd=Rm >> ui5	算术右移
ASRS	Rdn,Rm	Rdn >>= Rm	

长指令:

助记符	操作数	备注	
ADC{S}	Rd,Rn,Rm,shift	Rd=Rn+shift (Rm)+C	带进位加法
ADC{S}	Rd,Rn,#pattern	Rd=Rn+pattern +C	
ADD{S}	Rd,Rn,Rm,shift	Rd=Rn+shift (Rm)	加法
ADD{S}	Rd,Rn,#pattern	Rd=Rn+pattern	
ADDW	Rd,Rn,#ui12	Rd=Rn+ui12	0~4 095
ADDW	Rd,PC,#ui12	Rd=PC+ui12	装载正偏移地址
ADR.w	Rd,Label	Rd=PC+ui12	
ADR.w	Rd,Label	Rd=PC-ui12	装载负偏移地址
AND{S}	Rd,Rn,Rm,shift	Rd=Rn & shift (Rm)	逻辑与
AND{S}	Rd,Rn,#pattern	Rd=Rn & pattern	
ASR{S}	Rd,Rn,Rm	Rd=Rn >> Rm	算术右移

2. 助记符索引

（1）B~I

短指令：

助记符	操作数	备注	
Bcond	Label	PC+= 2 * i 8	条件分支
B	Label	PC+= 2 * i 11	分支
BICS	Rdn,Rm	Rdn &= ~Rm	位域清除,逻辑与非
BKPT	#ui8		断点
BLX	Rm	LR=PC, PC=Rm	间接调用 R0~R12
BX	Rm	PC=Rm	间接分支 R0~R12,LR
CBNZ	Rn,Label	PC+= 2 * ui5	非零值分支
CBZ	Rn,Label	PC+= 2 * ui6	零值分支
CMN	Rdn,Rm	Rdn+Rm	比较相反数
CMP	Rdn,#ui8	Rdn-ui8	比较
CMP	Rdn,Rm	Rdn-Rm	
CMP	Rdn,Rm	Rdn-Rm	可用 R0~R15
CPSID	{i}{f}	PRIMASK=1, FAULTMASK=1	禁用
CPSIE	{i}{f}	PRIMASK=0, FAULTMASK=0	使能
EORS	Rdn,Rm	Rdn ^= Rm	逻辑异或
ITmask	cond		条件块

长指令：

助记符	操作数	备注	
Bcond	Label	PC+= 2 * i 18	条件分支
B	Label	PC+= 2 * i 22	分支
BFC	Rd,#s,#w2	Rd &= ~(((1<<w 2)-1)<<s)	位域清除
BFI	Rd,Rn,#s,#w2	Rd=Rn | (((1<<w 2)-1)<<s)	位域插入
BIC{S}	Rd,Rn,Rm,shift	Rd=Rn & ~ shift (Rm)	位域清除,逻辑与非
BIC{S}	Rd,Rn,#pattern	Rd=Rn & ~ pattern	
BL	Label	LR=PC, PC+= 2 * i 22	调用
CLREX			清除互斥
CLZ	Rd,Rn		计数先导零
CMN	Rn,Rm,shift	Rn+shift (Rm)	比较相反数
CMN	Rn,#pattern	Rn+pattern	
CMP	Rn,Rm,shift	Rn-shift (Rm)	比较
CMP	Rn,#pattern	Rn-pattern	
DBG	#ui4		调试
DMB			数据存储器拦截
DSB			数据同步拦截
EOR{S}	Rd,Rn,Rm,shift	Rd=Rn ^ shift (Rm)	逻辑异或
EOR{S}	Rd,Rn,#pattern	Rd=Rn ^ pattern	
ISB			指令同步拦截

（2）L

短指令：

助记符	操作数	备注	
LDM	Rn!,{Regs }	Regs =[Rn], Rn+= 4 * n	装载多字,后增
LDR	Rd,Label		
	Rd,[PC,#4 * ui 8]	Rd=[PC+4 * ui 8]	直接寻址,装载字
	Rd,[Rn,#4 * ui 5]	Rd=[Rn+4 * ui 5]	基址+常值偏移量
	Rd,[SP,#4 * ui 8]	Rd=[SP+4 * ui 8]	来自栈
	Rd,[Rn,Rm]	Rd=[Rn+Rm]	
LDRB	Rd,[Rn,#ui 5]	Rd.B=[Rn+ui 5]	无符号字节
	Rd,[Rn,Rm]	Rd=(B)[Rn+Rm]	基址+寄存器 (变址)
LDRH	Rd,[Rn,#2 * ui 5]	Rd.H=[Rn+2 * ui 5]	无符号半字

助记符	操作数	备注	
	Rd,[Rn,Rm]	Rd=(H)[Rn+Rm]	基址+寄存器(变址)
LDRSB	Rd,[Rn,Rm]	Rd=(SB)[Rn+Rm]	有符号字节
LDRSH	Rd,[Rn,Rm]	Rd=(SH)[Rn+Rm]	有符号半字
LSLS	Rd,Rm,#ui 5	Rd=Rm << ui 5	逻辑左移
	Rdn,Rm	Rdn <<= Rm	
LSRS	Rd,Rm,#ui 5	Rd=Rm >> ui 5	逻辑右移
	Rdn,Rm	Rdn >>= Rm	

长指令:

助记符	操作数	备注	
LDMIA LDMFD	Rn{!},{Rges}	Regs =[Rn], {Rn+= 4 * n }	装载多字,后增
LDMDB LDMEA	Rn{!},{Rges}	Regs =[{Rn =} Rn-4 * n]	装载多字,先减
LDR	Rt,Label	Rt =[PC ± ui 12]	直接寻址,装载字
	Rt,[PC,#-ui 12]	Rt =[PC-ui 12]	
	Rt,[PC,#ui 12]	Rt =[PC+ui 12]	
	Rt,[Rn,#-ui 8]	Rt =[Rn-ui 8]	基址+偏移量
	Rt,[Rn,#ui 12]	Rt =[Rn+ui 12]	
	Rt,[Rn,#-ui 8]!	Rn -= ui 8, Rt =[Rn]	基址+前指标
	Rt,[Rn,#ui 8]!	Rn+= ui 8, Rt =[Rn]	
	Rt,[Rn],#-ui 8	Rt =[Rn], Rn-= ui 8	基址+后指标
	Rt,[Rn],#ui 8	Rt =[Rn], Rn+= ui 8	
LDR	Rt,[Rn,Rm]	Rt =[Rn+Rm]	基址+寄存器(变址)
	Rt,[Rn,Rm,LSL #n]	Rt =[Rn+(Rm << n)]	
LDRB	同 LDR	同 LDR	无符号字节
LDRH	同 LDR	同 LDR	无符号半字
LDRSB	同 LDR	同 LDR	有符号字节
LDRSH	同 LDR	同 LDR	有符号半字
LDRT	Rt,[Rn,#ui 8]	Rt =[Rn+ui 8]	字,非特权装载
LDRBT	Rt,[Rn,#ui 8]	Rt =(B)[Rn+ui 8]	无符号字节
LDRHT	Rt,[Rn,#ui 8]	Rt =(H)[Rn+ui 8]	无符号半字

助记符	操作数	备注	
LDRSBT	Rt,[Rn,#ui 8]	Rt=(SB)[Rn+ui 8]	有符号字节
LDRSHT	Rt,[Rn,#ui 8]	Rt=(SH)[Rn+ui 8]	有符号半字
LDRD	Rt,Rt2,[Rn,#-4 * ui 8]	Rt2:Rt=[Rn-4 * ui 8]	基址+偏移量,装载双字
	Rt,Rt2,[Rn,#4 * ui 8]	Rt2:Rt=[Rn+4 * ui 8]	
	Rt,Rt2,[Rn,#-4 * ui 8]!	Rn-= 4 * ui 8, Rt2:Rt=[Rn]	基址+前指标
	Rt,Rt2,[Rn,#4 * ui 8]!	Rn+= 4 * ui 8, Rt2:Rt=[Rn]	
	Rt,Rt2,[Rn],#-4 * ui 8	Rt2:Rt=[Rn], Rn-= 4 * ui 8	基址+后指标
	Rt,Rt2,[Rn],#4 * ui 8	Rt2:Rt=[Rn], Rn+= 4 * ui 8	
LDREX	Rt,[Rn,#4 * ui 8]	Rt=[Rn+4 * ui 8]	字,互斥装载
LDREXB	Rt,[Rn]	Rt=(B)[Rn+ui 8]	字节
LDREXH	Rt,[Rn]	Rt=(H)[Rn+ui 8]	半字
LSL{S}	Rd,Rn,Rm	Rd=Rn << Rm	逻辑左移
LSR{S}	Rd,Rn,Rm	Rd=Rn >> Rm	逻辑右移

(3) M—N

短指令:

助记符	操作数	备注	
MOVS	Rdn,#ui 8	Rdn=ui 8	传送
MOV	Rdn,Rm	Rdn=Rm	可用 R0~R15
MULS	Rdn,Rm,Rdn	Rdn=Rm * Rdn	乘法
MVNS	Rdn,Rm	Rdn=~Rm	逻辑非
NOP			空操作

长指令:

助记符	操作数	备注	
MLA	Rd,Rn,Rm,Ra	Rd=Ra+Rn * Rm	乘加
MLS	Rd,Rn,Rm,Ra	Rd=Ra-Rn * Rm	乘减
MOV{S}	Rd,Rm,shift	Rd=shift (Rm)	传送
MOVS	Rd,#pattern	Rd=pattern	
MOVT	Rd,#ui 16	Rd=(Rd & 0xFFFF) | (ui 16 << 16)	传送高 16 位
MOVW	Rd,#ui16	Rd=ui 16	传送常量

助记符	操作数	备注	
MRS	Rd,sReg	Rd = sReg	读特殊寄存器
MSR	sReg,Rn	sReg = Rn	写特殊寄存器
MUL	Rd,Rn,Rm	Rd = Rn * Rm	乘法
MVN{S}	Rd,Rm,shift	Rd = ~ shift (Rm)	逻辑非
MVN{S}	Rd,#pattern	Rd = pattern	
NOP			空操作

(4) O-R

短指令:

助记符	操作数	备注	
ORRS	Rdn,Rm	Rdn │ = Rm	逻辑或
POP	{Regs}	Regs = [SP], SP += 4 * n	出栈 R0~R7,PC
PUSH	{Regs}	SP += 4 * n, [SP] = Regs	入栈 R0~R7,LR
REV	Rd,Rn	Rd = (Rn >> 24) │ (Rn << 24) │ ((Rn >> 8) & 0xFF00) │ ((Rn & 0xFF00) << 8)	字节逆序
REV16	Rd,Rn	Rd = ((Rn >> 8) & 0xFF) │ ((Rn & 0xFF) << 8)	低半字节逆序
REVSH	Rd,Rn	Rd = (SH)((Rn & 0xFF) << 8) │ ((Rn >> 8) & 0xFF))	符号半字字节逆序
RORS	Rdn,Rm	Rdn = (Rdn >> Rm) │ (Rdn << (32-Rm))	循环右移

长指令:

助记符	操作数	备注	
ORN{S}	Rd,Rn,Rm,shift	Rd = Rn │ ~ shift (Rm)	逻辑或非
ORN{S}	Rd,Rn,#pattern	Rd = Rn │ ~ pattern	
ORR{S}	Rd,Rn,Rm,shift	Rd = Rn │ shift (Rm)	逻辑或
ORR{S}	Rd,Rn,#pattern	Rd = Rn │ pattern	
POP	{Regs}	Regs = [SP], SP += 4 * n	出栈 R0~R12,PC 或 LR
PUSH	{Regs}	SP += 4 * n, [SP] = Regs	入栈 R0~R12,LR
RBIT	Rd,Rn	Rd = ((Rn >> 31) & 1) │ ··· ((Rn & 2) << 30) │ ((Rn & 1) << 31)	位逆序

助记符	操作数	备注	
REV	Rd,Rn	Rd = (Rn >> 24) | (Rn << 24) | ((Rn >> 8) & 0xFF00) | ((Rn & 0xFF00) << 8)	字节逆序
REV16	Rd,Rn	Rd = ((Rn >> 8) & 0xFF) | ((Rn & 0xFF) << 8)	低半字字节逆序
REVSH	Rd,Rn	Rd = (SH)((Rn & 0xFF) << 8) | ((Rn >> 8) & 0xFF)	符号半字字节逆序
ROR{S}	Rd,Rn,Rm	Rd = (Rn >> Rm) | (Rn << (32-Rm))	循环右移
RSB{S}	Rd,Rn,Rm,shift	Rd = shift (Rm) -R	反向减法
RSB{S}	Rd,Rn,#pattern	Rd = pattern -Rn	

(5) S
短指令：

助记符	操作数	备注	
SBCS	Rdn,Rm	Rdn = Rdn-Rm+1-C	带借位减法
STM	Rn!,{Regs}	[Rn] = Regs , Rn+= 4 * n	保存多字,后增
STR	Rd,[Rn,#4 * ui 5]	[Rn+4 * ui 5] = Rd	保存寄存器,字 基址+偏移量
	Rd,[SP,#4 * ui 8]	[SP+4 * ui 8] = Rd	到栈
	Rd,[Rn,Rm]	[Rn+Rm] = Rd	基址+寄存器 (变址)
STRB	同 STR	同 STR	无符号字节
STRB	Rd,[Rn,#ui 5]	[Rn+ui 5] = Rd	基址+偏移量
STRH	同 STR	同 STR	无符号半字
STRH	Rd,[Rn,#2 * ui 5]	[Rn+2 * ui 5] = Rd	基址+偏移量
SUBS	Rd,Rn,Rm	Rd = Rn-Rm	减法
SUBS	Rd,Rn,#ui 3	Rd = Rn-ui 3	
SUBS	Rdn,#ui 8	Rd = Rn-ui 8	
SUB	SP,#4 * ui 7	SP -= 4 * ui 7	
SVC	#ui8		系统服务
SXTB	Rd,Rm	Rd = (SB)(Rm & 0xFF)	有符号字节扩展
SXTH	Rd,Rm	Rd = (SH)(Rm & 0xFFFF)	有符号半字扩展
SBC{S}	Rd,Rn,Rm,shift	Rdn = Rdn-shift (Rm) +1-C	带借位减法

助记符	操作数	备注	
SBC{S}	Rd,Rn,#pattern	Rdn=Rdn-pattern +1-C	
SBFX	Rd,Rn,#s,#w	Rd=(Rn >> s) & ((1 << w)-1)	有符号位域提取
SDIV	{Rd,}Rn,Rm	Rd=Rn / Rm	有符号除法
SEV			发送事件
SMLAL	RdLo,RdHi,Rn,Rm	RdHi:RdLo+= Rn * Rm	有符号乘加
SMULL	RdLo,RdHi,Rn,Rm	RdHi:RdLo=Rn * Rm	有符号乘法
SSAT	Rd,#w,Rn,LSL #s	Rd=(Rn << s) & ((1 << w)-1)	有符号饱和

长指令:

助记符	操作数	备注	
STMIA STMEA	Rn{!},{Rges}	[Rn]=Regs , {Rn+= 4 * n}	保存多字,后增
STMDB STMFD	Rn{!},{Rges}	[{Rn =} Rn-4 * n]=Regs	保存多字,先减
STR	Rt,[Rn,#-ui 8]	[Rn-ui 8]=Rt	保存寄存器,字 基址+偏移量
	Rt,[Rn,#ui 12]	[Rn+ui 12]=Rt	
	Rt,[Rn,#-ui 8]!	Rn -= ui 8, [Rn]=Rt	基址+前指标
	Rt,[Rn,#ui 8]!	Rn+= ui 8, [Rn]=Rt	
	Rt,[Rn],#-ui 8	[Rn]=Rt, Rn -= ui 8	基址+后指标
	Rt,[Rn],#ui 8	[Rn]=Rt, Rn+= ui 8	
	Rt,[Rn,Rm]	[Rn+Rm]=Rt	基址+寄存器 (变址)
	Rt,[Rn,Rm,LSL #n]	[Rn+(Rm << n)]=Rt	
STRB	同 STR	同 STR	无符号字节
STRH	同 STR	同 STR	无符号半字
STRT	Rt,[Rn,#ui 8]	[Rn+ui 8]=Rt	字,非特权保存
STRBT		[Rn+ui 8]=(B)Rt	字节
STRHT		[Rn+ui 8]=(H)Rt	半字
STRD	Rt,Rt2,[Rn,#-4 * ui 8]	[Rn-4 * ui 8]=Rt2:Rt	保存双字 基址+偏移量
	Rt,Rt2,[Rn,#4 * ui 8]	[Rn+4 * ui 8]=Rt2:Rt	
	Rt,Rt2,[Rn,#-4 * ui 8]!	Rn-= 4 * ui 8, [Rn]=Rt2:R	基址+前指标

助记符	操作数	备注	
	Rt,Rt2,[Rn,#4 * ui 8]!	Rn+= 4 * ui 8,[Rn]=Rt2:Rt	
	Rt,Rt2,[Rn],#-4 * ui 8	[Rn]=Rt2:Rt, Rn-= 4 * ui 8	基址+后指标
	Rt,Rt2,[Rn],#4 * ui 8	[Rn]=Rt2:Rt, Rn+= 4 * ui 8	
STREX	Rd,Rt,[Rn,#4 * ui 8]	[Rn+4 * ui 8]=Rt, Rd=0/1	字,互斥保存
STREXB	Rd,Rt,[Rn]	[Rn]=(B)Rt, Rd=0/1	字节
STREXH	Rd,Rt,[Rn]	[Rn]=(H)Rt, Rd=0/1	半字
SUB{S}	Rd,Rn,Rm,shift	Rd=Rn-shift (Rm)	减法
SUB{S}	Rd,Rn,#pattern	Rd=Rn-pattern	
SUBW	Rd,Rn,#ui 12	Rd=Rn-ui 12	
SXTB	Rd,Rm,ROR #n	Rd=(SB)(ROR(Rm, (8 * n)) & 0xFF)	有符号字节扩展
SXTH	Rd,Rm,ROR #n	Rd=(SH)(ROR(Rm, (8 * n)) & 0xFFFF)	有符号半字扩展

（6）T-Y
短指令：

助记符	操作数	备注	
TST	Rdn,Rm	Rdn & Rm	测试位域
UXTB	Rd,Rm	Rd=(SB)(Rm & 0xFF)	无符号字节扩展
UXTH	Rd,Rm	Rd=(SB)(Rm & 0xFFFF)	无符号半字扩展
WFE			等待事件
WFI			等待中断
YIELD			出让总线

长指令：

助记符	操作数	备注	
TBB	[Rn,Rm]	PC+= 2 * [Rn+Rm]	字节查表分支
TBH	[Rn,Rm,LSL #1]	PC+= 2 * [Rn+2 * Rm]	半字查表分支
TEQ	Rd,Rm,shift	Rn ^ shift (Rm)	测试相等
	Rn,#pattern	Rn ^ pattern	
TST	Rn,Rm,shift	Rn & shift (Rm)	测试位域
	Rn,#pattern	Rn & pattern	

助记符	操作数	备注	
UBFX	Rd,Rn,#s,#w	Rd = (Rn >> s) & ((1 << w)-1)	无符号位域提取
UDIV	{Rd,}Rn,Rm	Rd = Rn / Rm	无符号除法
UMLAL	RdLo,RdHi,Rn,Rm	RdHi:RdLo+= Rn * Rm	无符号乘加
UMULL	RdLo,RdHi,Rn,Rm	RdHi:RdLo = Rn * Rm	无符号乘法
USAT	Rd,#w,Rn,LSL #s	Rd = (Rn << s) & ((1 << w)-1)	无符号饱和
UXTB	Rd,Rm,ROR #n	Rd = (B)(ROR(Rm, (8 * n))&0xFF)	无符号字节扩展
UXTH	Rd,Rm,ROR #n	Rd = (H)(ROR(Rm, (8 * n)) & 0xFFFF)	无符号半字扩展
WFE			等待事件
WFI			等待中断
YIELD			出让总线

第 4 章　STM32F103系列嵌入式计算机最小系统

嵌入式计算机最小系统,是能够使嵌入式计算机运行所需的最小硬件资源和配置。STM32F103 系列嵌入式计算机以 Cortex-M3 为内核,其内部具有丰富的存储资源,包括用于存储和运行程序的 flash 存储器,用于存储数据的 SRAM 存储器等。对于 STM32F103 系列嵌入式计算机来说,其最小系统除了其本身之外,还包括必要的电源电路、复位电路、时钟电路以及相关的启动配置电路。最小系统基本电路和配置为 STM32F103 系列嵌入式计算机提供了基本的运行环境。

本章将详细介绍 STM32F103 系列嵌入式计算机的启动配置、电源控制、复位与时钟等,并在此基础上,给出一种 STM32F103 系列嵌入式计算机的最小系统设计方案。

4.1　启动配置

STM32F103 系列嵌入式计算机程序可以运行在主闪存存储器、系统存储器和内置 SRAM 中。根据选定的启动模式,主闪存存储器、系统存储器或 SRAM 可以按照以下方式访问。

1. 主闪存存储器启动

主闪存存储器虽然被映射到启动空间(0x0000 0000),但仍然能够在原有的地址(0x0800 0000)访问,即主闪存存储器的内容可以在两个地址区域访问:0x0000 0000 或 0x0800 0000。考虑到现在主闪存存储器一般较大,能够满足基本程序存储需求,用户程序一般通过这个启动模式进行运行。使用 JTAG 或者 SWD 模式下载程序时,就是下载到主闪存存储器,重启后也直接从这里启动程序。

2. 系统存储器启动

系统存储器虽然被映射到启动空间（0x0000 0000），但仍然能够在原有的地址（0x1FFF F000）访问。这种模式启动的程序功能是由厂家设置的。STM32F103 在出厂时，在这个区域内部预置了一段 bootloader 程序。这种启动方式用得比较少，选用这种启动模式是为了从串口下载程序。在厂家提供的 bootloader 中，提供了串口下载程序固件，可以通过这个 bootloader 将程序下载到系统的 flash 中。

3. 内置 SRAM 启动

在 0x2000 0000 开始的地址区可访问 SRAM。既然是 SRAM，自然也就没有程序存储的能力。这个模式一般用于程序调试。调试过程中，往往只修改代码中某个小地方，然后就需要重新擦除整个 flash，比较费时，因此可以选择从这个模式启动代码以节省资源。

在硬件电路设计过程中，用户可以通过设置 BOOT1 和 BOOT0 引脚的状态，来选择复位后的启动模式。系统复位后，在系统时钟 SYSCLK 的第 4 个上升沿，BOOT1 和 BOOT0 引脚电平将被锁存。利用软件启动，可通过配置 BOOT1、BOOT0 引脚的电平状态，选择三种不同的启动模式。启动模式与电平状态的关系如表 4.1 所示。

表 4.1　启动模式与电平状态的关系

启动模式选择引脚		说明
BOOT1	BOOT0	
×	0	主闪存存储器被选为启动区域
0	1	系统存储器被选为启动区域
1	1	内置 SRAM 被选为启动区域

4.2　电源控制

4.2.1　电源

STM32F103 系列嵌入式计算机的电源结构如图 4.1 所示，主要分为工作电源、备份电源，以及服务于 ADC 模块的模拟电源。

工作电源（V_{DD}）为 2.0～3.6 V，一般选用 3.3 V，通过内置的电压调节器提供所需的 1.8 V 电源。内核的工作电压为 1.8 V。这个工作电源一般为数字电源。当主电源 V_{DD} 掉电后，可通过 V_{BAT} 引脚提供的备份电源为实时时钟（RTC）和备份寄存器供电。

使用电池或其他电源连接到 V_{BAT} 引脚上，当 V_{DD} 断电时，可以保存备份寄存器的内容和维持 RTC 的功能。V_{BAT} 也为 RTC、LSE 振荡器和 PC13～PC15 供电，这可以保证当主要电源被切断时，RTC 能继续工作。如果系统设计中没有使用外部电池，则 V_{BAT} 必须连接到 V_{DD} 引脚上。

为了提高转换的精确度，ADC 模块使用一个独立的电源供电，滤除来自印刷电路板上的毛刺干扰。这个电源被称为模拟电源。模拟电源引脚为 V_{DDA}，地引脚为 V_{SSA}。参考电压设计与芯片封装存在如下关系。

（1）对于 64 引脚以上封装芯片，存在 V_{REF+} 和 V_{REF-} 引脚，可以把外部参考电压连接到 V_{REF+} 和

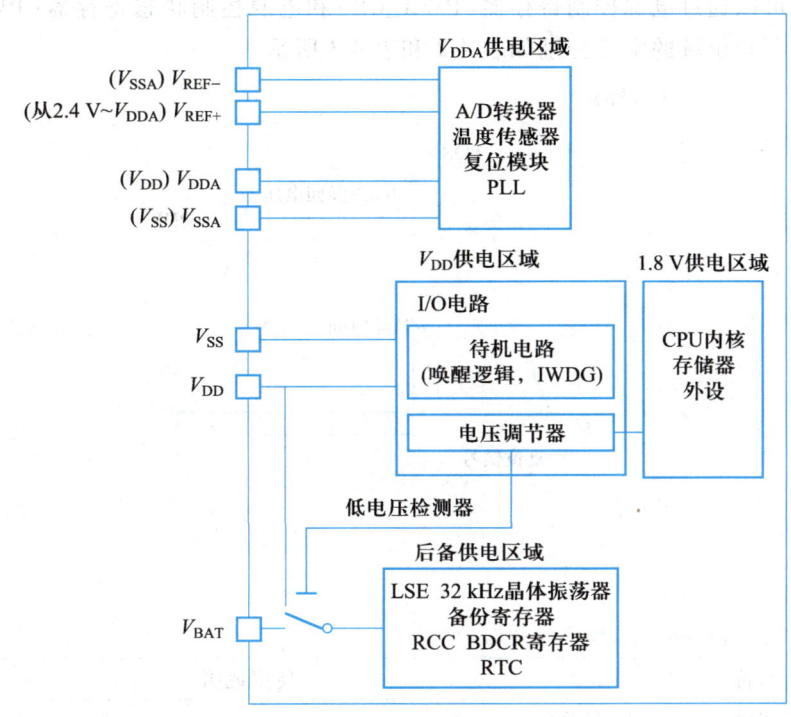

图 4.1
STM32F103 系列嵌入式计算机的电源结构

V_{REF-} 引脚上,供 ADC 模块工作使用。其中,V_{REF+} 的电压范围为 2.4 V $\sim V_{DDA}$;V_{REF-} 引脚通常连接到 V_{SSA}。

（2）对于 64 引脚（包括 64 引脚）以下的芯片,没有 V_{REF+} 和 V_{REF-} 引脚。ADC 用参考电压在芯片内部与电源(V_{DDA})和地(V_{SSA})相连。

复位后,电压调节器总是使能的,处于工作状态。根据应用方式,它以 3 种不同的模式工作:

（1）运行模式:调节器以正常功耗模式提供 1.8 V 电源。

（2）停止模式:调节器以低功耗模式提供 1.8 V 电源,以保存寄存器和 SRAM 的内容。

（3）待机模式:调节器停止供电。除了备用电路和备份区域外,寄存器和 SRAM 的内容全部丢失。

4.2.2　电源管理器

STM32F103 系列嵌入式计算机内部电源管理器有完整的上电复位（POR）和掉电复位（PDR）电路。这个电路工作特性为:

（1）当供电电压达到所规定的阈值电压时,嵌入式计算机能正常工作。

（2）当 V_{DD}/V_{DDA} 低于指定的限位电压 V_{POR}/V_{PDR} 时,嵌入式计算机能保持复位状态,而无须外部复位电路。

电源管理器的工作特性如图 4.2 所示。其中,V_{POR} 大约为 1.92 V;V_{PDR} 大约为 1.88 V。40 mV 滞回电压是为了让嵌入式计算机能容忍一定程度的电压波动,而不是只要供电电压稍微有变化就立刻掉电复位。

电源管理器可以通过电源控制寄存器(PWR_CR)和电源控制状态寄存器(PWR_CSR)进行设置。这两个寄存器位域的定义分别如表 4.2 和表 4.3 所示。

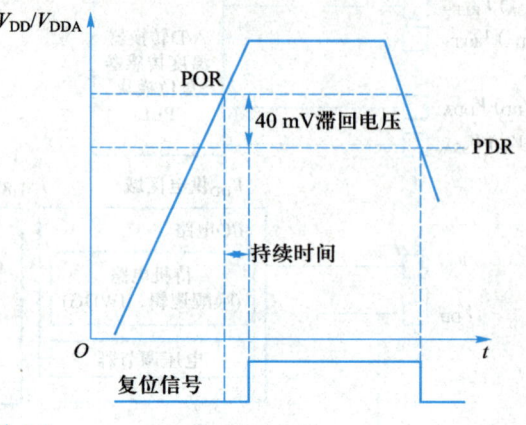

图 4.2
电源管理器的工作特性

表 4.2　电源控制寄存器(PWR_CR)位域的定义

位域	标识符	使用说明
31~9	保留位	没有意义
8	DBP	用于复位后设置 RTC 和备份寄存器是否处于被保护状态,以防意外写入。 0:禁止写 RTC 和备份寄存器; 1:允许写 RTC 和备份寄存器
7~5	PLS[2:0]	用于选择电源电压监测器(PVD)的电压阈值。 000:2.2 V　　　　100:2.6 V 001:2.3 V　　　　101:2.7 V 010:2.4 V　　　　110:2.8 V 011:2.5 V　　　　111:2.9 V
4	PVDE	电源电压监测器(PVD)使能设置位。 0:禁止 PVD; 1:开启 PVD
3	CSBF	清除待机位。 0:无功效; 1:清除 SBF 待机位
2	CWUF	清除唤醒位。 0:无功效; 1:2 个系统时钟周期后清除 WUF 唤醒位
1	PDDS	用于掉电深睡眠设置,与 LPDS 位协同操作。 0:进入深睡眠时,进入停止模式,调压器的状态由 LPDS 位控制; 1:进入深睡眠时,进入待机模式
0	LPDS	用于设置停止模式下,调压器的工作模式。 0:开启模式; 1:停止模式,以低功耗输出

表 4.3　电源控制状态寄存器（PWR_CSR）位域的定义

位域	标识符	使用说明
31~9	保留位	没有意义
8	EWUP	WKUP 引脚功能设置。 0：设置引脚为通用 GPIO； 1：设置引脚用于将 CPU 从待机模式唤醒，被设置为输入下拉。WKUP 引脚上的上升沿将系统从待机模式唤醒
7~3	保留位	没有意义
2	PVDO	PVD 输出状态表征位。 0：供电电压高于由 PLS[2：0]选定的 PVD 阈值； 1：供电电压低于由 PLS[2：0]选定的 PVD 阈值
1	SBF	待机标志位。该位由硬件设置，只能由上电复位/掉电复位电路或电源控制寄存器的 CSBF 位清除。 0：系统不在待机模式； 1：系统进入待机模式
0	WUF	唤醒标志位。该位由硬件设置，只能由上电复位/掉电复位电路或电源控制寄存器的 CWUF 位清除。 0：没有发生唤醒事件； 1：发生唤醒事件或出现 RTC 时钟事件

　　电源管理器通过监测供电电压 V_{DD} 进行复位，以防止电压不足产生误操作。为了进一步提供电源监测能力，可以利用可编程电压监测器（PVD）对 V_{DD} 进行监控。这个模块可以实现在复位之前，让内核通过中断进行紧急处理。

　　PVD 监控过程中需要进行如下设置：

　　（1）设置电源控制寄存器（PWR_CR）中 PVDE 位，即 PVDE＝1，让这个模块处于工作状态。

　　（2）设置电源控制寄存器（PWR_CR）中 PLS[2：0]位域，设置监测的电压阈值，即设置电源电压达到什么条件时触发中断响应机制进行紧急处理。

　　电源控制状态寄存器（PWR_CSR）中的 PVDO 位用来表明 V_{DD} 是高于还是低于 PVD 电压阈值，如图 4.3 所示。该事件连接到外部中断的第 16 线。如果该中断在外部中断寄存器中是使能的，则该事件就会产生中断。

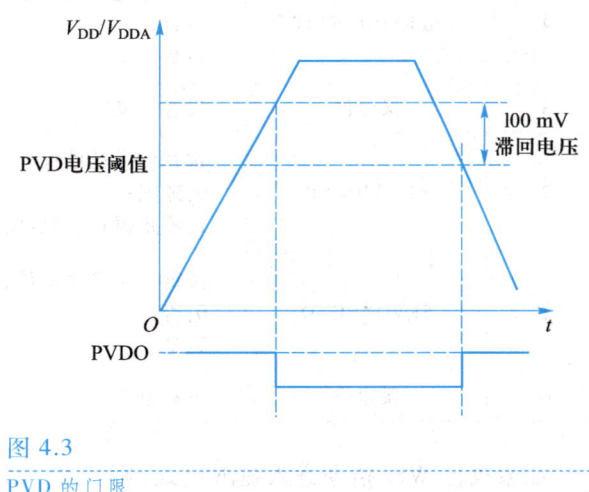

图 4.3
PVD 的门限

当 V_{DD} 下降到 PVD 阈值以下，或当 V_{DD} 上升到 PVD 阈值以上时，根据外部中断第 16 线的上升/下降边沿触发设置,就会产生 PVD 中断。这一特性可用于执行紧急关闭任务,保护程序运行。

4.2.3　低功耗模式

当嵌入式计算机不需继续运行时,可以利用多种低功耗模式来节省功耗,例如等待某个外部事件。用户需要根据最低电源消耗、最短启动时间和可用唤醒源等条件,选定一个最佳的低功耗模式。STM32F103 系列嵌入式计算机支持 3 种低功耗模式。

1. 睡眠模式

在睡眠模式下,典型特性为:

(1) 内核时钟被关闭,内核停止工作。

(2) 所有外设仍在运行。

(3) 所有的 I/O 引脚都保持运行模式时状态。

睡眠模式在软件上表征为程序不执行。这种模式会保留睡眠前的内核寄存器、内存的数据。这种模式一般适用于等待外设的中断时降低系统的功耗,如多机协调工作。

通过执行 WFI(wait for interrupt)或 WFE(wait for event)指令,系统可进入睡眠状态。在睡眠模式下,根据系统控制寄存器(system control register,SCR)中的 SLEEPONEXIT 位的值(如表 4.4 所示),可有两种睡眠选择模式:

(1) SLEEP-NOW:如果 SLEEPONEXIT=0,则 WFI 或 WFE 被执行时,立即进入睡眠模式。

(2) SLEEP-ON-EXIT:如果 SLEEPONEXIT=1,则从最低优先级的中断处理程序中退出时,立即进入睡眠模式。该种模式为所有中断处理完成后,才可进入睡眠模式。

表 4.4　系统控制寄存器(SCR)

位域	标识符	使用说明
31~5	保留位	没有意义
4	SLEEPONEXIT	从处理程序模式返回线程模式时是否睡眠。 0:否; 1:是
3	保留位	没有意义
2	SLEEPDEEP	选择低功耗模式。 0:睡眠; 1:停止模式、待机模式
1	SEVONPEND	按待决位发送事件,是否包括禁用中断。 0:否; 1:是
0	保留位	没有意义

如果执行 WFI 指令进入睡眠模式,则任意一个被嵌套向量中断控制器响应的外设中断,都能将系统从睡眠模式中唤醒。

如果执行 WFE 指令进入睡眠模式,则一旦发生唤醒事件时,CPU 都将从睡眠模式退出。唤醒事件可以通过下述方式产生：

（1）中断方式。在外设控制寄存器中使能一个中断，而不是在 NVIC（嵌套向量中断控制器）中使能，并且使能系统控制寄存器中的 SEVONPEND 位。

（2）事件方式。配置一个外部或内部的 EXIT 线为事件模式。当从 WFE 中唤醒后，因为与事件线对应的挂起位未被设置，所以不必清除中断挂起位。该模式下的唤醒所需的时间最短，因为没有中断进入或退出的时间损失。

2. 停止模式

停止模式是在睡眠模式基础上，停止了外设时钟，内核和所有外设停止工作，1.8 V 供电区域的所有时钟都被停止，PLL、HSI 和 HSE 振荡器的功能被禁止。电压调节器可选择性地开启，可运行在正常或低功耗模式。SRAM 和寄存器内容被保留下来。停止模式唤醒，并重新开启时钟后，还可以从上次停止处继续执行代码。

表 4.5 给出了进入和退出停止模式的方法。

表 4.5　进入和退出停止模式的方法

停止模式	说明
进入	在以下条件下执行 WFI（等待中断）或 WFE（等待事件）指令： （1）置位系统控制寄存器中的 SLEEPDEEP 位； （2）清除电源控制寄存器中的 PDDS 位；设置 PWR_CR 中的 LPDS 位，选择电压调节器的模式。 注：所有外部中断的请求位和 RTC 标志都必须被清除，否则停止模式的进入流程将会被忽略，程序继续运行
退出	设置任一外部中断线为中断模式，从 WFI 进入模式返回； 设置任一外部中断线为事件模式，从 WFE 进入模式返回

3. 待机模式

待机模式可实现系统的最低功耗。该模式是在深睡眠模式时关闭电压调节器，整个 1.8 V 供电区域被断电，PLL、HSI 和 HSE 振荡器也被断电，SRAM 和寄存器内容丢失。从待机模式唤醒后，由于没有之前的程序运行记录，只能对芯片复位，重新检测 boot 启动条件，从头开始执行程序。

表 4.6 给出了进入和退出待机模式的方法。

表 4.6　进入和退出待机模式的方法

待机模式	使用说明
进入	在以下条件下执行 WFI（等待中断）或 WFE（等待事件）指令： （1）置位系统控制寄存器中的 SLEEPDEEP 位； （2）置位电源控制寄存器中的 PDDS 位； （3）清除电源控制状态寄存器中的 WUF 位
退出	WKUP 引脚的上升沿、RTC 闹钟事件的上升沿、NRST 外部复位、IWDG 复位等唤醒事件

在待机模式下，所有的 I/O 引脚处于高阻态，但不包括以下的引脚：

（1）复位引脚（始终有效）；

（2）被设置为防侵入或校准输出的 TAMPER 引脚；

（3）被使能的唤醒引脚。

上述 3 种低功耗方法均可使程序停止运行。作为一般应用，在程序运行过程中，可以通过以下方式中降低功耗：

（1）降低系统时钟。系统的时钟频率越低，对应的功耗越低。通过对预分频寄存器进行编程，可以降低任意一个系统时钟（SYSCLK、HCLK、PCLK1、PCLK2）的速度。进入睡眠模式前，也可以利用预分频器来降低外设的时钟。

（2）关闭 APB 和 AHB 总线上未被使用的外设时钟。外设模块都有自己的时钟使能模块，任何时候都可以通过停止为外设提供时钟来减少功耗。通过设置 AHB 外设时钟使能寄存器（RCC_AHBENR）、APB1 外设时钟使能寄存器（RCC_APB1ENR）、APB2 外设时钟使能寄存器（RCC_APB2ENR）来开关各个外设模块的时钟。设计过程中，可以开启使用的外设时钟，关闭没有使用的外设时钟。

4.3　复位与时钟

4.3.1　复位

STM32F103 系列嵌入式计算机支持 3 种复位形式。

1. 系统复位

除时钟控制状态寄存器（RCC_CSR）中的复位标志位和备份区域中的寄存器以外，系统复位将复位所有寄存器，恢复到它们的初始默认状态。备份区域中的寄存器由 V_{BAT} 供电，所以不受系统复位的影响。

产生系统复位的方法包括：

① NRST 引脚上的低电平（外部复位）；

② 窗口看门狗计数终止（WWDG 复位）；

③ 独立看门狗计数终止（IWDG 复位）；

④ 软件复位。通过软件操作，将中断应用和复位控制寄存器中的 SYSRESETREQ 位置 1 来实现；

⑤ 低功耗管理复位，对应的产生方式包括：

a. 进入待机模式时产生低功耗管理复位。将用户选择字节中的 nRST_STDBY 位置 1 可以使能该复位。

b. 在进入停止模式时产生低功耗管理复位。将用户选择字节中的 nRST_STOP 位置 1 将使能该复位。

2. 电源复位

电源复位将复位除了备份区域外的所有寄存器。产生电源复位包括：

（1）上电/掉电复位（POR/PDR 复位）。

（2）从待机模式中返回。

图 4.4 中，复位源将最终作用于 NRST 引脚，并在复位过程中保持低电平。复位入口矢量被固定在地址 0x0000 0004。芯片内部的复位信号会在 NRST 引脚上输出。脉冲发生器保证每一个（外部或内部）复位源都能有至少 20 μs 的脉冲宽度。

一旦复位信号撤销，STM32F103 系列嵌入式计算机将会认为产生了"复位异常"，程序将会执行 0x0000 0004 地址处"复位异常"对应的程序,即重新执行用户程序。

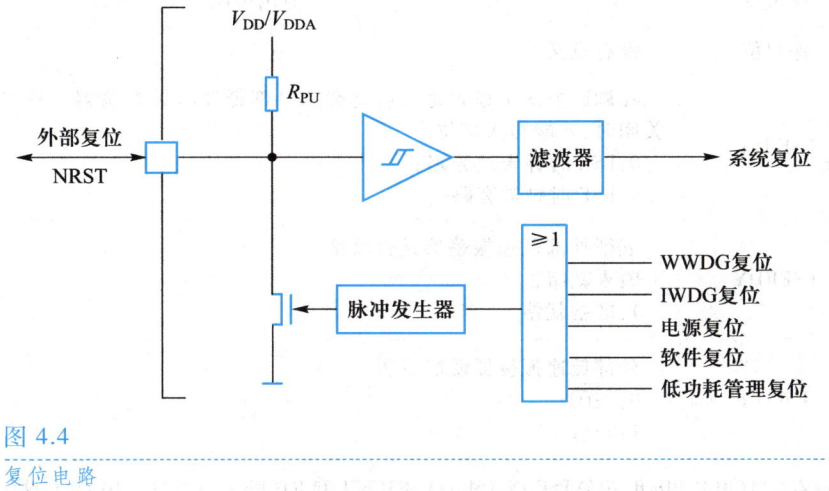

图 4.4
复位电路

3. 备份域复位

为了提高容错率以及应对突发状况,STM32F103 系列嵌入式计算机专门开辟了一块数据存储区域,称为备份域。备份域的大小因具体嵌入式计算机类型不同而有所不同,中、小容量系列备份域包含 10 个寄存器;大容量及互联型备份域包含 42 个寄存器。

备份域有自己的电源电路,通常用电池供电。备份域中的数据不会因为系统复位、电源复位、待机唤醒而丢失,解决了意外断电而数据丢失的问题,这就是备份域主要功能。

备份域拥有两种专门的复位方式,它们只影响备份域。备份域的复位方式包括:

(1)软件复位,通过设置备份域控制寄存器(RCC_BDCR)中的 BDRST 位完成,如表 4.7 所示。

(2)在 V_{DD} 和 V_{BAT} 两者掉电的前提下,V_{DD} 或 V_{BAT} 上电将引发备份域复位。

表 4.7 备份域控制寄存器(RCC_BDCR)

位域	标识符	使用说明
31~17	保留位	没有意义
16	BDRST	备份域复位使能位。 0:关闭复位; 1:复位整个备份域
15	RTCEN	RTC 时钟使能设置位。 0:关闭; 1:开启
14~10	保留位	没有意义
9~8	RTCSEL[1:0]	RTC 时钟源选择位。一旦 RTC 时钟源被选定,直到下次备份域复位,期间不能被改变。 00:无时钟; 01:LSE 振荡器作为 RTC 时钟; 10:LSI 振荡器作为 RTC 时钟; 11:HSE 振荡器 128 分频后作为 RTC 时钟

位域	标识符	使用说明
7~3	保留位	没有意义
2	LSEBYP	在调试模式下设置是否启动旁路外部低速时钟振荡器。只有在外部振荡器关闭时,才能写入该位。 0:LSE 时钟未被旁路; 1:LSE 时钟被旁路
1	LSERDY	表征外部低速振荡器是否就绪。 0:未就绪; 1:准备就绪
0	LSEON	外部低速振荡器使能设置。 0:关闭; 1:开启

备注:备份域控制寄存器(RCC_BDCR)中的 LSEON、LSEBYP、RTCSEL 和 RTCEN 位在复位后不能随意设置,只有在电源控制寄存器(PWR_CR)中的 DBP=1 时,才能对这些位进行设置。

不同复位方式有不同的复位标志。复位标志在控制状态寄存器(RCC_CSR)中显示,如表 4.8 所示。

表 4.8　控制状态寄存器(RCC_CSR)

位域	标识符	使用说明
31	LPWRRSTF	低功耗复位标志位。 0:无复位发生; 1:发生复位
30	WWDGRSTF	窗口看门狗复位标志位。 0:无复位发生; 1:发生复位
29	IWDGRSTF	独立看门狗复位标志位。 0:无复位发生; 1:发生复位
28	SFTRSTF	软件复位标志位。 0:无复位发生; 1:发生复位
27	PORRSTF	上电/掉电复位标志位。 0:无复位发生; 1:发生复位
26	PINRSTF	NRST 引脚复位标志位。 0:无复位发生; 1:发生复位
25	保留位	没有意义

位域	标识符	使用说明
24	RMVF	清除复位标志设置位。 0:无作用; 1:清除复位标志
23~2	保留位	没有意义
1	LSIRDY	内部低速振荡器就绪标志位。 0:未就绪; 1:就绪
0	LSION	内部低速振荡器使能位。 0:关闭; 1:开启

4.3.2 时钟

时钟是嵌入式计算机系统的脉搏。内核在一拍接一拍的时钟驱动下完成指令执行、状态变换、数据处理等动作。外设部件在时钟的驱动下进行各种工作,比如串口数据的收发、A/D 转换、定时和计数等。对于一个嵌入式计算机系统,时钟是至关重要的。通常,时钟系统出现问题也是最致命的,比如振荡器不起振、振荡不稳、停振等。

很多嵌入式计算机,如 51 系列单片机,都采用一个系统时钟源,限制了外设工作时钟设置的自由度。但是 STM32F103 系列嵌入式计算机的结构比较复杂,外设非常多。并不是所有的外设都需要系统时钟这么高的频率,如看门狗、RTC 只需要几十千赫兹的时钟就可以。时钟频率越高,功耗就越大,同时抗电磁干扰的能力也会越弱。STM32F103 系列嵌入式计算机采用多时钟源,围绕不同的设计需求,可以采用不同的时钟源。

STM32F103 系列嵌入式计算机的时钟系统结构图如图 4.5 所示。整个时钟系统存在 5 大类时钟源。

1. HSE 时钟

高速外部时钟信号(HSE)由外部晶振和外部时钟两种时钟源产生,具体电路设计方法如图 4.6所示。这两种方式对比如下:

(1)外部时钟设计模式中,时钟频率最高可达 50 MHz。硬件设计过程中,外部时钟信号(50%占空比的方波、正弦波或三角波)必须通过 OSC_IN 引脚连接到芯片内部,同时保证 OSC_OUT引脚悬空。这种模式下,通过外部电路直接提供时钟信号。

(2)外部晶振设计模式中利用电路提供的晶振、电容以及内部振荡器组合产生时钟信号。这种模式下,通过外部电路直接提供时钟信号。为了减少时钟输出的失真和缩短启动稳定时间,晶振和电容必须尽可能地靠近振荡器引脚。电容值必须根据所选择的晶振来设计。时钟控制寄存器 RCC_CR 中的 HSERDY 位用来指示高速外部晶振是否稳定。在系统加电启动过程中,标志位从 0 变为 1,表明 HSE 时钟信号稳定,能够进行使用。

具体使用过程中,需要进行如下设置:

(1)设置时钟控制寄存器里 RCC_CR 中的 HSEON 位进行是否使用 HSE 时钟的设置。

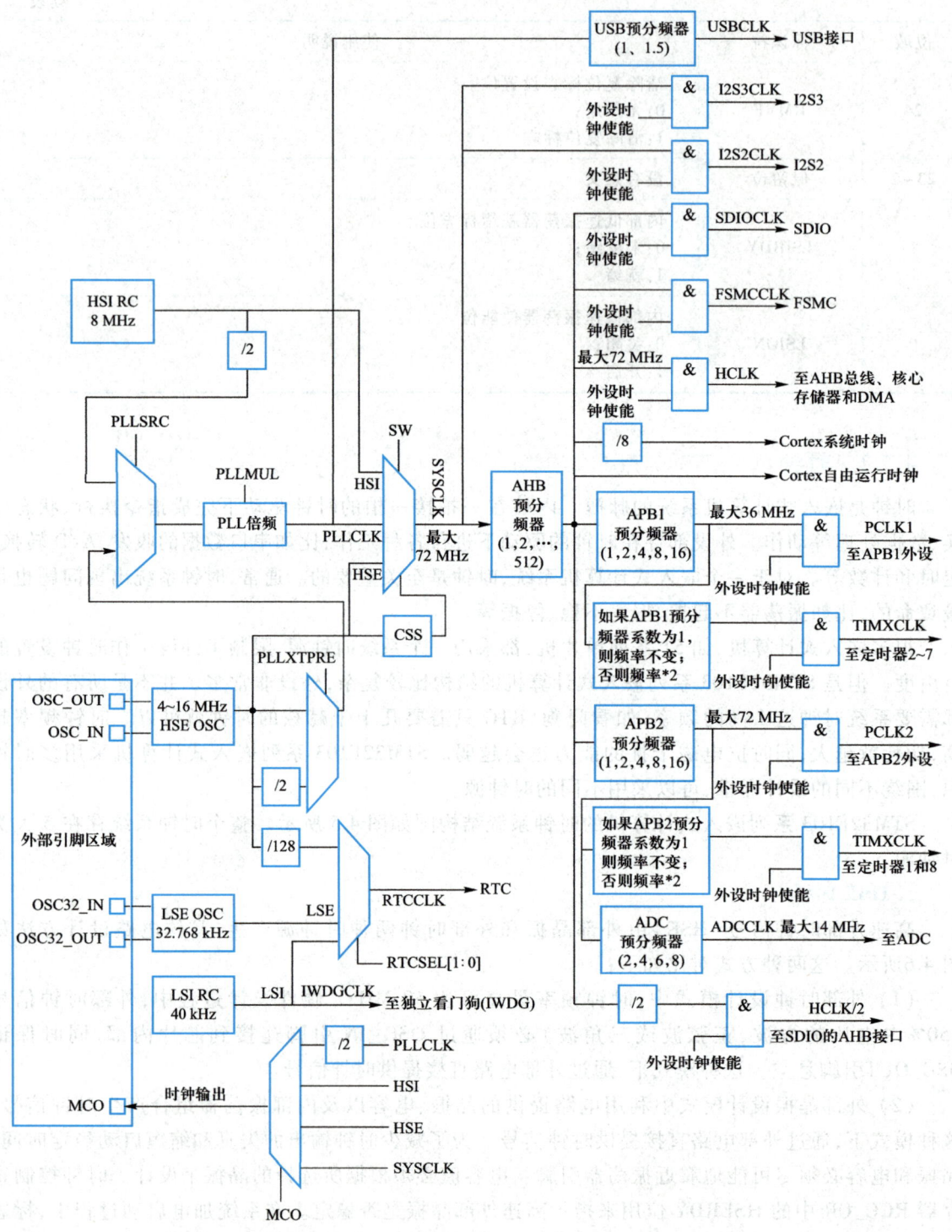

图 4.5

时钟系统结构图

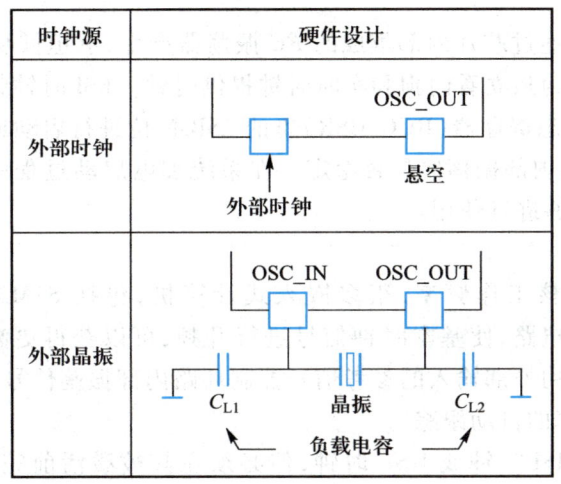

时钟源	硬件设计
外部时钟	OSC_OUT 悬空 外部时钟
外部晶振	OSC_IN OSC_OUT C_{L1} 晶振 C_{L2} 负载电容

图 4.6

HSE 时 钟 电 路 设 计 方 法

（2）设置时钟控制寄存器 RCC_CR 中的 HSEBYP,选择使用外部晶振、外部时钟作为 HSE 的时钟源。

2. HSI 时钟

如果 HSE 时钟失效,高速内部时钟（HSI）时钟会作为备用时钟源。HSI 时钟信号由内部 8 MHz 的 RC 振荡器产生,可直接作为系统时钟或在 2 分频后作为 PLL 输入。内部的晶振和 RC 振荡器能够在不需要任何外部器件的条件下,以 HSI 时钟提供系统时钟。采用这种时钟信号,不需要外部电路支持。

HSI 时钟的启动时间比 HSE 晶体振荡器短,但是时钟频率精度较差。制造工艺决定了不同芯片的 RC 振荡器的频率会不同。每个芯片的 HSI 时钟频率在出厂前已经被 ST 公司校准到 1%（25 ℃）以内。系统复位时,工厂校准值被自动装载到时钟控制寄存器的 HSICAL[7：0]位域。不同的工作电压或环境温度会影响 RC 振荡器的精度。软件设计过程中,通过时钟控制寄存器里的 HSITRIM[4：0]进一步提高调整 HSI 时钟信号的精度。

时钟控制寄存器中的 HSIRDY 位用来指示 HSI RC 振荡器是否稳定。在时钟启动过程中,直到这一位被硬件置 1,RC 振荡器的输出时钟才有效。HSI 时钟可由时钟控制寄存器中的 HSION 位进行启动和关闭。

3. LSE 时钟

外部低速时钟（LSE）通过一个 32.768 kHz 的低速外部晶振提供频率。外部晶振跨接在 OSC32_IN 和 OSC32_OUT 引脚（如图 4.5 所示）。LSE 为实时时钟 RTC 提供一个低功耗且精确的时钟源。实时时钟 RTC 是一个独立的定时器,在相应的软件配置下,可提供时钟日历的功能。由于实时时钟 RTC 通过 V_{BAT} 供电（一般采用电池）,因此系统电源存在问题时不会影响这个模块工作。

LSE 时钟通过在备份域控制寄存器（RCC_BDCR）里的 LSEON 位,进行启动和关闭。备份域控制寄存器里的 LSERDY 位指示 LSE 时钟信号是否稳定。在系统加电启动过程中,标志位从 0 变为 1,表明 LSE 时钟信号稳定,能够进行使用。

4. LSI 时钟

内部低速时钟(LSI)通过芯片内部集成的 *RC* 振荡器产生,承担低功耗时钟源的角色。它可以在低功耗模式下运行,为独立看门狗和实时时钟提供时钟。LSI 时钟频率一般设置为 40 kHz。

LSI 可以通过控制状态寄存器(RCC_CSR)里的 LSION 位进行启动或关闭。控制状态寄存器里的 LSIRDY 位指示低速内部振荡器是否稳定。在系统加电启动过程中,标志位从 0 变为 1,表明 LSI 时钟信号稳定,能够进行使用。

5. PLL 时钟

为了获取更高的内核工作频率,很多嵌入式计算机,包括 STM32F103 内部集成锁相环(phase locked loop,PLL)电路,使基本时钟信号进行升频,可以获得更高的系统时钟频率。PLL 是一种反馈控制电路,利用外部输入的参考信号控制环路内部振荡信号的频率和相位,实现输出信号频率对输入信号频率的自动跟踪。

PLL 可以用来倍频 HSI 时钟或 HSE 时钟,但必须在其被激活前完成配置。一旦 PLL 被激活,这些关于 PLL 设置的参数就不能被改动。如果 PLL 中断在时钟中断寄存器里被允许,则在 PLL 准备就绪时,可产生中断。PLL 的设置包括:

(1)激活使能 PLL 模块。通过设置时钟控制寄存器(RCC_CR)的 PLLON 位实现。

(2)通过时钟配置寄存器(RCC_CFGR)的 PLLSRC、PLLXTPRE 位进行输入信号选择(HSI 时钟、HSE 时钟、HSE 时钟 2 分频)。

(3)通过时钟配置寄存器(RCC_CFGR)的 PLLMUL 位域进行倍频因子设置。这个参数依据时钟源、系统时钟进行计算得到。

系统复位后,HSI 时钟被选为系统时钟。只有当目标时钟源准备就绪了(经过启动稳定阶段的延迟或 PLL 稳定),一个时钟源到另一个时钟源的切换才会发生。在被选择时钟源没有就绪时,系统时钟不会发生切换。相应的时钟状态位指示哪个时钟已经准备好,可以被用作系统时钟。

在这 5 类时钟源的驱动下,主要提供给各个模块的时钟分为如下几部分:

(1)USB 时钟。PLL 时钟经过 USB 预分频器提供给 USB 模块。预分频器的分频系数可配置为 1 倍或 1.5 倍分频。

(2)系统时钟。系统时钟的来源包括:HSI 时钟、HSE 时钟、PLL 输出。实际应用中,大多系统时钟源采用 PLL 输出。这是因为 PLL 时钟具有较高的输出频率,最高可达 72 MHz。

(3)实时时钟 RTC。时钟来源:HSE 的 128 分频、LSE 外接 32.768 MHz 晶振、LSI,具体通过设置备份域控制寄存器(RCC_BDCR)里的 RTCSEL[1:0]位实现选择 3 种时钟源之一。除非备份域复位,否则此选择不能被改变。RTC 时钟对时钟源的要求较高,一般用 LSE 外接 32.768 MHz 晶振做 RTC 时钟源。

(4)独立看门狗,采用 LSI 时钟。

(5)AHB 总线时钟。时钟允许最高频率为 72 MHz。AHB 预分频器存在 9 种分频因子为:1、2、4、8、16、64、128、256、512。一般将系统时钟频率设置为 72 MHz,将 AHB 预分频器设置为 1,以获取较快的运行速度。

(6)APB1 总线时钟。时钟信号最高为 36 MHz。通过 APB1 预分频系数,可以调整相应的时钟信号频率。这个时钟信号给连接在 APB1 总线上的外设(低速外设)使用,具体有:CAN、USB、I^{2}C1、I^{2}C2、UART2、UART3、SPI2、窗口看门狗、Timer2、Timer3、Timer4、Timer5、Timer6、

Timer7。提供给定时器 2~7 的时钟信号频率与 APB1 的预分频系数相关，即

① 如果相应的 APB1 预分频系数是 1，则定时器的时钟频率与所在 APB1 总线频率一致；

② 如果相应的 APB1 预分频系数是不是 1，则定时器的时钟频率被设置为与其相连的 APB1 总线频率的 2 倍。

（7）APB2 总线时钟。时钟信号最高为 72 MHz。通过 APB2 预分频系数，可以调整相应的时钟信号频率。这个时钟信号给连接在 APB2 总线上的外设（高速外设）有：UART1、SPI1、Timer1、Timer8、ADC1、ADC2、ADC3、GPIO。ADC 时钟由高速 APB2 时钟经 2、4、6 或 8 分频后获得。提供给定时器 1 和定时器 8 的时钟信号频率，与 APB2 预分频系数相关，即

① 如果相应的 APB1 预分频系数是 1，则定时器的时钟频率与所在 APB1 总线频率一致；

② 如果相应的 APB1 预分频系数是不是 1，则定时器的时钟频率被设置为与其相连的 APB1 总线频率的 2 倍。

时钟安全系统（CSS）可以通过软件被激活。一旦其被激活，时钟监测器将在 HSE 振荡器启动延迟后被使能，并在 HSE 时钟关闭后关闭。如果 HSE 时钟发生故障，HSE 振荡器被自动关闭，时钟失效事件将被送到高级定时器（TIM1 和 TIM8）的制动输入端，并产生时钟安全中断 CSSI，允许软件完成相应故障操作。

时钟信号可以通过嵌入式计算机的时钟输出（microcontroller clock output，MCO）引脚进行输出，但是 GPIO 端口寄存器必须被配置为相应的功能，如推挽输出模式。具体时钟信号输出类型由时钟配置寄存器（RCC_CFGR）中的 MCO[2：0]位域的具体设置决定。以下四个时钟信号可被选作 MCO 时钟：

（1）SYSCLK；

（2）HSI；

（3）HSE；

（4）两分频的 PLL 时钟。

时钟设置过程中，需要用到时钟控制寄存器（RCC_CR）、时钟配置寄存器（RCC_CFGR）、时钟中断寄存器（RCC_CIR）等，具体使用方法如表 4.9、表 4.10、表 4.11 所示。

表 4.9　时钟控制寄存器（RCC_CR）

位域	标识符	使用说明
31~26	保留位	没有意义
25	PLLRDY	用于表征 PLL 时钟是否稳定输出，具备锁定状态。 0：PLL 未稳定输出； 1：PLL 稳定输出
24	PLLON	PLL 使能位。进入待机和停止模式时，该位由硬件清 0。当 PLL 时钟被用作系统时钟时，该位操作无效。 0：关闭； 1：使能
23~20	保留位	没有意义
19	CSSON	时钟安全系统使能位。 0：关闭； 1：开启

位域	标识符	使用说明
18	HSEBYP	设置 HSE 的外部晶振是否旁路。只有在外部晶振关闭的情况下,才能写入该位。 0:外部晶振没有旁路; 1:外部晶振被旁路
17	HSERDY	指示外部晶振是否已经稳定。 0:外部晶振没有就绪; 1:外部晶振就绪
16	HSEON	HSE 时钟使能位。 0:关闭; 1:开启
15~8	HSICAL[7:0]	芯片出厂内部高速时钟校准参数。启动后,这些位被自动初始化,具体数据来源于芯片制造商数据。
7~3	HSITRIM[4:0]	由软件写入来调整内部高速时钟精度,以便于应用环境变化时调整内部 HSI 时钟的频率。
2	保留位	没有意义
1	HSIRDY	HSI 就绪标志位。 0:没有就绪; 1:就绪
0	HSION	HSI 使能位。 0:关闭; 1:开启

表 4.10　时钟配置寄存器(RCC_CFGR)

位域	标识符	使用说明
31~27	保留位	没有意义
26~23	MCO	用于时钟输出引脚输出信号类型的选择。启动或切换 MCO 时钟源期间,输出信号可能有一些截除。 0xx:没有时钟输出; 100:SYSCLK 输出,应确保不超过 50 MHz; 101:HSI 输出; 110:HSE 输出; 111:PLL 时钟 2 分频后输出
22	USBPRE	用于设置 USB 时钟的预分频系数。 0:PLL 时钟 1.5 分频; 1:PLL 时钟不分频

位域	标识符	使用说明
21~18	PLLMUL	PLL 倍频系数设置位。只有在 PLL 关闭的情况下才可被设置。PLL 的最高输出频率不能超过 72 MHz。 0000:2 倍频； 1000:10 倍频； 0001:3 倍频； 1001:11 倍频； 0010:4 倍频； 1010:12 倍频； 0011:5 倍频； 1011:13 倍频； 0100:6 倍频； 1100:14 倍频； 0101:7 倍频； 1101:15 倍频； 0110:8 倍频； 1110:16 倍频； 0111:9 倍频； 1111:16 倍频
17	PLLXTPRE	HSE 作为 PLL 输入时钟,分频系数设置位。 0:不分频； 1:2 分频
16	PLLSRC	设置 PLL 的输入时钟源。只能在关闭 PLL 时才能写入此位。 0:HSI 振荡器时钟 2 分频； 1:经过分频设置后的 HSE 时钟
15~14	ADCPRE[1:0]	通过预分频来确定 ADC 时钟频率。 00:2 分频； 01:4 分频； 10:6 分频； 11:8 分频
13~11	PPRE2[2:0]	高速 APB2 时钟（PCLK2）与 AHB 时钟信号之间的预分频系数设置位。 0xx:不分频； 100:2 分频； 101:4 分频； 110:8 分频； 111:16 分频
10~8	PPRE1[2:0]	低速 APB1 时钟（PCLK1）与 AHB 时钟信号之间的预分频系数设置位。APB1 时钟频率不超过 36 MHz。 0xx:不分频； 100:2 分频； 101:4 分频； 110:8 分频； 111:16 分频

位域	标识符	使用说明
7~4	HPRE[3:0]	AHB 时钟与系统时钟之间的预分频系数设置位。 0xxx:不分频； 1000:2 分频； 1100:64 分频； 1001:4 分频； 1101:128 分频； 1010:8 分频； 1110:256 分频； 1011:16 分频； 1111:512 分频
3~2	SWS[1:0]	标志哪一个时钟源被作为系统时钟。 00:HSI 作为系统时钟； 01:HSE 作为系统时钟； 10:PLL 输出作为系统时钟； 11:不可用
1~0	SW[1:0]	系统时钟源选择位。在从停止或待机模式中返回时，以及作为系统时钟的 HSE 出现故障时，选择 HSI 作为系统时钟。 00:HSI 作为系统时钟； 01:HSE 作为系统时钟； 10:PLL 输出作为系统时钟； 11:不可用

表 4.11　时钟中断寄存器（RCC_CIR）

位域	标识符	使用说明
31~24	保留位	没有意义
23	CSSC	设置是否清除安全系统中断标志位 CSSF。 0:无作用； 1:清除相应中断标志位 CSSF
22~21	保留位	没有意义
20	PLLRDYC	设置是否清除 PLL 就绪中断标志位 PLLRDYF。 0:无作用； 1:清除标志位 PLLRDYF
19	HSERDYC	设置是否清除 HSE 就绪中断标志位 HSERDYF。 0:无作用； 1:清除标志位 HSERDYF

位域	标识符	使用说明
18	HSIRDYC	设置是否清除 HSI 就绪中断标志位 HSIRDYF。 0:无作用; 1:清除标志位 HSIRDYF
17	LSERDYC	设置是否清除 LSE 就绪中断标志位 LSERDYF。 0:无作用; 1:清除标志位 LSERDYF
16	LSIRDYC	设置是否清除 LSI 就绪中断标志位 LSIRDYF。 0:无作用; 1:清除标志位 LSIRDYF
15~13	保留位	没有意义
12	PLLRDYIE	使能或关闭 PLL 就绪中断。 0:关闭; 1:使能
11	HSERDYIE	使能或关闭 HSE 就绪中断。 0:关闭; 1:使能
10	HSIRDYIE	使能或关闭 HSI 就绪中断。 0:关闭; 1:使能
9	LSERDYIE	使能或关闭 LSE 就绪中断。 0:关闭; 1:使能
8	LSIRDYIE	使能或关闭 LSI 就绪中断。 0:关闭; 1:使能
7	CSSF	时钟安全系统中断标志位。在外部晶振时钟出现故障时,由硬件置1。软件通过 CSSC 位置 1 清除标志位。 0:无中断; 1:有中断
6~5	保留位	没有意义
4	PLLRDYF	PLL 就绪中断标志位。 0:无中断; 1:有中断

位域	标识符	使用说明
3	HSERDYF	HSE 就绪中断标志位。 0:无中断; 1:有中断
2	HSIRDYF	HSI 就绪中断标志位。 0:无中断; 1:有中断
1	LSERDYF	LSE 就绪中断标志位。 0:无中断; 1:有中断
0	LSIRDYF	LSI 就绪中断标志位。 0:无中断; 1:有中断

4.4 最小系统设计

最小系统是指仅包含最必需元器件、仅可运行最基本软件的简化系统,它通常仅包含嵌入式计算机芯片、电源、时钟、复位和启动设置,而不包含任何其他外部 I/O 模块。图 4.7 给出了一种最小系统的设计方案。

这个最小系统设计特点为:

(1)最小系统核心为嵌入式计算机。设计过程中,应该结合启动方式,设置 BOOT1、BOOT0 引脚。最常用的启动方式为从内部 flash 启动。因此一般只需要将 BOOT0 引脚接低电平,即接地处理。

(2)时钟系统设置。STM32F103 系列嵌入式计算机需要采用两路外部时钟。LSE 用于支持 RTC 实时时钟,采用 32.768 kHz 无源晶振。HSE 往往作为芯片的主时钟,需要结合具体内核工作频率进行设置。图 4.7 给出了一种基于 8 MHz 无源晶振的 HSE 设计方法。每个晶振与 GND 连接的电容,不能省略。

(3)复位电路。STM32F103 系列嵌入式计算机采用低电平复位。复位按钮按下后,向 NRST 引脚提供低电平复位信号。

(4)电源设计。芯片自身存在模拟电源、数字电源、ADC 模块所需要的参考电源。一般来说,这 3 个电源可以采用相同的电源,即 3.3 V 电源,如图 4.7 所示。为了使内部模块所需电源具有较高的品质,设计过程中需要将芯片每个电源的输入端并联一个电容。在实际 PCB 布线时,应尽量使电容靠近电源引脚,这样滤波效果会更好。

(5)下载接口。虽然 JTAG 和 SWD 都可以实现程序下载,但是一般采用 SWD 模式可以缩减电路板的体积。

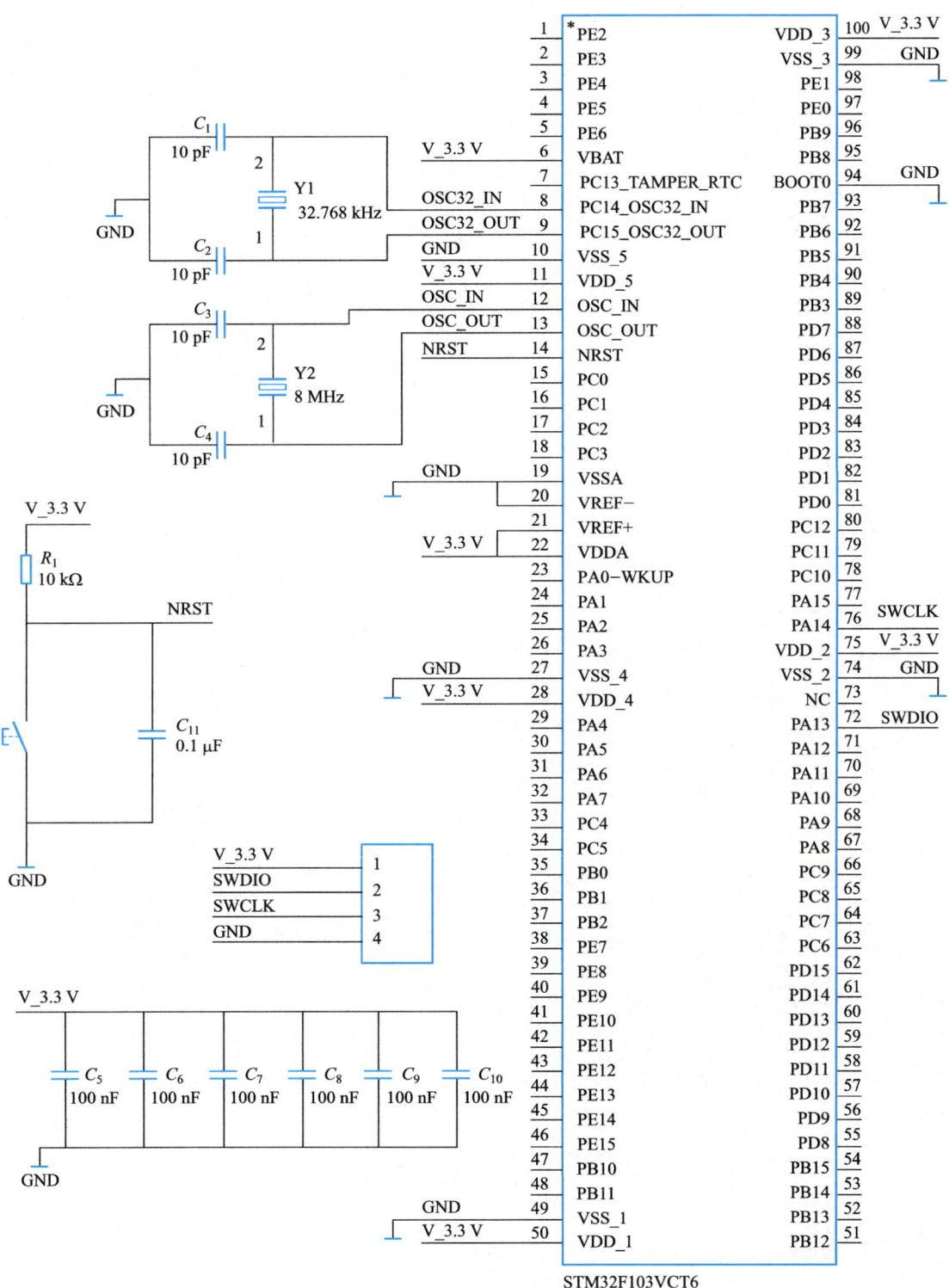

图 4.7

最小系统的设计方案

第 5 章　数字输入输出接口

嵌入式系统设计过程中,通常需要感知外界的数字信号或开关状态,如读取按键的开关状态、数字输入信号的高低电平等;同时,也需要对外界对象进行开关控制,如控制外接 LED 的亮灭、继电器的通断等。所有这些操作的实现都需要依赖嵌入式计算机基本的输入输出能力。

GPIO(general purpose input output)是目前嵌入式计算机众多外设接口中非常重要且必不可少的基础模块,提供基本的数字输入输出功能。GPIO 模块可通过软件灵活配置(输入输出方向选择、输入上拉/下拉配置、输出驱动能力、引脚功能复用等)和操作(信号读取、输出控制)。通常,嵌入式计算机的多个 GPIO 引脚组成一组,称为一个 GPIO 端口。多个 GPIO 端口可以通过软件分别进行独立配置和操作。

5.1　GPIO 功能

5.1.1　概述

对于数字信号,我们只关心两个不同的状态,可以用低电平(逻辑 0)和高电平(逻辑 1)来表示两个不同的状态。TTL(transistor–transistor logic,晶体管–晶体管逻辑)和 CMOS(complementary metal oxide semiconductor,互补金属氧化物半导体)的逻辑电平如表 5.1 所示。TTL 的电源工作电压是 5 V,所以 TTL 的电平是根据电源电压 5 V 来定。CMOS 的电源工作电压是 3~18 V。

表 5.1　逻辑电平范围

类型	TTL		CMOS	
逻辑电平	低电平	高电平	低电平	高电平
输入	≤0.8 V	≥2.0 V	≤0.8 V	≥1.3 V
输出	≤0.4 V	≥2.4 V	≤0.4 V	V_{DD}−0.4 V

对于 TTL 电平,输入信号不高于 0.8 V 就算低电平,输入信号不低于 2.0 V 就算高电平,处于 0.8~2.0 V 之间为不确定状态。输出信号至少为输入提供 0.4 V 的宽容度,要求输出低电平时不高于 0.4 V,输出高电平时不低于 2.4 V。如此一来,只要线路上干扰所产生的影响小于 0.4 V,就可以成功地传送数字信号。

对于 CMOS 电平,输入信号的不确定范围减小到 0.8~1.3 V,输出高电平时可以接近电源电压,进一步提高了抗干扰能力。对于 STM32F103 嵌入式计算机来说,数字量输入输出以 COMS 电平的形式确定。

通断信号经过适当的电路可以转换为高低电平信号,图 5.1 是常用的典型电路,按键开关一端接地,另一端经过上拉电阻接到电源。按键松开时,产生高电平信号;按键按下时,产生低电平信号。这实际上是一个电阻分压电路:开关断开时,开关的等效电阻远大于上拉电阻,分压接近电源电压;开关导通时,开关的等效电阻远小于上拉电阻,分压接近地电压。按照图示参数,如果采用 3.3 V 电源,在开关导通时会产生约 30 μA 的电流。由这样的按键开关可以构成小键盘,如遥控器、电话机等所用的小键盘。在电路板上,还可以用这种方式实现配置选项,比如前面所述 BOOT1、BOOT0,按键开关可以换成“跳线帽”或“琴键开关”。

为了简化外围电路,可以将上拉电阻集成到嵌入式计算机内部,如图 5.2 所示,就成为“接地/开路”信号电路,简称“地/开”信号电路。“接地”时产生低电平,“开路”时在上拉电阻的作用下产生高电平。集电极开路 OC 信号或漏极开路 OD 信号也属于这种类型。这种形式通常保持“常开”状态,对于 MCU 是高电平输入;一旦导通,则表明电平发生了变化,对于 MCU 是低电平输入。

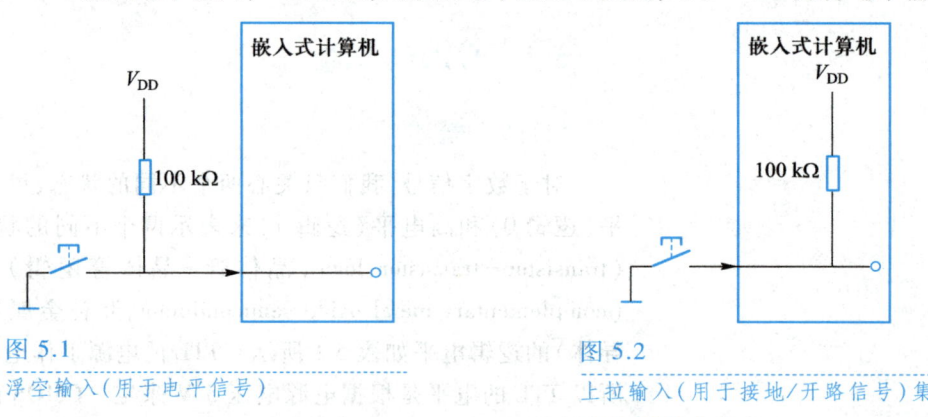

图 5.1
浮空输入(用于电平信号)

图 5.2
上拉输入(用于接地/开路信号)集成到 MCU 内部

还有一类信号,比如飞机的起落架已放下,我们需要确保这个状态是可信的。这时,采用图 5.3 所示“电源/开路”信号,导通“电源”时产生高电平;“开路”时,在下拉电阻的作用下产生低电平。这种形式在处于某个关键状态(比如起落架已放下并锁定)时保持“常闭”状态,对于嵌入式计算机是高电平输入；一旦退出这个状态（比如起落架解锁）或线路断线，则变成"开路"状态，对于嵌入式计算机是低电平输入。

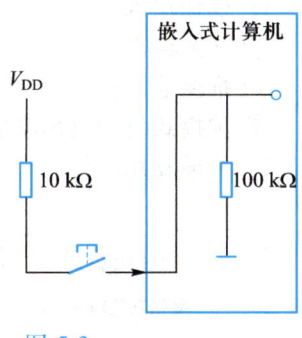

图 5.3

下拉输入（用于电源/开路信号）

数字量输入信号选用规则简单总结为：信号有高有低，选择浮空输入；信号有通有断，根据导通时的电平，"开路"时选择相反的电平，导通时接地，则选上拉输入；导通时接电源，则选下拉输入。

输出数字量信号有两种类型：

（1）图 5.4 为**推挽输出**（push-pull），嵌入式计算机对外供电。接电源时为"推"，输出高电平，供应电流；接地时为"挽"，输出低电平，吸收电流。推挽输出可以直接驱动小功率器件，如 LED。一个嵌入式计算机的推挽输出可以接入到另一个嵌入式计算机的浮空输入，在两个嵌入式计算机之间单向传递信号。

（2）图 5.5 为**开漏输出**（open-drain），由嵌入式计算机外部的电源供电。在接地时，外部电路构成回路，仅仅起到一个电子开关的作用。一个嵌入式计算机的开漏输出可以接到另一个嵌入式计算机的上拉输入，在两个嵌入式计算机之间单向传递信号。

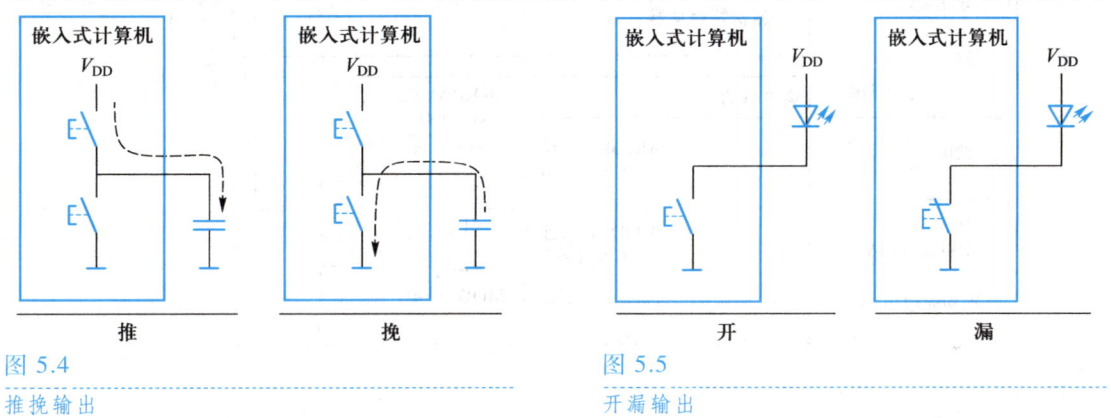

图 5.4

推挽输出

图 5.5

开漏输出

STM32F103 嵌入式计算机的 GPIO 引脚，在推挽输出时最大可以输出 8 mA，开漏输出时最大灌入 20 mA。多个 GPIO 使用时，要保证所有引脚电流之和不能超过 150 mA。如果要驱动较大功率的器件，需要经过晶体管或放大器放大。

5.1.2　输入输出功能

STM32F103 嵌入式计算机的 GPIO 模块全称为"通用与复用功能输入输出端口"，即 general purpose and alternate-function I/O（GPIOs and AFIO）。这些 I/O 端口除了作为数字量输入、输出使用外，还可以作为其他功能使用，如 PWM 输出。I/O 端口分为 7 组（A~G），每组 I/O 端口有 16 位，对应 16 个 I/O 引脚，最多可以有 112 个 I/O 引脚，但是对于不同封装的嵌入式计算机来说，不一定全部采用这些 I/O 引脚。图 5.6 所示为 GPIO 通道的基本结构。所有 GPIO 端口都有外部中断能力。为了使用外部中断，I/O 引脚必须配置为输入模式。具体的外部中断操作将在第 6 章中介绍。GPIO 端口的每一个 I/O 引脚都可以独立地由软件配置成如下 8 种模式：

① 输入浮空；

② 输入上拉；

③ 输入下拉；

④ 模拟输入；

⑤ 开漏输出；

⑥ 推挽输出；

⑦ 推挽式复用输出功能；

⑧ 开漏复用功能。

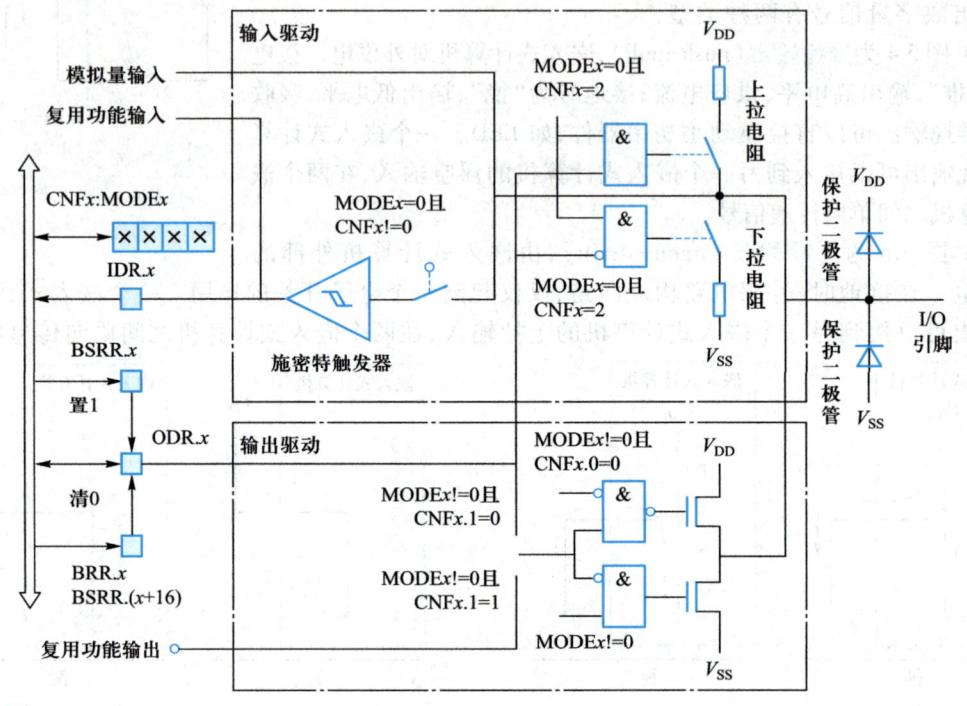

图 5.6

GPIO 通道的基本结构

端口配置寄存器用来配置每个端口的输入和输出模式。端口配置寄存器包括低位寄存器 (GPIOx_CRL) 和高位寄存器 (GPIOx_CRH)，其中，x 的取值为 A、B、C、D、E、F、G。低位寄存器用来配置端口的低 8 位引脚，高位寄存器用来配置端口位的高 8 位引脚。每个 I/O 端口占用端口配置寄存器的 4 个位：高 2 位为 CNF，低 2 位为 MODE。用于工作模式设置时，端口配置寄存器描述分别如表 5.2 和表 5.3 所示。

表 5.2 GPIO 端口配置寄存器低位 (CRL)

31	30	29	28	27	26	25	24	23	22	21	20	19	18	17	16	15	14	13	12	11	10	9	8	7	6	5	4	3	2	1	0
CNF7		MODE7		CNF6		MODE6		CNF5		MODE5		CNF4		MODE4		CNF3		MODE3		CNF2		MODE2		CNF1		MODE1		CNF0		MODE0	
R/W	R/W	R/W	R/W	R/W	R/W	R/W	R/W	R/W	R/W	R/W	R/W	R/W	R/W	R/W	R/W	R/W	R/W	R/W	R/W	R/W	R/W	R/W	R/W	R/W	R/W	R/W	R/W	R/W	R/W	R/W	R/W

MODEx CNFx	port mode bits 模式:0=输入;1/2/3=输出,限速 10/2/50 MHz; port configuration bits 配置: 输入:0/1/2=模拟量/浮空(默认)/上拉或下拉; 输出:0/1/2/3=通用推挽/通用开漏/复用推挽/复用开漏

表 5.3　GPIO 端口配置寄存器高位(CRH)

31	30	29	28	27	26	25	24	23	22	21	20	19	18	17	16	15	14	13	12	11	10	9	8	7	6	5	4	3	2	1	0
CNF15		MODE15		CNF14		MODE14		CNF13		MODE13		CNF12		MODE12		CNF11		MODE11		CNF10		MODE10		CNF9		MODE9		CNF8		MODE8	
R/W	R/W	R/W	R/W	R/W	R/W	R/W	R/W	R/W	R/W	R/W	R/W	R/W	R/W	R/W	R/W	R/W	R/W	R/W	R/W	R/W	R/W	R/W	R/W	R/W	R/W	R/W	R/W	R/W	R/W	R/W	R/W

在复位期间及复位完成后,复用功能(AF)未激活,I/O 端口配置默认为浮空输入模式(CNFx[1:0]=01b,MODEx[1:0]=00b)。复位后,JTAG 引脚处于输入上拉或下拉配置模式:

① PA15(JTDI):上拉;

② PA14(JTCK):下拉;

③ PA13(JTMS):上拉;

④ PB4(NJTRST):上拉。

当 I/O 引脚被配置为通用输出功能时,写到输出数据寄存器(GPIOx_ODR)中的值输出到相应的引脚上。输出数据寄存器(GPIOx_ODR)的描述如表 5.4 所示。端口输出数据寄存器只用了低 16 位。从该寄存器读出来的数据可以用于判断当前 I/O 端口的输出状态。端口输出数据寄存器(GPIOx_ODR)同时还可以在配置为输入模式下,设置是采用上拉电阻模式还是下拉电阻模式,置 1 表明为上拉电阻模式,置 0 表明为下拉电阻模式。

表 5.4　输出数据寄存器(GPIOx_ODR)

31	30	29	28	27	26	25	24	23	22	21	20	19	18	17	16	15	14	13	12	11	10	9	8	7	6	5	4	3	2	1	0
保留																ODR															
0	0	0	0	0	0	0	0	0	0	0	0	0	0	0	0	R/W	R/W	R/W	R/W	R/W	R/W	R/W	R/W	R/W	R/W	R/W	R/W	R/W	R/W	R/W	R/W

示例:将端口 PA0 设置为上拉输入模式,PA1 设置为推挽输出(50 MHz),代码如下:

```
GPIOA->CRL &=0XFFFFFF00;        //对应为清 0,不影响其他位
GPIOA->CRL |=0X00000038;        //PA0 输入,PA1 输出
GPIOA->ODR=1<<0;                //PA0 上拉
```

当 I/O 引脚被配置为通用输入功能,输入数据寄存器(GPIOx_IDR)在每个 APB2 时钟周期捕获 I/O 引脚上的数据。通过读取 GPIOx_IDR 可以获得 I/O 引脚的状态。由于每组端口共 16 位,端口输入数据寄存器的高 16 位保留不用,低 16 位值分别对应端口的 16 个 I/O 引脚状态。该寄存器是只读寄存器,并且只能进行字访问。输入数据寄存器的描述如表 5.5 所示。

表 5.5　输入数据寄存器(GPIOx_IDR)

31	30	29	28	27	26	25	24	23	22	21	20	19	18	17	16	15	14	13	12	11	10	9	8	7	6	5	4	3	2	1	0
保留																IDR															
0	0	0	0	0	0	0	0	0	0	0	0	0	0	0	0	R	R	R	R	R	R	R	R	R	R	R	R	R	R	R	R

针对 GPIO 支持的输入、输出工作模式,对比分析如下。

模拟量(analog)输入:用于为 ADC 外设提供输入通道。这种模式下,不能够提供数字量的输入、输出功能,工作原理如图 5.7 所示,典型特性为:

① 禁用输出驱动;

② 断开上拉和下拉电阻;

③ 断开施密特触发器输入;

④ 读 IDR 的相应位总是得到零值;

⑤ 软件设置过程中,CNF、MODE 位域为:0000。

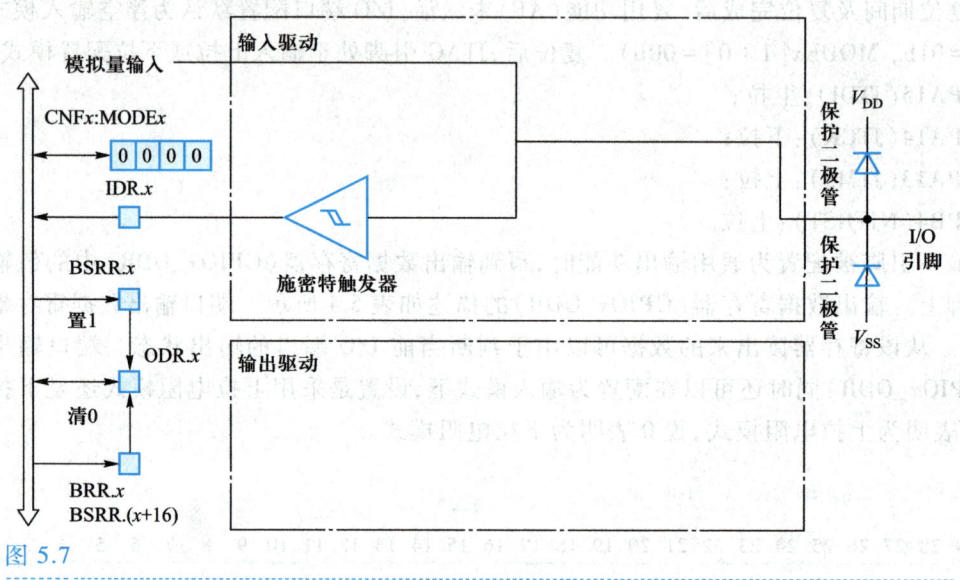

图 5.7

模拟量通道 x 的工作原理图

浮空输入(input floating):用于输入高、低电平信号,工作原理如图 5.8 所示,典型特性为:

① 禁用输出驱动;

② 断开上拉电阻和下拉电阻;

③ 接入施密特触发器输入;

④ 读 IDR.x 得到通道 x 引脚的状态:0 为低电平,1 为高电平;

⑤ 软件设置过程中,CNF、MODE 位域为:0100。

上拉输入(input pull-up):用于输入"接地/开路"信号,下拉输入(input pull-down)通道用于输入"电源/开路"信号,如图 5.9 所示。

图 5.9 描述的具体工作特性为:

① 禁用输出驱动;

② 启用上拉电阻或下拉电阻。写 ODR.x 控制位,控制上拉或下拉的通断,其中,0 代表采用下拉电阻模式,1 代表上拉电阻模式;

③ 接通施密特触发器输入;

④ 读 IDR.x 得到通道 x 引脚的状态:上拉模式时,0 为接地,1 为开路;下拉模式时,0 为开路,1 为接电源。

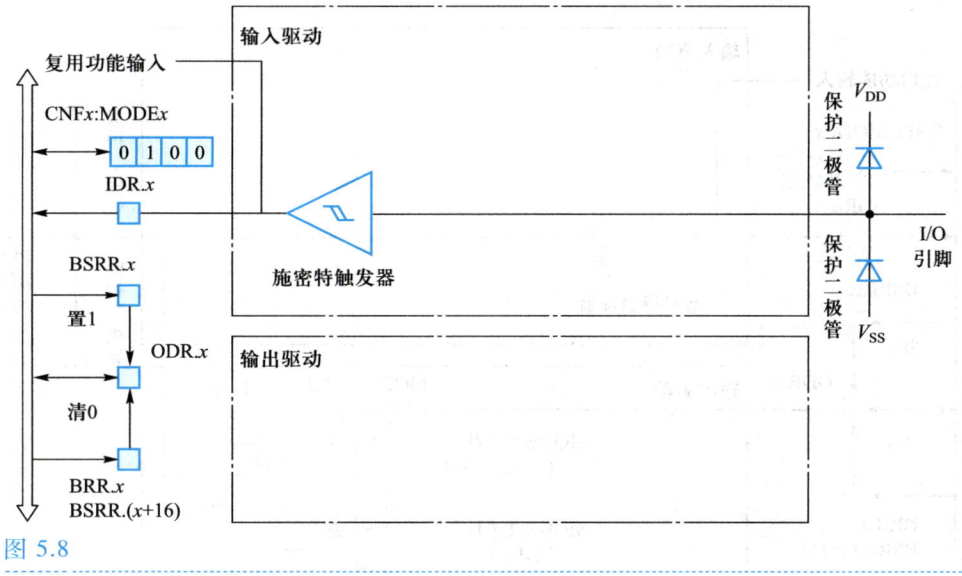

图 5.8

浮空输入通道 x 的工作原理图

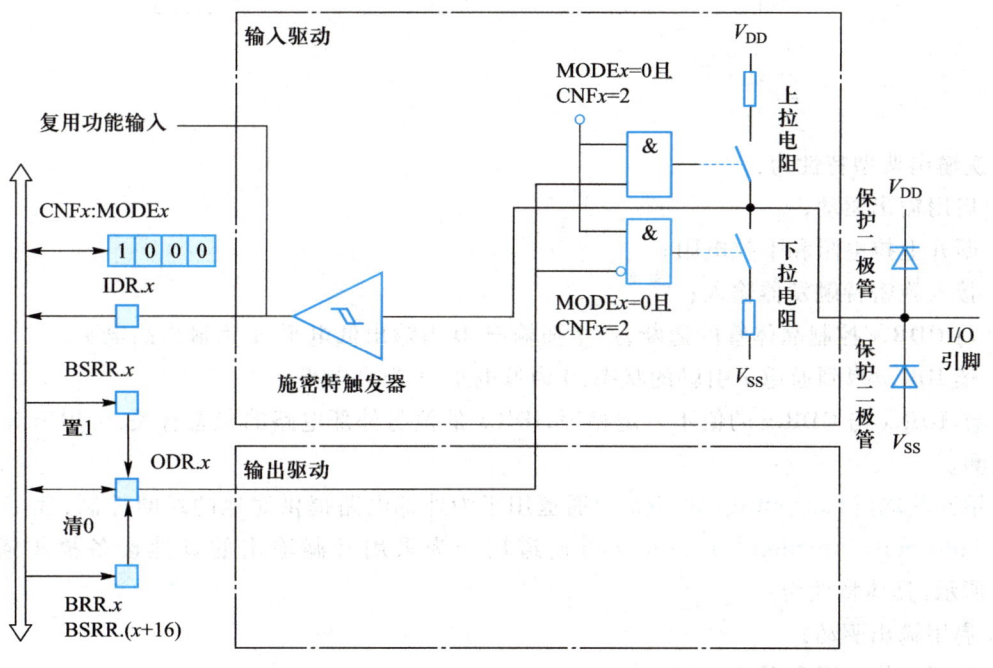

图 5.9

上拉/下拉输入通道 x 的工作原理图

⑤ 软件设置过程中,CNF、MODE 位域为:1000。

通用推挽输出(output push-pull)用于输出高低电平信号。复用功能推挽输出(alternate function push-pull)用于为采用推挽输出的其他设备提供通道。这两种应用对应的结构图如图 5.10 所示。

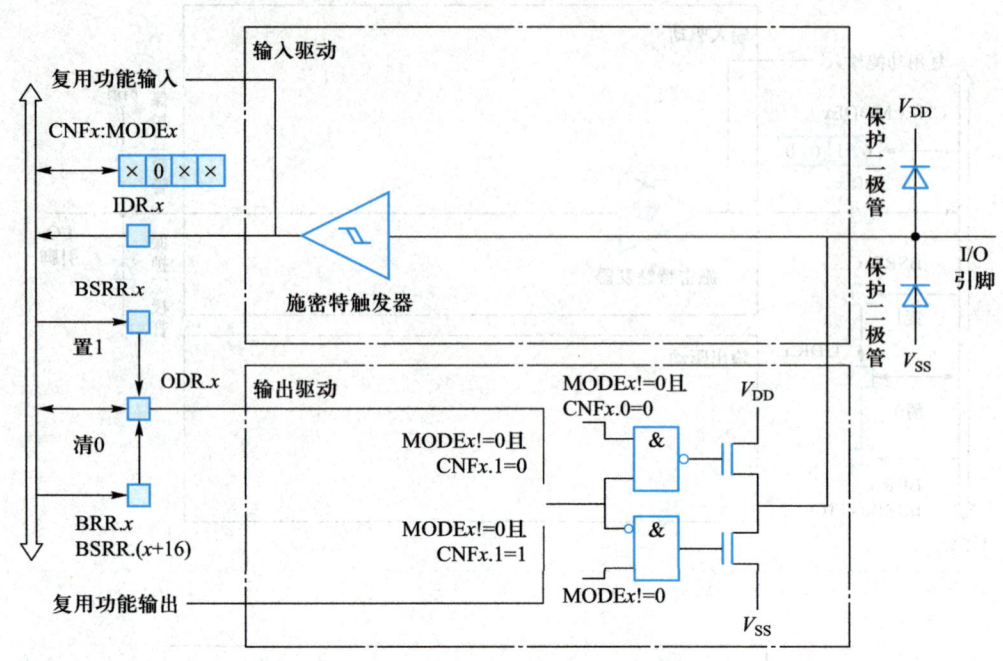

图 5.10
推挽输出通道 x 的结构图

推挽输出典型特性为：

① 启用输出驱动；

② 断开上拉电阻和下拉电阻；

③ 接入施密特触发器输入；

④ 写 ODR.x 控制晶体管的通断，产生强输出：0 为输出低电平，1 为输出高电平；

⑤ 读 IDR.x 得到通道 x 引脚的状态：0 为低电平，1 为高电平。

注意：IDR.x 与 ODR.x 的值不一定相等，IDR.x 的值与外部电路的状态有关，可用于对输出线路的监测。

通用开漏输出（output open-drain）通道用于为外部电路提供对地的通断控制，复用功能开漏输出（alternate function open-drain）通道用于为采用开漏输出的其他设备提供通道，如图 5.11 所示，具体特性为：

① 启用输出驱动；

② 断开上拉电阻和下拉电阻；

③ 启用施密特触发器输入；

④ 写 ODR.x 控制晶体管的通断：0 为导通，1 为开路。

概括说明：除了模拟量通道配置之外，其他通道配置总是接入施密特触发器的输入，可以通过 IDR.x 查看通道 x 的引脚状态。输入模式下，禁用输出驱动。在上拉/下拉输入模式下，ODR.x 控制上拉或下拉的通断。通道 x 的引脚状态仅受外部电路的影响和内部上拉/下拉的影响。输出模式下，上拉/下拉总是断开的，ODR.x 控制 PMOS（仅推挽输出模式）和 NMOS 的通断，产生信

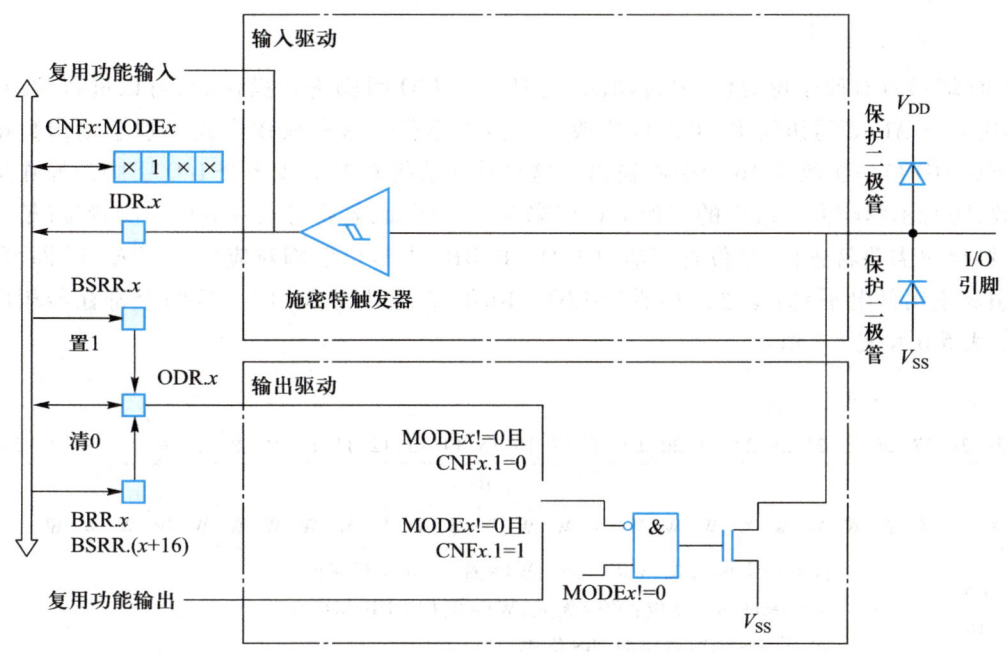

图 5.11
开漏输出通道 x 的配置

号输出。通用输入和复用功能输入总是可以同时使用。通用输出和复用功能输出只能二选一。

5.1.3　复用功能

　　芯片内部除了 GPIO 模块之外,还有大量其他外设模块(如 UART、PWM、SPI、I^2C 等)。这些外设模块也需要占用芯片的引脚。但由于引脚数量有限,通常将 GPIO 模块与其他外设模块共用同一 I/O 引脚,即引脚复用。某一时刻,I/O 引脚或者用于 GPIO 功能,或者用于其他外设模块。当端口位被配置为复用功能输出时,引脚与数据输出寄存器(GPIOx_ODR)断开,同时与片上外设的输出信号连接。如果把一个 GPIO 引脚配置为复用功能输出,但相应的片上外设并未激活,则输出不确定。

　　使用复用功能之前,必须对端口位配置寄存器进行编程:

　　(1)对于复用功能的输入,端口必须配置为输入模式(浮空、上拉、下拉),同时输入引脚必须有外部驱动。设置过程中,借助于浮空、上拉、下拉,以及外围电路特性分析,存在明确的高、低电平之分。

　　(2)对于复用功能的输出,端口必须配置为复用功能输出模式(推挽、开漏)。一般应用中,设置为推挽输出。

　　STM32F103 系列嵌入式计算机的复用功能有别于其他系列嵌入式计算机。使用过程中,不需要专门通过寄存器配置,说明使用 I/O 功能、复用功能,只需要依据使用特性,进行端口特性设置即可。

5.1.4 原子位操作

GPIO 端口具有原子位置位、复位功能,当对某一 I/O 引脚进行操作时,可以进行位级操作,即在单次原子 APB2 写访问中,可以仅修改一个或多个位。这种操作模式有别于输出数据寄存器(GPIOx_ODR)一次改变 16 个引脚输出。这个功能使得对单个或多个 I/O 引脚的操作更为简单、高效,同时不影响同一端口的其他 I/O 引脚状态。例如,需要对某一 I/O 引脚置位(输出高电平)时,则仅仅需要将置位/复位寄存器(GPIOx_BSRR)中与该引脚对应的位写入"1"即可实现;反之(引脚输出低电平)向复位寄存器(GPIOx_BRR)相应位写入"1"。这两个寄存器相应位的意义,如表 5.6 和表 5.7 所示。

表 5.6 GPIO 端口置位/复位寄存器 BSRR

31	30	29	28	27	26	25	24	23	22	21	20	19	18	17	16	15	14	13	12	11	10	9	8	7	6	5	4	3	2	1	0
BR																BS															
W	W	W	W	W	W	W	W	W	W	W	W	W	W	W	W	W	W	W	W	W	W	W	W	W	W	W	W	W	W	W	W

BS BR	port set bits 置位:W0=无效;W1=置位 ODR 相应位 port reset bits 复位:W0=无效;W1=复位 ODR 相应位 注:与 BS 同时置位时,BS 优先

表 5.7 GPIO 端口复位寄存器 BRR

31	30	29	28	27	26	25	24	23	22	21	20	19	18	17	16	15	14	13	12	11	10	9	8	7	6	5	4	3	2	1	0
保留																BR															
0	0	0	0	0	0	0	0	0	0	0	0	0	0	0	0	W	W	W	W	W	W	W	W	W	W	W	W	W	W	W	W

BR	port reset bits 复位:W0=无效;W1=复位 ODR 相应位

5.1.5 锁定机制

锁定机制允许冻结 I/O 配置。当某个端口位上执行了锁定(LOCK)序列,其配置在嵌入式计算机复位之前将不能再被软件修改。锁定机制由端口配置锁定寄存器(GPIOx_LCKR)实现,描述如表 5.8 所示。当对 GPIOx_LCKR 的位 16(LCKK)执行正确的写序列操作后,锁定端口位的配置状态,其状态直到器件复位之前都不能再被修改。位 LCKR[15:0]的值用于锁定 GPIO 配置,在写序列期间,LCKR[15:0]的值必须保持不变。每一位 LCKy 锁定位冻结配置寄存器(CRL,CRH)的相应 4 位。

表 5.8 端口配置锁定寄存器(GPIOx_LCKR)

31	30	29	28	27	26	25	24	23	22	21	20	19	18	17	16	15	14	13	12	11	10	9	8	7	6	5	4	3	2	1	0
保留															LCKK	LCKy															
0	0	0	0	0	0	0	0	0	0	0	0	0	0	0	0	R/W	R/W	R/W	R/W	R/W	R/W	R/W	R/W	R/W	R/W	R/W	R/W	R/W	R/W	R/W	R/W

各位定义如下：

① 位[31：17]：保留；

② 位 LCKK[16]：锁定键，该位随时可读，只能使用锁定键写序列修改。

0：端口配置锁定未激活；

1：端口配置锁定被激活，GPIOx_LCKR 在器件复位之前一直被锁定。锁定键写序列：写 1-写 0-写 1-读 0-读 1。

③ 低 16 位 LCKy：端口 x 锁定位 y(y=0~15)，可读可写，并且只能在 LCKK 为 0 时可写。

0：端口配置未锁定；

1：端口配置锁定。

5.2　GPIO 典型应用

5.2.1　输出应用

已知 STM32F103 系列嵌入式计算机的 PA0 引脚外接一个 LED，高电平点亮 LED，编写程序，使 LED 循环亮灭。

1. 分析

为了驱动 LED，PA0 需设置为输出模式；输出信号能够直接改变 LED 状态，这需要配置为推挽输出。同时，要使 LED 循环亮灭，PA0 需要不断输出高低电平，两次输出之间需要加软件延时，以便观察。

时钟系统提供给内部各个外设模块的时钟可以分别通过 APB1 外设时钟使能寄存器（APB1ENR）、APB2 外设时钟使能寄存器（APB2ENR）操作进行关闭和打开。在使用每个外设的过程中，都需要将相应的时钟信号打开。

在使用 GPIO 之前，先要使能对应 GPIO 的时钟。GPIO 都是挂在 APB2 总线上的，所以需要通过 APB2 外设时钟使能寄存器（APB2ENR）使能时钟。这个寄存器各个位域的定义如表 5.9 所示。7 个端口分别对应不同的使能位。

表 5.9　APB2 外设时钟使能寄存器（APB2ENR）功能位定义

位域	标识符	功能描述
31~16	保留	没有意义
15	ADC3EN	ADC3 接口时钟使能。1：开启；0：关闭
14	USART1EN	USART1 时钟使能。1：开启；0：关闭
13	TIM8EN	定时器 8 时钟使能。1：开启；0：关闭
12	SPI1EN	SPI1 时钟使能。1：开启；0：关闭
11	TIM1EN	定时器 1 时钟使能。1：开启；0：关闭
10	ADC2EN	ADC2 接口时钟使能。1：开启；0：关闭
9	ADC1EN	ADC1 接口时钟使能。1：开启；0：关闭
8	IOPGEN	GPIO 端口 G 时钟使能。1：开启；0：关闭
7	IOPFEN	GPIO 端口 F 时钟使能。1：开启；0：关闭
6	IOPEEN	GPIO 端口 E 时钟使能。1：开启；0：关闭

位域	标识符	功能描述
5	IOPDEN	GPIO 端口 D 时钟使能。1:开启;0:关闭
4	IOPCEN	GPIO 端口 C 时钟使能。1:开启;0:关闭
3	IOPBEN	GPIO 端口 B 时钟使能。1:开启;0:关闭
2	IOPAEN	GPIO 端口 A 时钟使能。1:开启;0:关闭
1	保留	没有意义
0	AFIOEN	第二功能时钟使能。1:开启;0:关闭

2. 程序实现

程序代码如下:

```
#include "stm32f10x.h"
/*********************PA0 配置*********************/
void LED_Init(void)
{
  RCC->APB2ENR|=1<<2;
  GPIOA->CRL &=0xfffffff0;
  GPIOA->CRL |=0x00000003;
}
/*********************延时函数*********************/
void dly(void)
{
  unsigned int i,j;
  for(i=0;i<100;i++)
  {  for(j=0;j<5000;j++)
    {  ;
    }
  }
}
/*********************主函数*********************/
void main(void)
{
  LED_Init();
  while(1)
  {
    GPIOA->ODR |=1<<0;
    dly();
    GPIOA->ODR &=~(1<<0);
    dly();
  }
}
```

3. 仿真运行

在 MDK 环境下，程序编译、连接成功后，进入 Debug 调试模式，如图 5.12 所示。

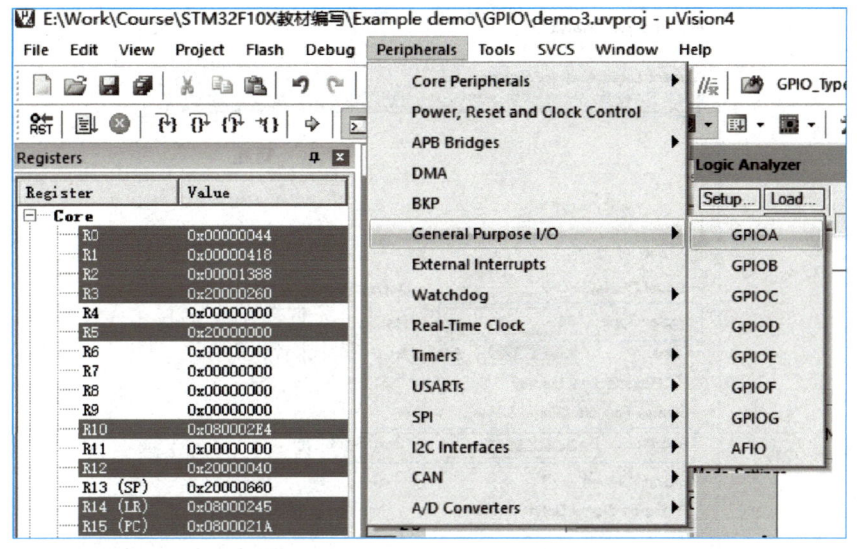

图 5.12
运 行 界 面

打开 PORTA 外设界面后，运行程序，可以看到 PA0 的连续变化情况，如图 5.13 所示。

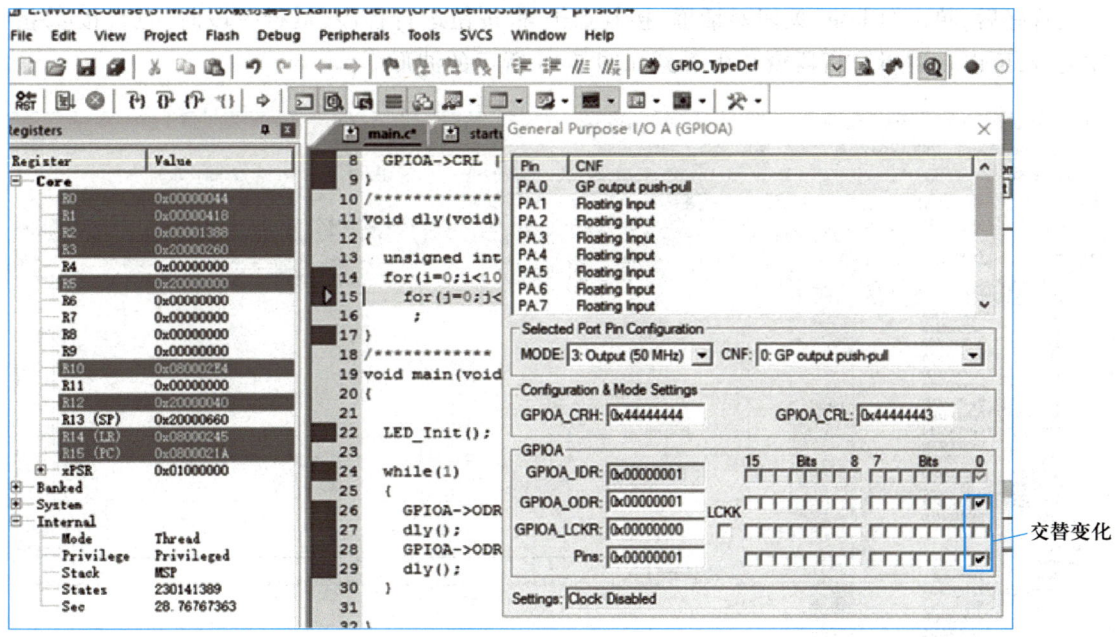

图 5.13
PA0 的连续变化情况

在 MDK 中,还可以使用逻辑分析器观察程序仿真运行结果。先按 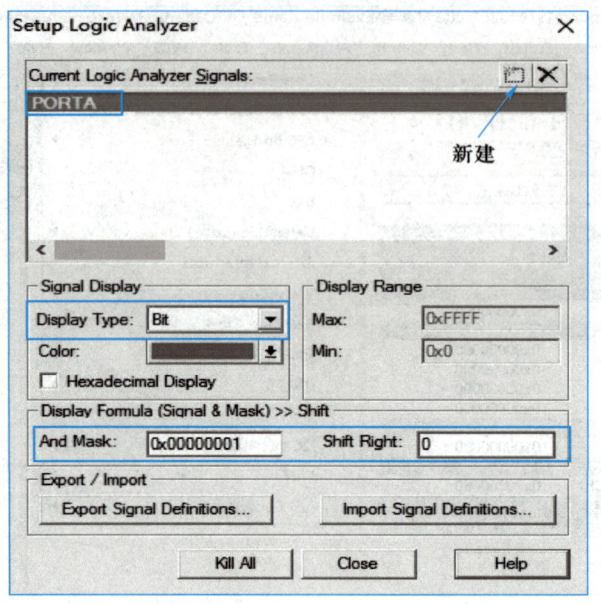 按钮开始仿真,接着按 按钮打开逻辑分析器,点击"Setup",新建一个信号"PORTA.0",如图 5.14 所示。

图 5.14

逻辑分析器设置

设置好后,单击"Close"关闭对话框,接着点击 按钮运行程序,运行一段时间后,按 按钮暂停运行,可以在逻辑分析器窗口中看到如图 5.15 所示的波形。

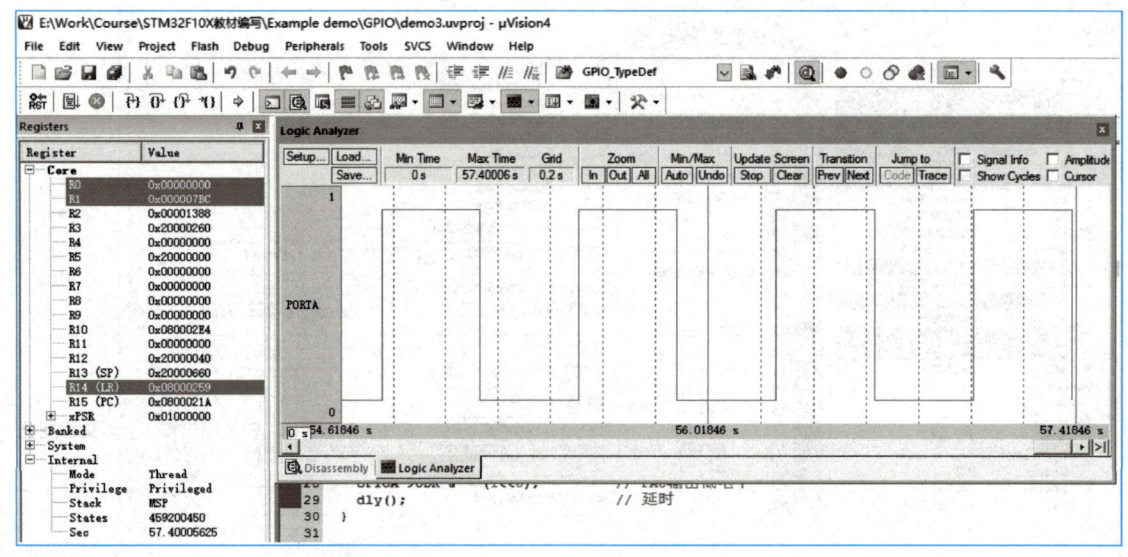

图 5.15

逻辑分析器中 PA0 的仿真波形

5.2.2　输入应用

在上例的基础上,本节在 STM32F103 系列嵌入式计算机的 PA1 引脚上外接一个按键,按键按下为高电平,LED 点亮;按键松开为低电平,LED 熄灭。实现这个功能的硬件电路如图 5.16 所示。

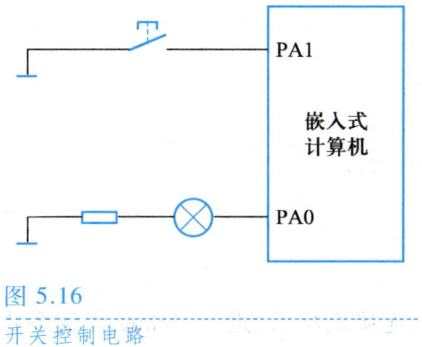

图 5.16

开关控制电路

1. 分析

PA0 依然设置为推挽输出模式;PA1 设置为上拉输入模式;当按键按下时,读入 PA1 的状态,根据 PA1 的状态,PA0 输出为高或者低电平,以驱动 LED。

2. 程序实现

程序代码如下:

```
#include "stm32f10x.h"
/********************端口模式配置********************/
void LED_KEY_Init(void)
{
  RCC->APB2ENR|=1<<2;
  GPIOA->CRL &=0xffffff00;
  GPIOA->CRL|=0x00000083;
  GPIOA->ODR|=1<<1;
}
/********************延时函数********************/
void dly(void)
{
  unsigned int i,j;
  for(i=0;i<100;i++)
    {for(j=0;j<5000;j++)
    {;  }
    }
}
/********************主函数********************/
void main(void)
```

```
{
  unsigned int key;
  LED_KEY_Init();
  while(1)
  {
    dly();
    key=GPIOA->IDR &(1<<1);
    if(key==0x02)
        GPIOA->ODR|=1<<0;
    else
        GPIOA->ODR &=~(1<<0);
  }
}
```

3. 仿真运行

在 MDK 环境下,程序编译、连接成功后,进入 Debug 调试模式。如图 5.17 所示,打开逻辑分析器设置界面并配置。

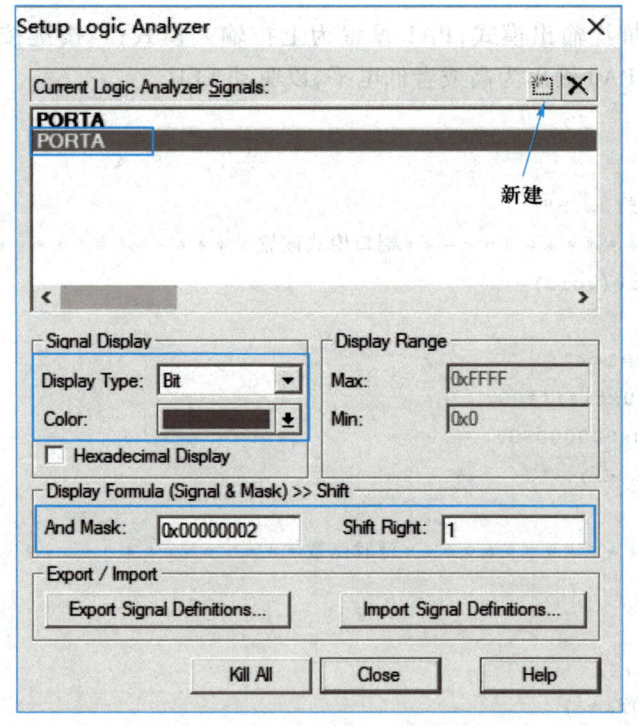

图 5.17
逻辑分析器设置界面

关闭逻辑分析器设置界面,在如图 5.18 所示的界面中,将程序断点设置到图中所示位置,程序运行到断点处,在 GPIOA 窗口中点击所示位置(模拟 PA1 引脚),打钩表示为高电平,再运行程序到断点,然后再设置 PA1 为低电平(点击取消打钩),如此反复运行多次,可以看到逻辑分析器窗口上 PA0 随 PA1 的变化情况。

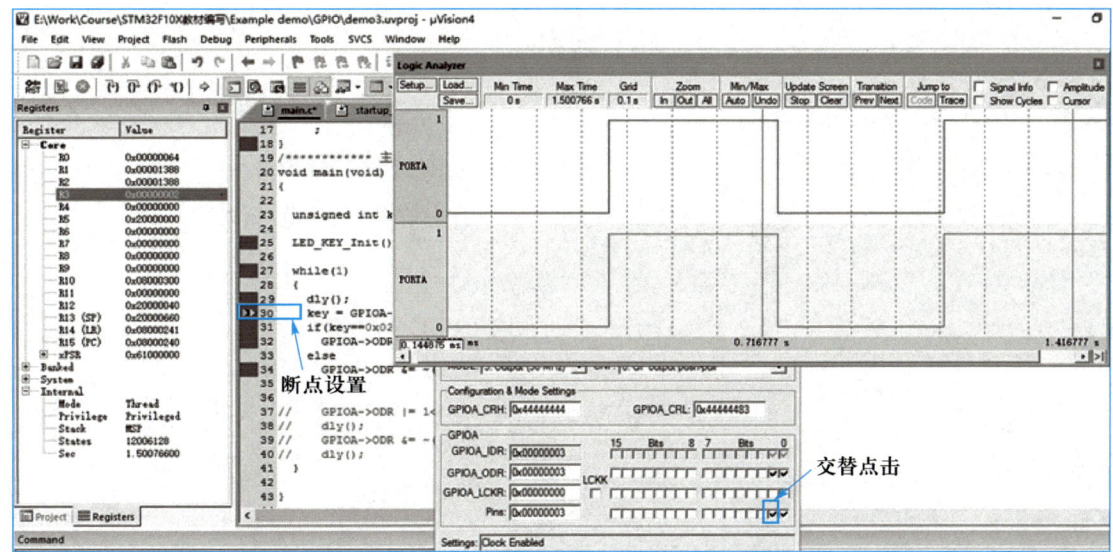

图 5.18

逻辑分析器中 PA0、PA1 的仿真

第 6 章　外部中断

实时性是嵌入式系统应用中一个非常重要的指标。中断是保障实时性的重要手段。早期的嵌入式计算机没有中断的概念。嵌入式计算机对于外设状态的获取只能通过查询方式,这导致了嵌入式计算机运行效率的低下。中断的出现使得嵌入式计算机可以一边工作,一边又能对外设状态的变化及时响应,在满足了系统实时性的前提下提升了运行效率。

6.1　外部中断控制器

外部中断是指中断信号来自嵌入式计算机外部的中断。外部的中断信号需要通过引脚进入芯片内部,被内核响应。STM32F103 系列嵌入式计算机所有数字输入端口都有响应外部中断的能力。为了使用外部中断,芯片引脚必须配置成输入模式。为了解决多个外部中断响应问题,STM32F103 系列嵌入式计算机内部有一个外部中断事件控制器(external interrupt/event controller,EXTI)用于管理中断。EXTI 的功能结构如图 6.1 所示。

EXTI 的主要特性如下:

(1)可以支持 19 个中断,内部有 19 个产生中断请求事件的边沿检测器。

(2)每个中断/事件线都可独立触发和屏蔽。

(3)每个中断线都有专用的状态位。

(4)采用边沿触发模式,可以检测脉宽小于 APB2 时钟周期的外部信号。

(5)每个输入信号既可以产生中断信号,也可以产生事件信号。

图 6.1 中,外部输入的信号可以生成 NVIC 的中断信号,也可以产生以脉冲形式表达的事件信号。从外部激励信号来看,中断和事件的产生信号源都是一样的。但是,中断需要 CPU 参与,通过中断服务程序才能完成中断想要产生的结果,而事件是靠脉冲发生器产生一个脉冲,由硬件自动处理这个事件,如 A/D 转换等。

以外部 I/O 触发 A/D 转换为例,说明两者区别:

(1) 如果使用中断,需要 I/O 触发产生外部中断,利用外部中断服务程序里面的相关代码启动 A/D 转换。

(2) 使用事件通道,I/O 触发产生事件,联动触发 A/D 转换。事件模式不用软件参与 A/D 触发,响应速度快。事件机制提供完全由硬件自动完成的从触发到产生结果的通道,不需要软件的参与,降低了内核的负荷,节省资源,提高响应速度。

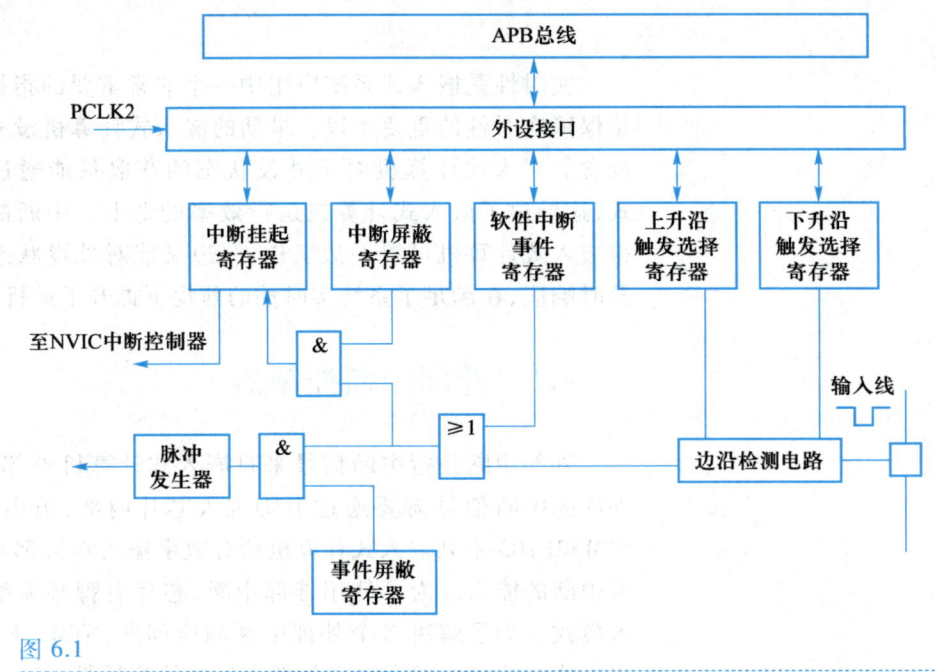

图 6.1
外部中断事件控制器(EXTI)的功能结构

6.2 外部中断源

STM32F103 系列嵌入式计算机的 112 个 GPIO 输入引脚按图 6.2 所示的方式可以进行中断输入配置。每一个数字量输入引脚都可以通过寄存器进行设置,连接到外部中断/事件线上,设置为中断输入信号。中断线的编号与每个 GPIO 端口的编号(0~15)一一对应,每个中断线可以设置为 A、B、C、D、E、F、G 共 7 个端口的任意一个。

除了这 16 类中断输入之外,其他 3 个 EXTI 线不通过外部数字量输入引脚获取激励信号,而是按如下方式连接。

(1) EXTI 线 16 连接 PVD 输出(当芯片的供电电压高于或低于该基准电压时,产生 PVD

信号）。

（2）EXTI 线 17 连接 RTC 的报警事件。

（3）EXTI 线 18 连接 USB 唤醒事件。

为将外部中断/事件线映射到 GPIO 输入引脚,需要通过软件配置外部中断配置寄存器 AFIO_EXTICRx,如表 6.1 所示。其中,x 的取值为 1、2、3、4。

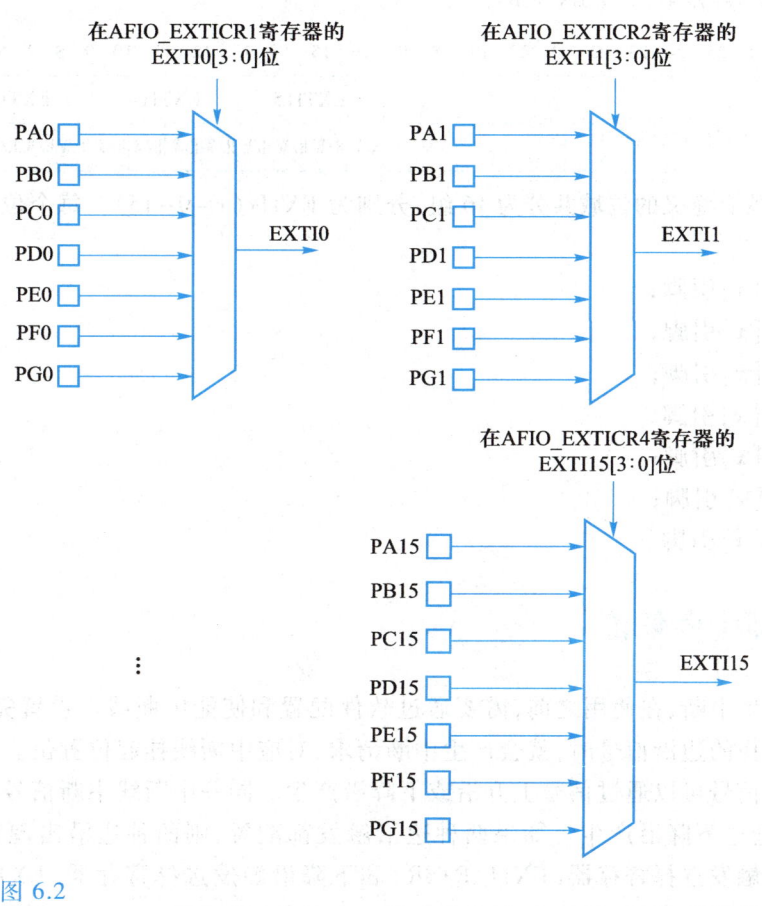

图 6.2
GPIO 引脚的中断输入配置

表 6.1　外部中断配置寄存器组
名称:外部中断配置寄存器 1(AFIO_EXTICR1)

31	30	29	28	27	26	25	24	23	22	21	20	19	18	17	16	15	14	13	12	11	10	9	8	7	6	5	4	3	2	1	0
保留																EXTI3				EXTI2				EXTI1				EXTI0			
																R/W	R/W	R/W	R/W	R/W	R/W	R/W	R/W	R/W	R/W	R/W	R/W	R/W	R/W	R/W	R/W

名称:外部中断配置寄存器 2(AFIO_EXTICR2)

31	30	29	28	27	26	25	24	23	22	21	20	19	18	17	16	15	14	13	12	11	10	9	8	7	6	5	4	3	2	1	0
保留																EXTI7				EXTI6				EXTI5				EXTI4			
																R/W	R/W	R/W	R/W	R/W	R/W	R/W	R/W	R/W	R/W	R/W	R/W	R/W	R/W	R/W	R/W

名称:外部中断配置寄存器 3(AFIO_EXTICR3)

31	30	29	28	27	26	25	24	23	22	21	20	19	18	17	16	15	14	13	12	11	10	9	8	7	6	5	4	3	2	1	0
保留																EXTI11				EXTI10				EXTI9				EXTI8			
																R/W	R/W	R/W	R/W	R/W	R/W	R/W	R/W	R/W	R/W	R/W	R/W	R/W	R/W	R/W	R/W

名称:外部中断配置寄存器 4(AFIO_EXTICR4)

31	30	29	28	27	26	25	24	23	22	21	20	19	18	17	16	15	14	13	12	11	10	9	8	7	6	5	4	3	2	1	0
保留																EXTI15				EXTI14				EXTI3				EXTI2			
																R/W	R/W	R/W	R/W	R/W	R/W	R/W	R/W	R/W	R/W	R/W	R/W	R/W	R/W	R/W	R/W

这四个寄存器有意义的位域共分为 16 组,分别为 $EXTIx(x=0\sim15)$。每个位域 $EXTIx[3:0]$ 的定义如下:

① 0000:PA[x]引脚;

② 0001:PB[x]引脚;

③ 0010:PC[x]引脚;

④ 0011:PD[x]引脚;

⑤ 0100:PE[x]引脚;

⑥ 0101:PF[x]引脚;

⑦ 0110:PG[x]引脚。

6.3 外部中断使能

为了有效产生中断,在使用之前,需要通过软件配置和使能中断线。设置完成后,当外部中断线上出现所选择的边沿信号时,就会产生中断请求,对应中断线挂起位置位。

有效的中断信号可以通过信号上升沿或下降沿产生。同一中断线中断信号既可以通过上升沿产生,也可以通过下降沿产生。如果两种边沿触发都配置,则两种边沿出现都会产生中断请求。通过上升沿触发选择寄存器(EXTI_RTSR)和下降沿触发选择寄存器(EXTI_FTSR)可具体设置每一个中断源触发类型,具体位域定义如表 6.2 和表 6.3 所示。

表 6.2 上升沿触发选择寄存器(EXTI_RTSR)

31	30	29	28	27	26	25	24	23	22	21	20	19	18	17	16	15	14	13	12	11	10	9	8	7	6	5	4	3	2	1	0
保留												TR19	TR18	TR17	TR16	TR15	TR14	TR13	TR12	TR11	TR10	TR9	TR8	TR7	TR6	TR5	TR4	TR3	TR2	TR1	TR0
0	0	0	0	0	0	0	0	0	0	0	0	R/W	R/W	R/W	R/W	R/W	R/W	R/W	R/W	R/W	R/W	R/W	R/W	R/W	R/W	R/W	R/W	R/W	R/W	R/W	R/W

TRx			线 x 的上升触发:0=禁用;1=使能

表 6.3　下降沿触发选择寄存器（EXTI_FTSR）

31	30	29	28	27	26	25	24	23	22	21	20	19	18	17	16	15	14	13	12	11	10	9	8	7	6	5	4	3	2	1	0
保留												TR19	TR18	TR17	TR16	TR15	TR14	TR13	TR12	TR11	TR10	TR9	TR8	TR7	TR6	TR5	TR4	TR3	TR2	TR1	TR0
0	0	0	0	0	0	0	0	0	0	0	0	R/W	R/W	R/W	R/W	R/W	R/W	R/W	R/W	R/W	R/W	R/W	R/W	R/W	R/W	R/W	R/W	R/W	R/W	R/W	R/W
TRx			线 x 的下降触发：0＝禁用；1＝使能

配置事件屏蔽寄存器（EMR）可使能或者屏蔽相应的线事件，如表 6.4 所示。

表 6.4　事件屏蔽寄存器（EMR）

31	30	29	28	27	26	25	24	23	22	21	20	19	18	17	16	15	14	13	12	11	10	9	8	7	6	5	4	3	2	1	0
保留												MR19	MR18	MR17	MR16	MR15	MR14	MR13	MR12	MR11	MR10	MR9	MR8	MR7	MR6	MR5	MR4	MR3	MR2	MR1	MR0
0	0	0	0	0	0	0	0	0	0	0	0	R/W	R/W	R/W	R/W	R/W	R/W	R/W	R/W	R/W	R/W	R/W	R/W	R/W	R/W	R/W	R/W	R/W	R/W	R/W	R/W
MRx			线 x 的事件屏蔽：0＝屏蔽；1＝非屏蔽

配置中断屏蔽寄存器（EXTI_IMR）可使能或者屏蔽相应的外部中断，如表 6.5 所示。

表 6.5　中断屏蔽寄存器（EXTI_IMR）

31	30	29	28	27	26	25	24	23	22	21	20	19	18	17	16	15	14	13	12	11	10	9	8	7	6	5	4	3	2	1	0
保留												MR19	MR18	MR17	MR16	MR15	MR14	MR13	MR12	MR11	MR10	MR9	MR8	MR7	MR6	MR5	MR4	MR3	MR2	MR1	MR0
0	0	0	0	0	0	0	0	0	0	0	0	R/W	R/W	R/W	R/W	R/W	R/W	R/W	R/W	R/W	R/W	R/W	R/W	R/W	R/W	R/W	R/W	R/W	R/W	R/W	R/W
MRx			线 x 的中断屏蔽：0＝屏蔽；1＝非屏蔽

中断/事件请求也可以通过软件产生，向表 6.6 所示的软件中断事件寄存器（SWIER）的相应位写 1，就可以产生相应的请求信号。

表 6.6　软件中断事件寄存器（SWIER）

31	30	29	28	27	26	25	24	23	22	21	20	19	18	17	16	15	14	13	12	11	10	9	8	7	6	5	4	3	2	1	0
保留												SWIER19	SWIER18	SWIER17	SWIER16	SWIER15	SWIER14	SWIER13	SWIER12	SWIER11	SWIER10	SWIER9	SWIER8	SWIER7	SWIER6	SWIER5	SWIER4	SWIER3	SWIER2	SWIER1	SWIER0
0	0	0	0	0	0	0	0	0	0	0	0	R/W	R/W	R/W	R/W	R/W	R/W	R/W	R/W	R/W	R/W	R/W	R/W	R/W	R/W	R/W	R/W	R/W	R/W	R/W	R/W
SWIERx			线 x 的软件中断：R0＝无请求；R1＝有请求；W1＝触发

6.4 外部中断挂起

当外部中断线上发生所配置的边沿事件时(上升沿或下降沿),将会触发中断请求。中断请求标志保存在外部中断挂起寄存器(EXTI_PR)中,如表 6.7 所示。需要清除中断标志时,在对应位写 1 即可。通过查询这个寄存器,同样可以获取有多少中断请求信号需要处理的信息。

表 6.7　外部中断挂起寄存器(EXTI_PR)

31	30	29	28	27	26	25	24	23	22	21	20	19	18	17	16	15	14	13	12	11	10	9	8	7	6	5	4	3	2	1	0
保留												PR19	PR18	PR17	PR16	PR15	PR14	PR13	PR12	PR11	PR10	PR9	PR8	PR7	PR6	PR5	PR4	PR3	PR2	PR1	PR0
												R/W	R/W	R/W	R/W	R/W	R/W	R/W	R/W	R/W	R/W	R/W	R/W	R/W	R/W	R/W	R/W	R/W	R/W	R/W	R/W
PRx			线 x 的待决:R0 = 无待决;R1 = 有待决;W1 = 清除																												

6.5 嵌套向量中断控制器

6.5.1 中断优先级

在 STM32F103 系列嵌入式计算机内部供内核使用的中断,不仅可以通过内核产生,还可以通过如定时器、ADC 等外设模块产生。内核的主要功能是处理数据,不是一直等待响应诸多中断。虽然中断响应实时性比较好,但是并不是中断只要出现,就会被内核立即响应。任何一个中断都会存在如下几种状态:非活动、待决、活动、活动并待决。

嵌入式计算机的多个中断源中,有可能出现两个或两个以上中断源同时发出中断请求的情况。多个中断源同时请求中断时,内核不能同时处理多个中断,必须先确定为哪一个中断源服务。为了解决这个问题,系统引入了中断优先级的机制。中断优先级就是将中断进行编号,便于多个中断同时出现时,内核能够选择一个中断进行响应。内核按照如下原则处理多个中断:

(1) 先处理优先级高的中断请求;

(2) 如果优先级相同,CPU 按查询次序优先处理排在前面的中断;

(3) 正在执行的中断,不能被新的同级或低优先级的中断所打断;

(4) 正在执行的低优先级中断,能被更高优先级的中断所打断。

为了解决多中断源响应和内核数据处理的冲突,在芯片设计过程中,引入了嵌套向量中断控制器(nested vectored interrupt controller, NVIC)。NVIC 控制着整个芯片外设层次中断相关的功能,和内核紧密耦合,如图 6.3 所示。NVIC 控制的中断类型中,不包括内核层次产生的异常。NVIC 进行的中断管理包括:中断优先级分组、中断优先级

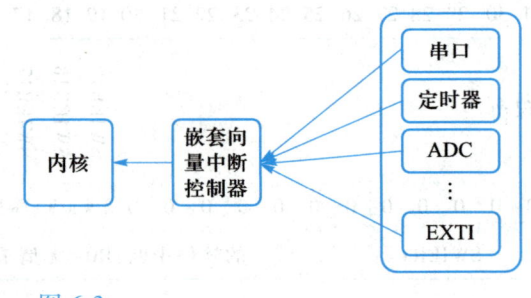

图 6.3

嵌套向量中断控制器的物理逻辑

的配置、挂起中断请求、清除中断请求、使能中断、清除中断。它控制着 STM32F103 系列嵌入式计算机外设产生的多个中断中,哪一个中断会被内核处理。

从设计角度出发,Cortex-M3 内核最多可以支持 256 个中断,其中包含了 16 个内核中断(异常)和 240 个外部中断,并且具有 256 级的自然优先级中断设置。但是,STM32F103 系列嵌入式计算机并没有使用 Cortex-M3 内核全部资源,只采用 16 个内核中断(异常)和 60 个可屏蔽中断。这 60 个可屏蔽中断可以通过 NVIC 进行管理,如表 6.8 所示。

表 6.8　NVIC 可以管理的 60 个可屏蔽中断

NVIC 编号	自然优先级	中断简写	中断名称	中断向量
0	7	WWDG	窗口定时器中断	0x0000 0040
1	8	PVD	选到 EXT1 的电源电压检测中断	0x0000 0044
2	9	TAMPER	侵入检测中断	0x0000 0048
3	10	RTC	实时时钟中断	0x0000 004C
4	11	FLASH	闪存全局中断	0x0000 0050
5	12	RCC	复位和时钟控制中断	0x0000 0054
6	13	EXTI0	EXTI 线 0 中断	0x0000 0058
7	14	EXTI1	EXTI 线 1 中断	0x0000 005C
8	15	EXTI2	EXTI 线 2 中断	0x0000 0060
9	16	EXTI3	EXTI 线 3 中断	0x0000 0064
10	17	EXTI4	EXTI 线 4 中断	0x0000 0068
11	18	DMA 通道 1	DMA1 通道 1 中断	0x0000 006C
12	19	DMA 通道 2	DMA1 通道 2 中断	0x0000 0070
13	20	DMA 通道 3	DMA1 通道 3 中断	0x0000 0074
14	21	DMA 通道 4	DMA1 通道 4 中断	0x0000 0078
15	22	DMA 通道 5	DMA1 通道 5 中断	0x0000 007C
16	23	DMA 通道 6	DMA1 通道 6 中断	0x0000 0080
17	24	DMA 通道 7	DMA1 通道 7 中断	0x0000 0084
18	25	ADC1_ADC2	ADC1 和 ADC2 中断	0x0000 0088
19	26	USB_HP_CAN_TX	USB 高优先级或 CAN 发送中断	0x0000 008C
20	27	USB_LP_CAN_RX0	USB 低优先级或 CAN 接收 0 中断	0x0000 0090
21	28	CAN_RX1	CAN 接收 1 中断	0x0000 0094
22	29	CAN_SCE	CAN SCE 中断	0x0000 0098
23	30	EXTI9_5	EXTI 线[9:5]中断	0x0000 009C

NVIC 编号	自然优先级	中断简写	中断名称	中断向量
24	31	TIM1_BRX	TIM1 制动中断	0x0000 00A0
25	32	TIM1_UP	TIM1 更新中断	0x0000 00A4
26	33	TIM1_TRG_COM	TIM1 触发和通信中断	0x0000 00A8
27	34	TIM1_CC	TIM1 捕获比较中断	0x0000 00AC
28	35	TIM2	TIM2 中断	0x0000 00B0
29	36	TIM3	TIM3 中断	0x0000 00B4
30	37	TIM4	TIM4 中断	0x0000 00B8
31	38	I^2C1_EV	I^2C1 事件中断	0x0000 00BC
32	39	I^2C1_ER	I^2C1 错误中断	0x0000 00C0
33	40	I^2C2_EV	I^2C2 事件中断	0x0000 00C4
34	41	I^2C2_ER	I^2C2 错误中断	0x0000 00C8
35	42	SPI1	SPI1 中断	0x0000 00CC
36	43	SPI2	SPI2 中断	0x0000 00D0
37	44	USART1	USART1 中断	0x0000 00D4
38	45	USART2	USART2 中断	0x0000 00D8
39	46	USART3	USART3 中断	0x0000 00DC
40	47	EXTI15_10	EXTI 线[15：10]中断	0x0000 00E0
41	48	RTC 报警	选到 EXTI 的 RTC 闹钟中断	0x0000 00E4
42	49	USB 唤醒	选到 EXTI 的从 USB 待机唤醒中断	0x0000 00E8
43	50	TIM8_BRX	TIM8 制动中断	0x0000 00EC
44	51	TIM8_UP	TIM8 更新中断	0x0000 00F0
45	52	TIM8_TRG_COM	TIM8 触发和通信中断	0x0000 00F4
46	53	TIM8_CC	TIM8 捕获比较中断	0x0000 00F8
47	54	ADC3	ADC3 中断	0x0000 00FC
48	55	FSMC	FSMC 中断	0x0000 0100
49	56	SDIO	SDIO 中断	0x0000 0104
50	57	TIM5	TIM5 中断	0x0000 0108
51	58	SPI3	SPI3 中断	0x0000 010C
52	59	UART4	UART4 中断	0x0000 0110
53	60	UART5	UART5 中断	0x0000 0114

NVIC 编号	自然优先级	中断简写	中断名称	中断向量
54	61	TIM6	TIM6 中断	0x0000 0118
55	62	TIM7	TIM7 中断	0x0000 011C
56	63	DMA2 通道 1	DMA2 通道 1 中断	0x0000 0120
57	64	DMA2 通道 2	DMA2 通道 2 中断	0x0000 0124
58	65	DMA2 通道 3	DMA2 通道 3 中断	0x0000 0128
59	66	DMA2 通道 4、5	DMA2 通道 4 和 DMA2 通道 5 中断	0x0000 012C

表 6.8 中,第二列给出的是 STM32F103 系列嵌入式计算机在设计过程中,给予相应的自然优先级。自然优先级是内核设计过程中,由 ARM 公司给予的优先级,编号过程包含了内核异常。内核异常优先级高于外设中断优先级。

为了系统设计的灵活性,通过 NVIC 可以改变表中每个中断的优先级。NVIC 设置时,第一列数字 0~59,与具体中断一一对应。

NVIC 进行中断优先级设置过程中,存在抢占式优先级和子优先级两种设置方式,具体区别为:

(1)抢占式优先级。具有高抢占式优先级的中断可以在低抢占式优先级的中断执行过程中被响应,即高抢占式优先级的中断可以打断低抢占式优先级的中断执行过程,进入中断嵌套。

(2)子优先级。这个级别中断典型特性为:

① 在抢占式优先级相同的情况下,有几个子优先级不同的中断同时到来时,高子优先级的中断优先被响应;

② 在抢占式优先级相同的情况下,如果低子优先级中断正在执行,高子优先级的中断要等待已被响应的低子优先级中断执行结束后才能得到响应,即子优先级不支持中断嵌套。

STM32F103 系列嵌入式计算机通过 4 位二进制数设置抢占式优先级和子优先级。应用设计过程中,需要首先设置这 4 个二进制数中,哪几个二进制数决定抢占式优先级,哪几个二进制数决定子优先级,具体需要通过设置 AIRCR(application interrupt and reset control register,应用中断和复位控制寄存器)进行确定。AIRCR 各位域的定义如表 6.9 所示。

表 6.9　AIRCR 各位域的定义

位域	定义
31~16	用于保护此寄存器不会被意外修改。读该寄存器时为 0xFA05;写该寄存器时,必须写 0x05FA,否则写入的数据无效
15	只读。指示端设置,1:大端;0:小端
14~11	保留
10~8	用于设置抢占式优先级和子优先级,分别由 4 个二进制数中的几位组成

位域	定义
7~3	保留
2	请求芯片控制逻辑产生复位
1	清 0 所有异常活动状态
0	复位内核(调试逻辑除外),但是此复位不影响芯片上内核以外的电路

采用 AIRCR 的 8、9、10 位确定 4 个二进制数优先级的过程中,多少位为组优先级,多少位为子优先级,其具体设置如表 6.10 所示。假如写入 0x04 到 AIRCR[10:8]中,优先级设置的 4 位二进制数中,最高 3 位是抢占式优先级,最低 1 位是子优先级。在这种设计模式下,有 8 个抢占式优先级和 2 个子优先级可以进行设置。

表 6.10 优先级分组设置

数值	分配情况	抢占式优先级和子优先级数目	组号
7	0:4	0 个抢占优先级,16 个子优先级	第 0 组
6	1:3	2 个抢占优先级,8 个子优先级	第 1 组
5	2:2	4 个抢占优先级,4 个子优先级	第 2 组
4	3:1	8 个抢占优先级,2 个子优先级	第 3 组
0、1、2、3	4:0	16 个抢占优先级,0 个子优先级	第 4、5、6、7 组,常采用 3 配置

6.5.2 NVIC 寄存器

NVIC 进行中断管理主要通过设置 NVIC 寄存器进行。Cortex-M3 内核采用的 NVIC 寄存器,如表 6.11 所示。考虑到 STM32F103 系列嵌入式计算机只采用了 60 个中断,对应寄存器位域设置过程中只有 0~59 有效。

表 6.11 NVIC 寄存器

偏移	寄存器值	31 30 29 28 27 26 25 24 23 22 21 20 19 18 17 16 15 14 13 12 11 10 9 8 7 6 5 4 3 2 1 0		
000	ISER0 0000 0000	SETENA[31:0]		
004	ISER1 0000 0000	SETENA[63:32]		
008	ISER2 0000 0000	保留		SETENA[80:64]
080	ICER0 0000 0000	CLRENA[31:0]		
084	ICER1 0000 0000	CLRENA[63:32]		

偏移	寄存器值	31 30 29 28 27 26 25 24	23 22 21 20 19 18 17 16	15 14 13 12 11 10 9 8	7 6 5 4 3 2 1 0
088	ICER2 0000 0000	保留		CLRENA[80:64]	
100	ISPR0 0000 0000	SETPEND[31:0]			
104	ISPR1 0000 0000	SETPEND[63:32]			
108	ISPR2 0000 0000	保留		SETPEND[80:64]	
180	ICPR0 0000 0000	CLRPEND[31:0]			
184	ICPR1 0000 0000	CLRPEND[63:32]			
188	ICPR2 0000 0000	保留		CLRPEND[80:64]	
200	IABR0 0000 0000	ACTIVE[31:0]			
204	IABR1 0000 0000	ACTIVE[63:32]			
208	IABR2 0000 0000	保留		ACTIVE[80:64]	
300	IPR0 0000 0000	IP3	IP2	IP1	IP0
304	IPR1 0000 0000	IP7	IP6	IP5	IP4
…	…	…	…	…	…
31C	IPR19 0000 0000	IP79	IP78	IP77	IP76
320	IPR20 0000 0000	保留			IP80
E00	STIR 0000 0000	保留			INITD

STM32F103 系列嵌入式计算机采用了 Cortex-M3 内核的 NVIC 寄存器,用于管理 60 个外设产生中断。这些寄存器的位域定义与表 6.8 定义的 NVIC 编号相对应。这些寄存器具体包括:

① 中断使能寄存器(interrupt set-enable registers)ISER0、ISER1。ISER0 的 bit0~31 分别对应中断 0~31。ISER1 的 bit0~27 对应中断 32~59。要使能某个中断,就必须设置相应的 ISER 位为 1,使该中断被使能。

② 中断清除寄存器(interrupt clear-enable registers)ICER0、ICER1。该寄存器的作用与 ISER 相反。通过操作 ICER 来清除中断位,而不是向 ISER 位写 1。NVIC 的寄存器写 1 有效,写 0 无效。各个位域与具体中断源的对应关系,与中断使能寄存器的定义一致。

③ 中断挂起控制寄存器(interrupt set-pending registers)ISPR0、ISPR1。通过置 1 可以将正在进行的中断挂起,执行同级或者更高级别的中断。各个位域与具体中断源的对应关系,与中断使能寄存器的定义一致。

④ 中断解挂控制寄存器(interrupt clear-pending registers)ICPR0、ICPR1。通过置 1 可以将正在挂起的中断进行解挂。各个位域与具体中断源的对应关系,与中断使能寄存器的定义一致。

⑤ 中断激活标志位寄存器(interrupt active-bit registers)IABR0、IABR1。这是一个只读寄存器。通过读取该寄存器的状态,可以知道当前在执行的中断是哪一个。在中断执行完后,硬件自动清 0。各个位域与具体中断源的对应关系,与中断使能寄存器的定义一致。

⑥ 中断优先级控制寄存器,共有 15 个,即 IPR0、IPR1、…、IPR14。每个寄存器都被分为独立操作的 4 个 8 位位域。每个 8 位位域用于设置 1 个中断优先级。这样总共可以表示 15×4＝60 个中断。IPR0 的 31~24、23~16、15~8、7~0 位分别对应中断 3~0;IPR1 的 31~24、23~16、15~8、7~0 位分别对应中断 7~4;依此类推。在利用 8 位位域进行优先级设置的过程中,只采用了高 4 位。这 4 位中,高半部分为抢占式优先级设置,低半部分为子优先级设置。高半部分多少位用于抢占式优先级设置,低半部分多少位用于子优先级设置,由 AIRCR 的 8、9、10 号位对应数值确定。

6.5.3　NVIC 的典型应用

利用 NVIC 进行中断管理,需要通过如下步骤进行初始化:

(1)设置 AIRCR 中 8~10 位域,规定抢占式优先级和子优先级的位数,即中断分组设置。

(2)在 NVIC 寄存器组的 ISER 寄存器,允许相应的中断通道。

(3)设置中断通道的抢占式优先级和子优先级。

中断分组设计过程中,主要分配抢占式优先级和子优先级各占多少有效二进制位,典型的子函数如下所示。

```
void MY_NVIC_PriorityGroupConfig(u8 NVIC_Group)
{
    u32 temp,temp1;
    temp1=(~NVIC_Group)&0x07;
    temp1<<=8;
    temp=SCB->AIRCR;
    temp&=0x0000F8FF;
```

```
    temp|=0x05FA0000;
    temp|=temp1;
    SCB->AIRCR=temp;
}
```

这个子函数分析如下：

（1）NVIC_Group 为需要设置的组号，为这个子函数的输入变量，可以选择 0、1、2、3、4。组号对应优先级的个数，具体定义参考表 6.10 给出的关系。

（2）利用 temp1=(~NVIC_Group)&0x07 和 temp1<<=8，将要设置的 SCB->AIRCR 的 8、9、10 号位数值存放在变量 temp1 中。这里面利用了组号和设置位域之和为 7 这个数学关系。

（3）temp=SCB->AIRCR 和 temp&=0x0000F8FF 功能为，将需要设置的位域设置为 1，且保留该寄存器原来的配置。在寄存器配置过程中，当前语句一般不能改变其余系统对应设置，所以经常采用**与**、**或**的逻辑操作关系。

（4）考虑到写 0x05FA 到高 16 位，才能保证写入 SCB->AIRCR 数据有效，否则写入将被忽略。temp|=0x05FA0000，用于完成 AIRCR 高 16 位设置。这个特性由 AIRCR 寄存器自身的特性决定。

优先级设置主要通过操作中断优先级控制寄存器，进行抢占式优先级和子优先级设置。中断使能可以采用中断使能寄存器进行相应的中断使能。该部分的设置可以通过如下子函数实现。

```
void MY_NVIC_Init(u8 NVIC_PreemptionPriority,u8 NVIC_SubPriority,u8 NVIC_Channel,
u8 NVIC_Group)
{
    u32 temp;
    MY_NVIC_PriorityGroupConfig(NVIC_Group);
    temp=NVIC_PreemptionPriority<<(4-NVIC_Group);
    temp|=NVIC_SubPriority&(0x0f>>NVIC_Group);
    temp&=0xf;
    NVIC->ISER[NVIC_Channel/32]|=(1<<NVIC_Channel%32);
    NVIC->IP[NVIC_Channel]|=temp<<4;
}
```

上述子函数分析如下：

（1）函数的输入变量中，NVIC_PreemptionPriority 为抢占式优先级编号，NVIC_SubPriority 为子优先级设置编号，NVIC_Group 为分组设置，NVIC_Channel 为需要设置的中断编号，与具体的中断源对应。优先级在设置过程中不仅需要设置分组，而且需要设置这个中断在具体分组模式下，对应的抢占式优先级级别以及子优先级级别。

（2）在采用 Keil 设计程序过程中，存在头文件，通过结构体定义了 NVIC 经常采用的寄存器。通过这个结构体可以方便地进行寄存器操作。利用 NVIC->ISER[0]、NVIC->ISER[1]就可以操作中断使能寄存器。

（3）NVIC_Channel 不是 0~59 之间的数值。这是因为在 stm32f10x.h 头文件中，采用枚举方式定义了中断名称和中断号之间的关系。采用这种枚举定义模式，能够直接通过中断名称进行设置,对应的枚举定义方式如下。

```
typedef enum IRQn
{
  NonMaskableInt_IRQn=-14,
  MemoryManagement_IRQn=-12,
  BusFault_IRQn=-11,
  UsageFault_IRQn=-10,
  SVCall_IRQn=-5,
  DebugMonitor_IRQn=-4,
  PendSV_IRQn=-2,
  SysTick_IRQn=-1,
  WWDG_IRQn=0,
  PVD_IRQn=1,
  TAMPER_IRQn=2,
  RTC_IRQn=3,
  FLASH_IRQn=4,
  RCC_IRQn=5,
  EXTI0_IRQn=6,
  EXTI1_IRQn=7,
  ......
  DMA2_Channel4_5_IRQn=59,
}IRQn_Type;
```

(4) 利用 NVIC->ISER[NVIC_Channel/32]|=(1<<NVIC_Channel%32),完成相应的使能中断。

(5) 设置中断优先级控制器,主要设置对应通道号的高 4 位。这 4 位位域的高位部分为抢占式优先级,低半部分为子优先级。temp=NVIC_PreemptionPriority<<(4−NVIC_Group)用于设置抢占式优先级。temp|=NVIC_SubPriority&(0x0f>>NVIC_Group)用于设置子优先级部分。NVIC 结构体中,定义了多个 8 位无符号型 IP 变量,用于设置优先级。语句 NVIC->IP[NVIC_Channel]用于设置通道号为 NVIC_Channel 的中断优先级。

6.5.4　中断使能

在 STM32F103 系列嵌入式计算机中断过程存在三级中断屏蔽控制:内核层次中断屏蔽控制、NVIC 层次中断屏蔽控制、外设层次中断屏蔽控制。

内核层次中,通过 PRIMASK 寄存器、BASEPRI 寄存器进行中断屏蔽设置。在使用 60 个中断的过程中,需要利用指令 CPSI 0,将 PRIMASK 寄存器设置为 0,进行使能中断。BASEPRI 寄存器用于屏蔽优先级低于某一阈值的中断,若设置为 0,则不屏蔽任何中断。

NVIC 层次采用中断使能寄存器,借助于中断编号进行每一个外部中断的使能。

在外设层次,如果使用中断,则需要设置相应寄存器的对应位,进行使能。如在外部中断使用过程中,应通过配置中断屏蔽寄存器(EXTI_IMR)进行相应使能,以便于对应事件出现后,能够向 NVIC 产生一个中断请求信号。

6.5.5 中断服务子程序

为了方便中断服务程序设计,Keil 开发环境设计了相应的库函数,方便进行程序开发。以外部中断 EXTI0 为例,直接在下面函数体部分,用代码描述中断事件出现。其中,EXTI->PR = 1 << 0 用于中断标志清 0。一般情况下,中断服务程序的最后一句用于清除中断标志。

```
void EXTI0_IRQHandler(void)
{
  //函数体
  EXTI->PR=1<<0;
}
```

EXTI0 中断服务函数的地址是 0x00000058。这意味着如果触发了外部中断 EXTI0,就从 0x00000058 开始执行。在 HAL 库函数中,在 0x00000058 的位置采用如下语句:

```
DCD   EXTI0_IRQHandler
```

在 0x00000058 的位置放置了 EXTI0_IRQHandler( ) 的对应代码段首地址。

通过这种模式,定义了一个名称。这些名称就是中断函数入口的地址。用这些名称来代替具体的地址值,有两个好处:

(1) 一是编程简化,通过这种方式,直接在 EXTI0_IRQHandler( ) 子函数里面编写程序代码就可以;

(2) 二是由于不同芯片的入口初始地址可能不同,用名字代替可以提高程序代码的可移植性。STM32F103 系列嵌入式计算机中断服务程的名称都是"xxx_IRQHandler( )"格式,其中,xxx 与具体中断类型相关。

6.6 外部中断应用

STM32F103 系列嵌入式计算机的每个 GPIO 引脚都可以作为中断输入。要将其配置为外部中断输入,需要进行以下工作:

(1) GPIO 口配置为输入。外部中断输入的 I/O 口状态可以设置为上拉/下拉输入,也可以设置为浮空输入。但浮空的时候,外部一定要带上拉或者下拉电阻,否则可能导致不停地触发中断。具体采用哪一种 GPIO 输入模式,取决于中断信号高、低电平表达方式。

(2) 使能 GPIO 复用,配置 GPIO 口与中断线的映射。GPIO 口与中断线的对应关系需要配置外部中断配置寄存器 AFIO_EXTICR。由于外部中断不属于数字量输入、输出功能,而是属于复用功能,配置前应先开启复用时钟,然后配置 GPIO 口与中断线的对应关系,这样才能将外部中断与中断线连接起来。

(3) 使能相应中断线的中断/事件,设置触发条件。触发条件可以配置成上升沿触发,下降沿触发,或者任意电平变化触发,但是不能配置成电平触发,同时要使能中断线上的中断。

(4) 配置中断分组,并使能中断。只有对 NVIC 进行了配置并使能,CPU 才能响应中断,否则不会触发中断。

(5) 编写中断服务函数。在中断服务函数里面要编写中断信号出现后,需要 CPU 执行的操作代码。

完成以上步骤,就可以正常使用外部中断。

示例:在 STM32F103RC 的 PA0 引脚上外接一个按键,PA1 引脚上外接一个 LED,按键按一次,LED 亮,再按一次,LED 灭……如此循环亮灭。

分析:本示例通过按键触发外部中断,在中断服务程序中对 LED 的亮灭进行控制,在外部中断服务程序中对 PA1 的输出取反,进而控制 LED 的亮灭。

程序代码如下:

```
#include "stm32f10x.h"
/ * * * * * * * * * * * * * * * * * * * * * 端口模式配置 * * * * * * * * * * * * * * * * * * * * * * /
void LED_KEY_Init(void)
{
  RCC->APB2ENR|=1<<2;
  GPIOA->CRL&=0XFFFFFF00;
  GPIOA->CRL|=0X00000038;
}
/ * * * * * * * * * * * * * * * * * * * * 外部中断配置函数 * * * * * * * * * * * * * * * * * * * * * * /
void Ex_NVIC_Config(u8 GPIOx,u8 BITx,u8 TRIM)
{
  u8 EXTADDR;
  u8 EXTOFFSET;
  EXTADDR=BITx/4;
  EXTOFFSET=(BITx%4)*4;
  RCC->APB2ENR|=0x01;
  AFIO->EXTICR[EXTADDR]&=~(0x000F<<EXTOFFSET);
  AFIO->EXTICR[EXTADDR]|=GPIOx<<EXTOFFSET;
  EXTI->IMR|=1<<BITx;
  if(TRIM&0x01)EXTI->FTSR|=1<<BITx;
  if(TRIM&0x02)EXTI->RTSR|=1<<BITx;
}
/ * * * * * * * * * * * * * * * * * * * NVIC 分组函数 * * * * * * * * * * * * * * * * * * * * * * /
void MY_NVIC_PriorityGroupConfig(u8 NVIC_Group)
{
  u32 temp,temp1;
  temp1=(~NVIC_Group)&0x07;
  temp1<<=8;
  temp=SCB->AIRCR;
  temp&=0X0000F8FF;
  temp|=0X05FA0000;
  temp|=temp1;
  SCB->AIRCR=temp;
}
```

```
/******************* NVIC 设置函数********************/
void MY_NVIC_Init(u8 NVIC_PreemptionPriority,u8 NVIC_SubPriority,u8 NVIC_Channel,
u8 NVIC_Group)
  {
    u32 temp;
    MY_NVIC_PriorityGroupConfig(NVIC_Group);
    temp=NVIC_PreemptionPriority<<(4-NVIC_Group);
    temp |=NVIC_SubPriority&(0x0f>>NVIC_Group);
    temp&=0xf;
    NVIC->ISER[NVIC_Channel/32] |=(1<<NVIC_Channel% 32);
    NVIC->IP[NVIC_Channel] |=temp<<4;
  }
/********************外部中断 0 服务函数********************/
void EXTI0_IRQHandler(void)
  {
  static unsigned char flg=1;
   if(flg==1)
     {
        GPIOA->ODR |=1<<1;
        flg=0;
     }
   else
     {
        GPIOA->ODR &=~(1<<1);
        flg=1;
     }
   EXTI->PR=1<<0;
  }
/********************主函数********************/
void main(void)
  {
    LED_KEY_Init();
    Ex_NVIC_Config(0,0,2);
    MY_NVIC_Init(2,2,EXTI0_IRQn,2);
    while(1);
  }
```

本示例中,void Ex_NVIC_Config(u8 GPIOx,u8 BITx,u8 TRIM)为外部中断设置函数。第一
个参数为选择哪一个端口作为中断输入;第二个参数选择每个端口中具体哪一位作为输入使用;
第三个参数为触发模式选择。这个函数设置过程中,用到两个结构体:

(1)外部中断 EXTI 控制结构体:

```
typedef struct
```

```
{
    u32 IMR;        //中断屏蔽寄存器
    u32 EMR;        //事件屏蔽寄存器
    u32 RTSR;       //上升沿触发选择寄存器
    u32 FTSR;       //下升沿触发选择寄存器
    u32 SWIER;      //软件中断事件寄存器
    u32 PR;         //中断挂起寄存器
}EXTI_TypeDef;
```

（2）I/O 口复用配置寄存器 EXTICR 结构体

```
typedef struct
{
    u32 EVCR;//事件控制寄存器,用于设置用哪一个 GPIO 引脚输出事件信号。
    u32 MAPR;//复用重映射和调试 I/O 配置寄存器
    u32 EXTICR[4];//外部中断配置寄存器
} AFIO_TypeDef;
```

在 MDK 环境下,程序编译、连接成功后,进入 Debug 调试模式,设置好逻辑分析器,连续运行函数,程序运行仿真结果如图 6.4 所示。仿真界面中,在程序连续运行的状态下,不断点击 PA0 引脚(模拟 PA0 输入电平的变化),可以看到按键波形和 LED 波形的变化。按键的每一次上升沿都会引起 LED 的状态反转一次,与程序设计目标一致。

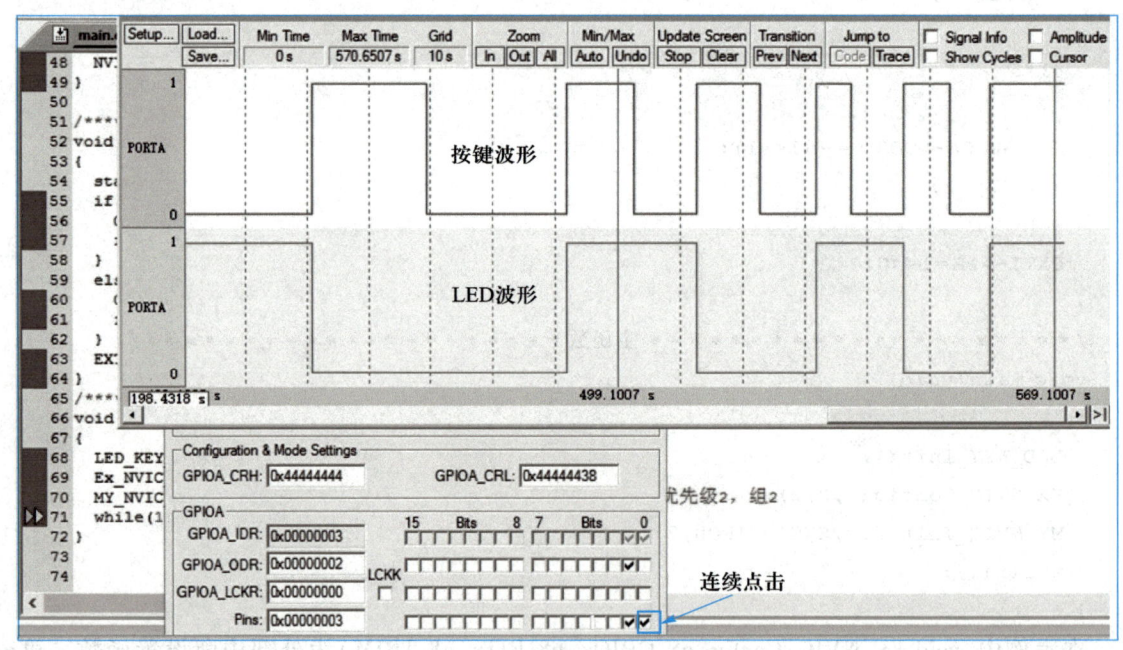

图 6.4
程序运行仿真结果

第 7 章　定时器

定时器在嵌入式计算机的功能实现中是必不可少的外设,可用作定时功能,实现定时检测、定时响应和定时控制,其应用范围非常广泛,比如测量输入信号的脉宽、频率,对输入脉冲信号进行计数,对电动机进行 PWM 控制,以及周期性地执行某项任务等。计时和计数最终都是通过计数实现。如果计数事件源是周期性固定脉冲,则可以实现定时功能,否则只能实现计数功能。STM32F103 系列嵌入式计算机内部集成了多个功能强大的定时器,服务于嵌入式系统设计。

7.1　定时器概述

STM32F103 系列嵌入式计算机根据型号的不同,内部集成了不同种类和数量的定时器,分别为:

（1）基本定时器（TIM6 和 TIM7）:没有任何输入输出,既可用于时基定时器,也可用于触发 ADC 外设;

（2）通用定时器（TIM2~TIM5）:可用于输出比较、单脉冲模式、输入捕获、数字传感器信号采集（编码器和霍尔传感器）等;

（3）高级定时器（TIM1 和 TIM8）:此类定时器的功能最多。除通用功能外,还包含一些与电机控制和数字能量转换应用相关的功能,包括三个带死区控制的互补输入信号,以及紧急关断输入。

这些定时器都是完全独立的,没有可互相共享的任何资源,因此可以独立使用,互不影响。STM32F103 系列嵌入式计算机的三种类型定时器特性对比如表 7.1 所示。

表 7.1　定时器特性对比

功能		基本定时器	通用定时器	高级定时器
计数器位数		16	16	16
计数方式		递增	递增、递减、双向	递增、递减、双向
DMA		有	有	有
通道数		0	4	4
输入捕获		无	有	有
输出比较		无	有	有
单脉冲模式		无	有	有
编码器输入		无	有	有
霍尔传感器输入		无	有	有
同步	主配置	有	有	有
	从配置	无	有	有
互补信号死区控制		无	无	有
紧急关断输入		无	无	有

7.2　定时器的主要特点

由于高级定时器功能强大,通用定时器和基本定时器都可以作为其功能子集。本章以 TIM1 高级定时器为例,介绍定时器的相关内容。基本定时器主要由一个可编程预分频器(PSC)驱动的 16 位自动装载计数器(CNT)构成。使用定时器预分频器和 RCC 时钟控制器预分频器,可以调整定时器的计时基准信号频率。

TIM1 定时器的功能如下:

(1) 16 位的定时器,计数器的值在 0~65 535 之间变化。

(2) 工作模式可以通过软件进行设置,支持三种计数模式:向上、向下、向上/向下自动计数工作模式。

(3) 16 位可编程预分频器,支持通过软件对来自 APB2 总线的计数器工作时钟信号进行 1~65 536 分频。TIM1 的时钟信号来源于 APB2 总线。

(4) 4 个独立通道,可配置为:

① 输入捕获;

② 输出比较;

③ PWM 产生;

④ 单次脉冲模式输出。

(5) 具有可编程死区功能。

(6) 具有同步电路,可将多个定时器连接,支持主/从配置工作模式。

(7) 重复计数器可在给定的计数器周期后更新计数器寄存器,构成二级计数功能。

(8) 在计数器更新、输入捕获、输出比较等事件发生时可产生中断请求或 DMA 数据传输请求。

（9）支持针对电机应用的增量（正交）编码器和霍尔传感器。

高级定时器的内部结构如图 7.1 所示。图中，左侧的引脚为输入引脚；右侧为比较工作模式应用下的输出引脚。

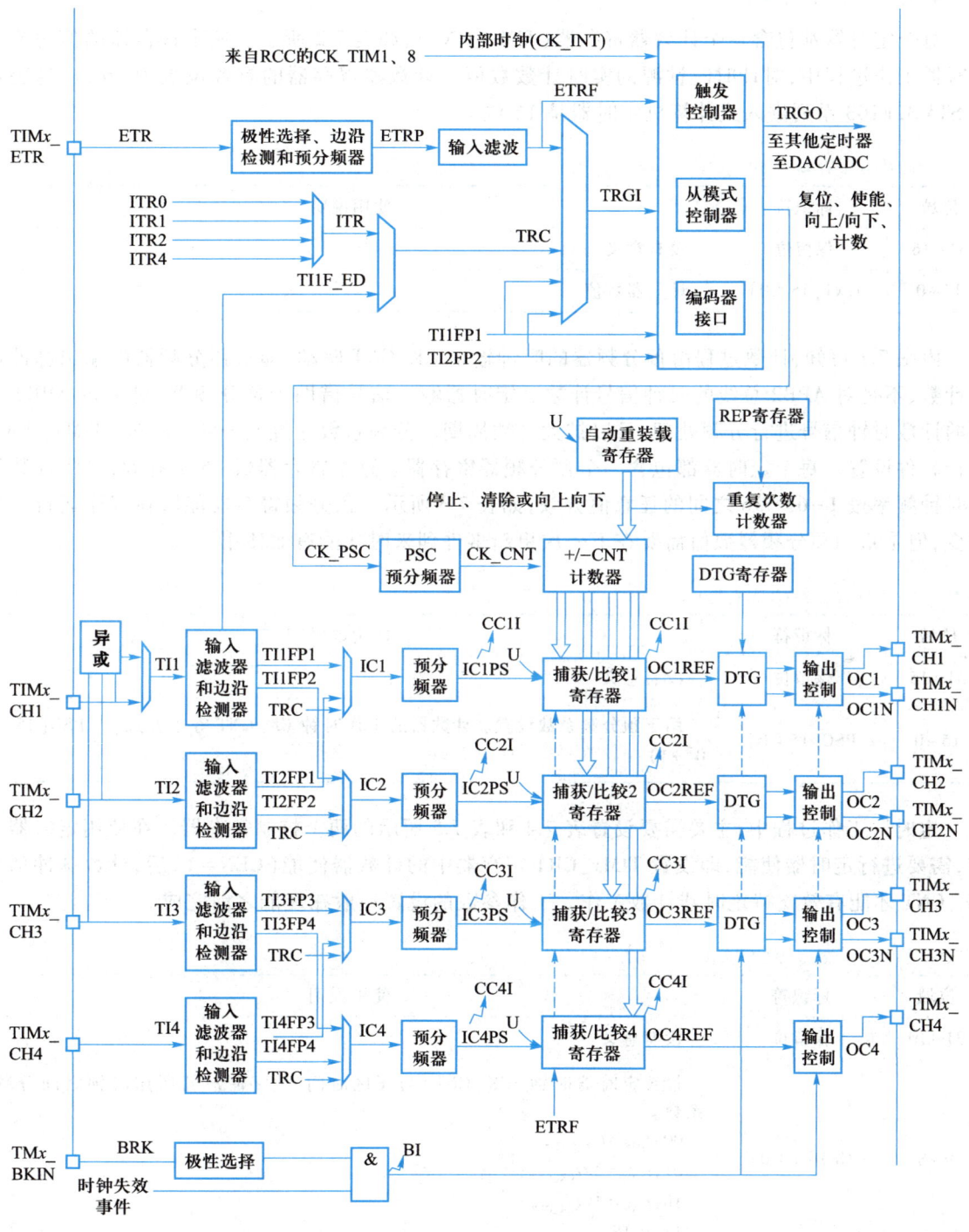

图 7.1

高级定时器的内部结构

7.3 定时器的工作特性

7.3.1 基本原理

每个定时器都包含一个计数器寄存器(TIMx_CNT),如表 7.2 所示。这个寄存器的值为当前定时器工作过程中,对计时时钟源的实时计数数值。计数器寄存器的有效位数为 16 位,这决定了 STM32F103 系列嵌入式计算机定时器是 16 位。

表 7.2 计数器寄存器(TIMx_CNT)

位域	标识符	使用说明
31～16	保留位	没有意义
15～0	CNT[15:0]	计数器数值

由图 7.1 可知,计数过程由预分频器的时钟输出 CK_CNT 驱动,即对预分频器的输出脉冲进行计数,不是对 APB2 总线的时钟信号计数。定时器输入信号借助于预分频器,对来自 APB2 总线的计数时钟信号进行分频处理,可以扩大计数周期。分频系数通过预分频寄存器(TIMx_PSC)进行软件设置。每个定时器都包含一个预分频器寄存器。这个寄存器低 16 位有效,可将计数器的时钟频率按 1～65 536 之间的任意值分频,如表 7.3 所示。预分频寄存器能够在程序运行时被改变,但是新的预分频器数值需要在下一次更新事件到来时才能有效使用。

表 7.3 预分频寄存器(TIMx_PSC)

位域	标识符	使用说明
31～16	保留位	没有意义
15～0	PSC[15:0]	用于预分频系数设置。计数器的工作时钟 CK_CNT 等于 $f_{CK\_PSC}/(PSC[15:0]+1)$

定时器工作过程中,主要需要设置表 7.4 和表 7.5 所示的两个控制寄存器。在使用定时器之前,需要进行定时器使能,即设置 TIMx_CR1 寄存器中的计数器使能(CEN＝1)后,计数脉冲信号 CK_CNT 才能有效支持定时器计数工作。工作参数的设置一般在使能之前完成。

表 7.4 控制寄存器 1(TIMx_CR1)

位域	标识符	使用说明
31～10	保留位	没有意义
9～8	CKD[1:0]	设置定时器时钟(CK_CNT)与死区时间、数字滤波器所用时钟之间分频系数。 00: $t_{DTS}=t_{CK\_CNT}$; 01: $t_{DTS}=2\times t_{CK\_CNT}$; 10: $t_{DTS}=4\times t_{CK\_CNT}$; 11: 保留

位域	标识符	使用说明
7	ARPE	设置自动重装载寄存器(TIMx_ARR)是否使用缓冲装载功能。 0:不使用; 1:使用
6~5	CMS[1:0]	设置单方向计数模式,以及中央对齐模式下,何种事件产生比较中断。 00:边沿对齐模式。计数器采用向上计数模式或向下计数模式。 01、10、11,三种数值分别表征计数器工作在中央对齐模式下,配置为输出通道的输出比较中断标志位,在计数器何种工作状态时被置位,具体为01:向下计数;10:向上计数;11:向上和向下计数
4	DIR	当计数器配置为中央对齐模式或编码器模式时,该位用于指示计数器的计数方向。 0:向上计数; 1:向下计数
3	OPM	发生更新事件时,计数器的工作状态设置。 0:不停止; 1:停止
2	URS	更新中断或DMA请求时,该位用于设置请求源。 0:请求源为计数器溢出/下溢、软件设置UG位、从模式控制器产生的更新事件; 1:请求源为计数器溢出/下溢
1	UDIS	设置更新(UEV)事件是否产生。 0:允许UEV事件产生; 1:禁止UEV事件产生,但是计数器产生溢出、下溢时,计数器和预分频计数器归零不受影响
0	CEN	定时器的使能位。 0:禁止; 1:使能

表7.5 控制寄存器2(TIMx_CR2)

位域	标识符	使用说明
31~15	保留位	没有意义
14	OIS4	这7位分别代表各个输出通道空闲时,OC、OCN的输出状态。 0:当MOE=0时,OCx、OCxN输出为0; 1:当MOE=0时,OCx、OCxN输出为1。 注:当LOCK级编程为1、2或3时,这个位不能修改。对于互补输出,输出信号变化需经过死区时间进行延时
13	OIS3N	
12	OIS3	
11	OIS2N	
10	OIS2	
9	OIS1N	
8	OIS1	

位域	标识符	使用说明
7	TI1S	选择 TI1 的输出信号。 0:TIMx_CH1 引脚连到 TI1; 1:TIMx_CH1、TIMx_CH2 和 TIMx_CH3 引脚信号经**异或**后连到 TI1
6~4	MMS[2:0]	选择在主模式下送到从定时器的同步信息。 000:TIMx_EGR 寄存器的 UG 位作为触发; 001:计数器使能信号 CNT_EN 作为触发; 010:更新事件被选为触发。 011:发生一次捕获或一次比较匹配,输出触发信号。 100:OC1REF 信号作为触发。 101:OC2REF 信号作为触发; 110:OC3REF 信号作为触发; 111:OC4REF 信号作为触发
3	CCDS	设置捕获/比较 DMA 请求信号。 0:发生 CCx 事件; 1:发生更新事件
2	CCUS	CCPC=1 选择预装载时,设置是否限制仅当置位 COM 位时才更新。这个位只作用于有互补输出的通道。 0:只能通过 COM 位设置实现更新; 1:COM 位设置、TRGI 上出现上升沿都可以更新
1	保留位	没有意义
0	CCPC	设置 CCxE、CCxNE 和 OCxM 位是否采用预装载功能。 0:否; 1:使用

定时器工作过程中,计数到什么程度,即计数器寄存器(TIMx_CNT)的值从什么数值开始减小或增加到什么数值,取决于自动装载寄存器(TIMx_ARR)的数值。这个寄存器的位域定义如表 7.6 所示。

表 7.6　自动装载寄存器(TIMx_ARR)

位域	标识符	使用说明
31~16	保留位	没有意义
15~0	ARR[15:0]	这个数值为计数器寄存器工作过程中所能够计到的最大的数值

定时器工作的时钟频率为

$$f_{\text{timer}} = \frac{f_{\text{APB}}}{\text{TIM}x\_\text{PSC}+1}$$

定时器定时周期可以表示为

$$T = \frac{\text{TIM}x\_\text{PSC}+1}{f_{\text{APB}}} \times (\text{TIM}x\_\text{ARR}+1)$$

实际使用过程中,可以依据具体的定时需求,设置自动装载寄存器(TIMx_ARR)、预分频寄存器(TIMx_PSC)。自动装载寄存器(TIMx_ARR)、预分频寄存器(TIMx_PSC)的值依据 APB 总线时钟信号频率、目标定时周期计算得到。

定时器在使用过程中,定时周期如果随意改变,可能会引起系统不稳定。为了提高定时器的工作稳定性,在设计过程中,定时器可引入影子寄存器,即使同一个寄存器名称,在物理上对应 2 个寄存器:一个是程序员可以写入或读出操作的寄存器,称为预装载寄存器;另一个是程序员看不见,但在操作中真正起作用的寄存器,称为影子寄存器。这种设计模式好处是可以保证多个寄存器内容能够准确地同步更新。

自动装载寄存器(TIMx_ARR)、预分频寄存器(TIMx_PSC)采用了影子寄存器的设计方法,具体为:

(1)TIMx_ARR 的内容通过程序修改后,可以立即传送到影子寄存器,也可以在更新事件 UEV 产生时传送到影子寄存器。具体采用什么方式进行数值传送,取决于 TIMx_CR1 寄存器中 ARPE 位域的设置。

(2)用户程序对 TIMx_PSC 寄存器的值进行修改。修改值只有在更新事件出现后才能生效,即 TIMx_PSC 的预装寄存器数值传送到 TIMx_PSC 的影子寄存器,才能有效产生新的分频系数。

7.3.2　计数模式

STM32F103 系列嵌入式计算机支持 3 种计数模式。

1. 向上计数模式

在这种工作模式下,计数器从 0 计数到自动装载值(TIMx_ARR 寄存器内容),然后重新从 0 开始计数并且产生一个计数器溢出事件。对时钟脉冲进行计数以及溢出是计数器的事。当计数器发生溢出时,对计数器重装初始值,是自动重装载器的事。

向上计数模式产生计数器达到溢出条件,即计数器寄存器(TIMx_CNT)数值与自动装载寄存器(TIMx_ARR)数值相等时。能否产生 UEV 更新事件,取决于 TIMx_CR1 寄存器 UDIS 位域的设置。

(1)UDIS=0,允许产生更新事件;

(2)UDIS=1,禁止产生更新事件。此时,影子寄存器的数值保持不变。这种状态时,向预装载寄存器中写入新值,不影响影子寄存器。但是在应该产生更新事件时,计数器仍会被清 0,同时预分频器的计数值也被设置为 0。

当发生更新事件时,定时器内部相关寄存器内容变化如下:

(1)自动装载影子寄存器,其内容被重新设置为预装载寄存器 TIMx_ARR 的内容;

(2)预分频寄存器的影子寄存器被重新装载预分频寄存器 TIMx_PSC 的内容;

(3)依据 TIMx_CR1 的 URS 位设置的请求源类型,设置 TIMx_SR 寄存器(状态寄存器)中的 UIF 位(更新事件标志位)。

当 TIMx_ARR $= 0x16$ 时，计数器的时序如图 7.2 所示。

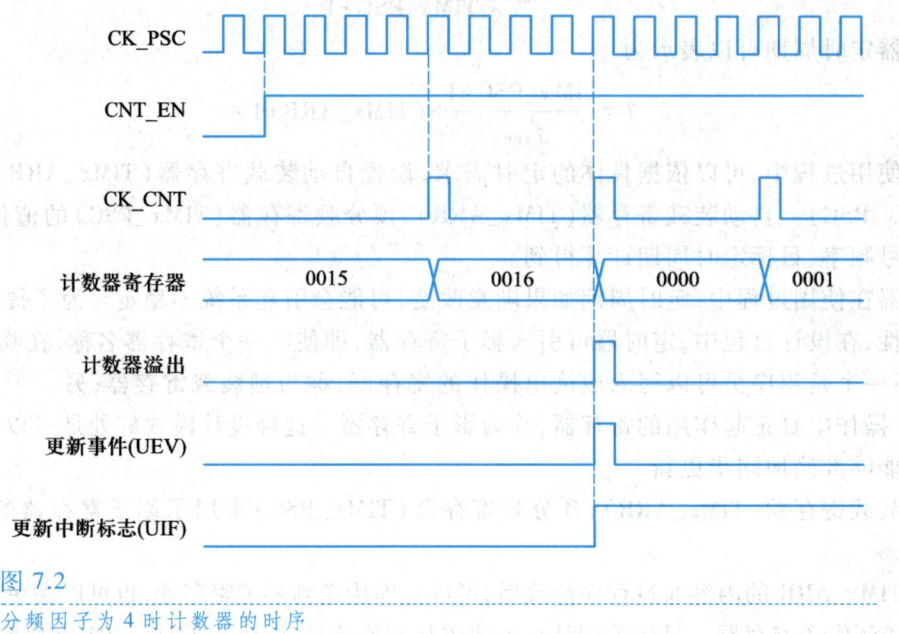

图 7.2

分频因子为 4 时计数器的时序

TIMx_ARR 寄存器存在影子寄存器。是否使用影子寄存器，对应的计数器时序如图 7.3 和图 7.4所示。

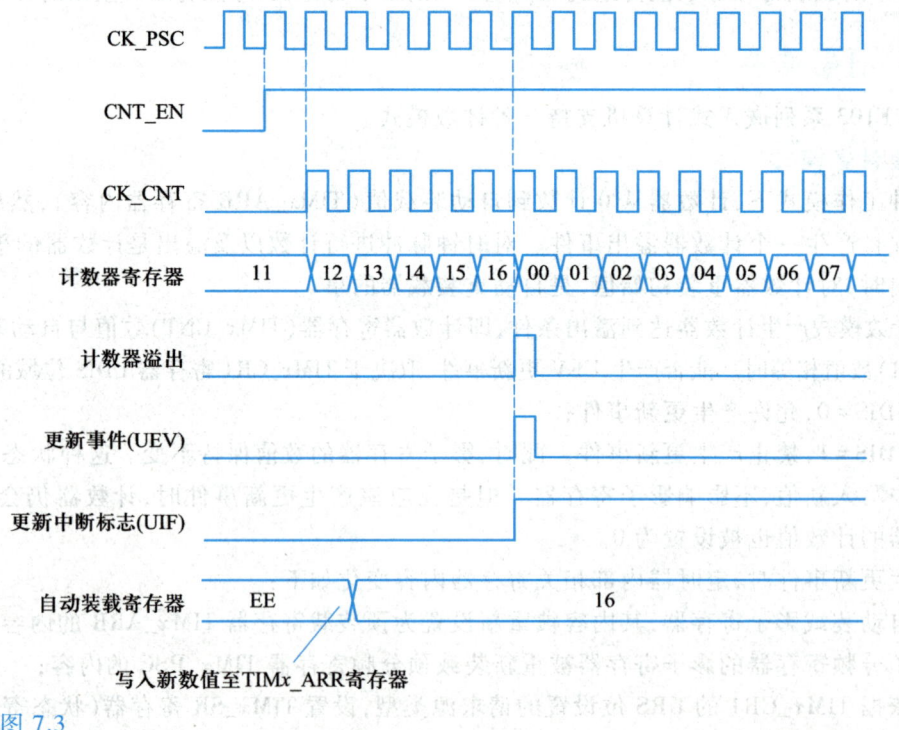

图 7.3

ARPE = 0 时计数器的时序

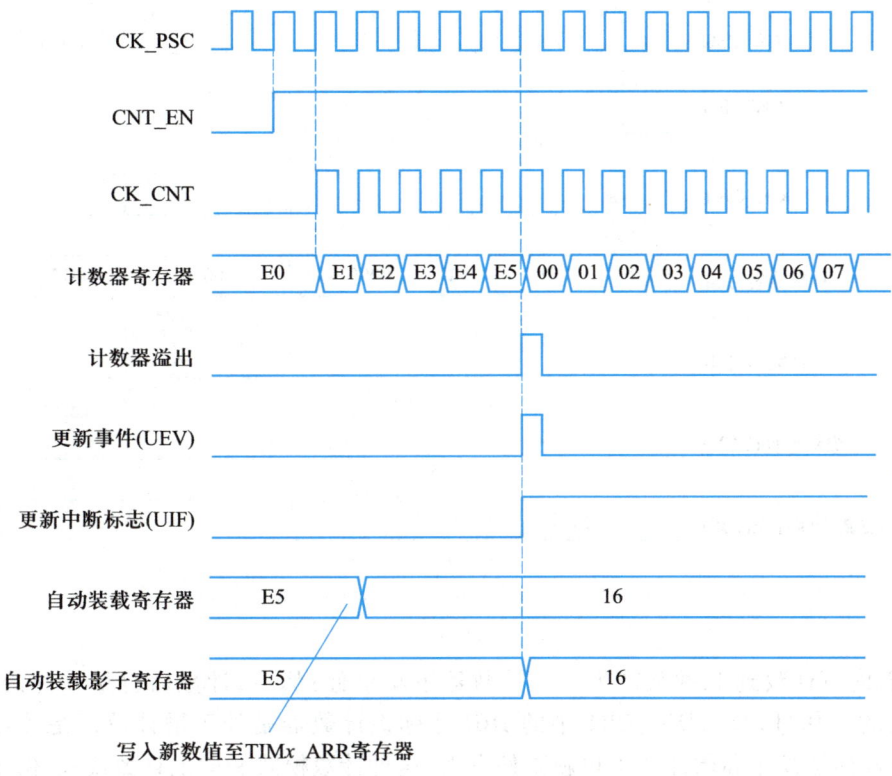

| 计数器寄存器 | E0 | E1 | E2 | E3 | E4 | E5 | 00 | 01 | 02 | 03 | 04 | 05 | 06 | 07 |

图 7.4

ARPE = 1 时 计 数 器 的 时 序

在图 7.2、图 7.3、图 7.4 中,使能信号(CNT_EN)为高电平时有效,计数器才会工作。图 7.2 中,由于分频因子为 4(TIMx_PSC = 3),每 4 个基础时钟脉冲出现后,才会引起 CK_CNT 数值增加。CK_CNT 数值达到 TIMx_ARR 的数值时,等待新的计数脉冲出现后,将会进行新一轮计数。新一轮计数从 CK_CNT = 0 开始。更新事件产生、更新中断标志、计数器溢出在时间轴方面是一致的。

2. 向下计数模式

在这种模式中,计数器从自动装载寄存器 TIMx_ARR 计数,开始向下计数到 0,然后重新从装载值开始向下计数,并且产生一个计数器向下溢出事件。这种操作模式和向上计数模式类似,主要区别是计数方向不一致。

向下计数模式产生计数器达到下溢出的条件,即计数器寄存器(TIMx_CNT)数值与 0 相等时,能否产生 UEV 更新事件,取决于 TIMx_CR1 寄存器 UDIS 位域的设置。

(1) UDIS = 0,产生更新事件;

(2) UDIS = 1,禁止产生更新事件。

当 TIMx_ARR = 0x16 时,计数器的时序图如图 7.5 所示。在计数器寄存器值产生转折的过程中,产生计数器溢出、更新事件、更新中断请求。

3. 中央对齐模式(向上/向下计数)

在该模式下,计数器从 0 开始计数到自动装载值(TIMx_ARR 寄存器)−1,产生一个计数器溢

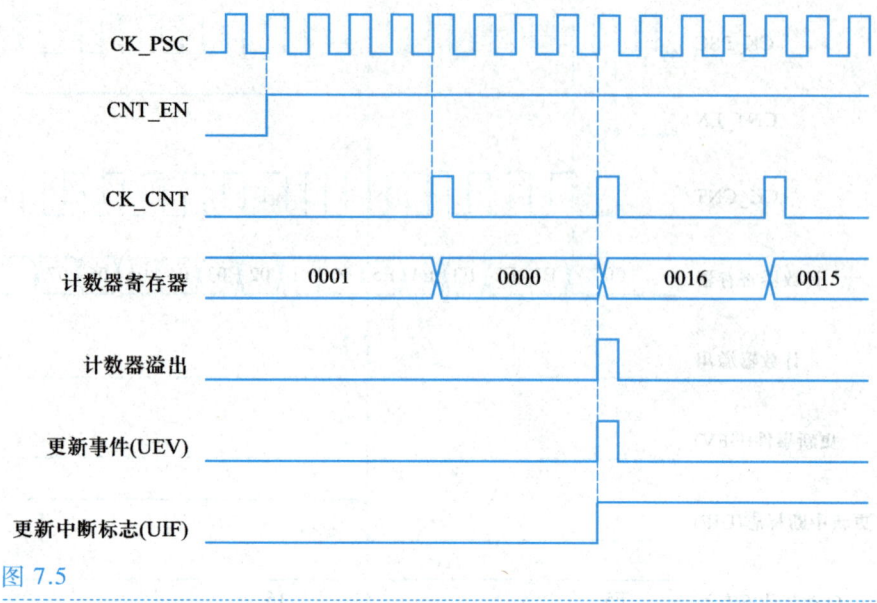

图 7.5

分频因子为 4 时计数器的时序

出事件,接着向下计数到 1,并且产生一个计数器下溢事件;然后,计数器再从 0 开始重新计数,开启新一轮的工作过程。TIMx_CR1 中的 DIR 位标识计数器是处于增计数还是减计数工作状态。在影子寄存器操作和软件产生更新事件方面,这种计数模式和向上计数模式、向下计数模式的使用方法一致。当 TIMx_ARR = 0x06 时,计数器的时序分别如图 7.6～图 7.8 所示。

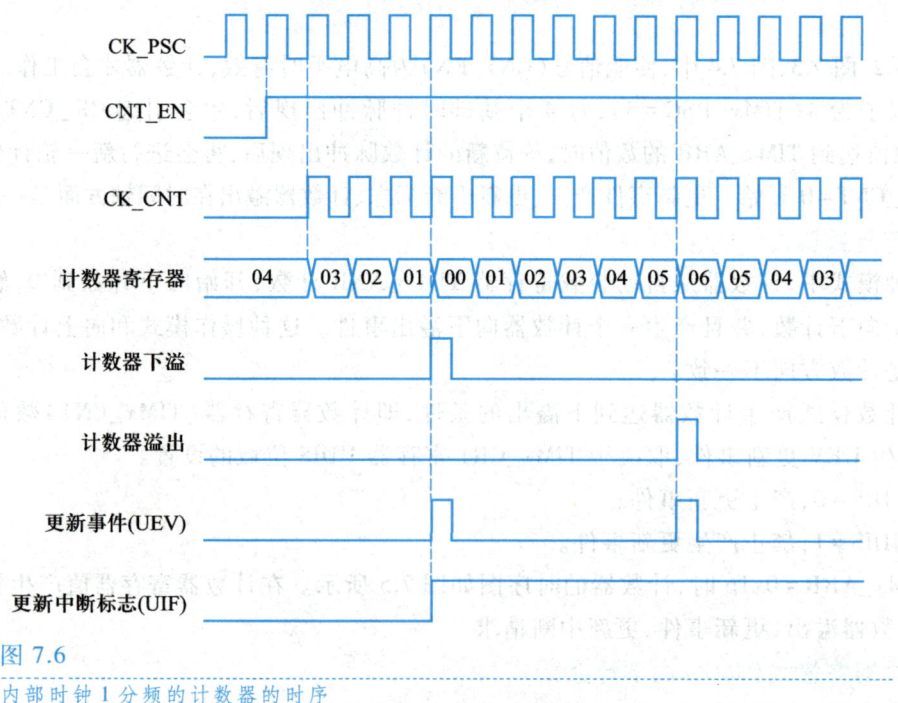

图 7.6

内部时钟 1 分频的计数器的时序

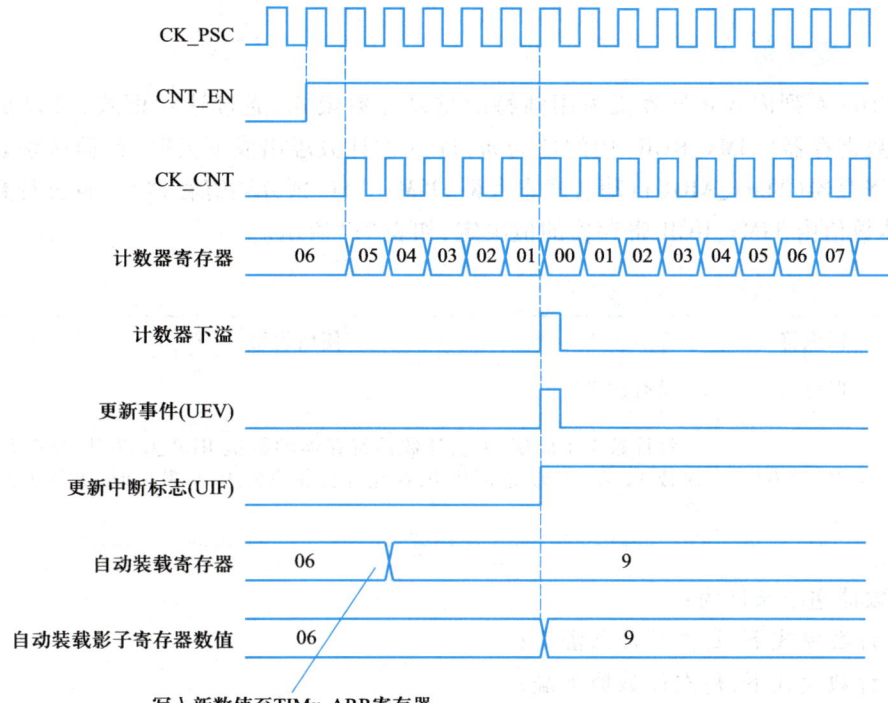

图 7.7

ARPE=1 时计数器下溢的时序

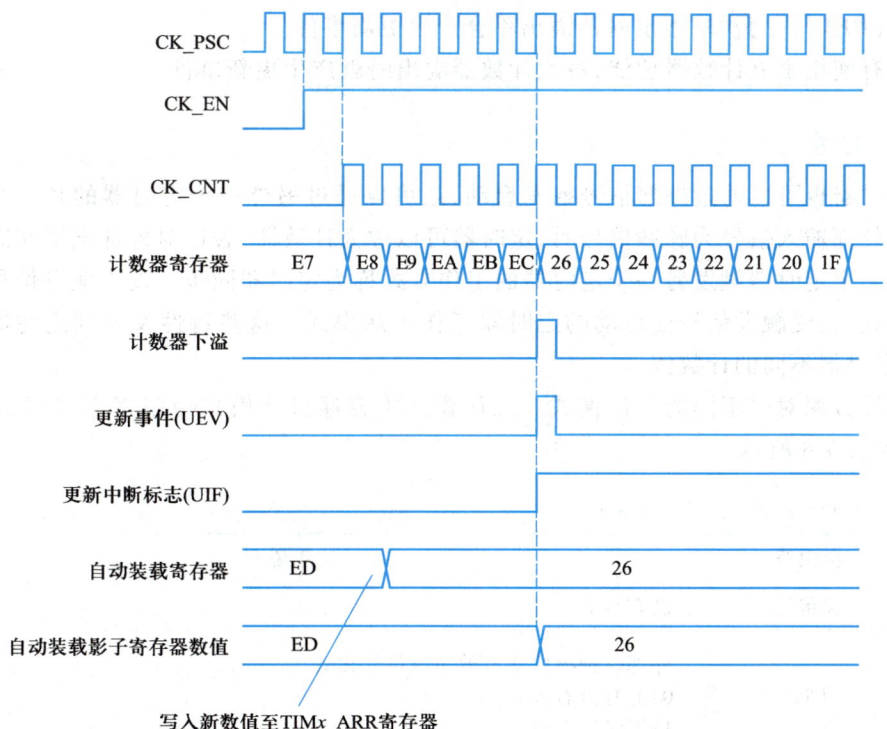

图 7.8

ARPE=1 时计数器溢出的时序

7.3.3　重复计数

STM32F103 系列嵌入式计算机采用独特的重复计数模式,通过这种模式,可以扩大计数周期。重复计数寄存器(TIMx_RCR)中的值为 m,每 m 次计数溢出或下溢时,数据从预装载寄存器传输到影子寄存器(TIMx_ARR 自动装载寄存器,TIMx_PSC 预分频寄存器)。重复计数器是自动加载的,具体数值由 TIMx_RCR 寄存器的值决定,如表 7.7 所示。

表 7.7　重复计数寄存器(TIMx_RCR)

位域	标识符	使用说明
31~8	保留位	没有意义
7~0	REP[7:0]	每计数 1 个周期,重复计数器寄存器的数值 REP_CNT 从 REP 数值开始,逐次减 1。EP_CNT 递减到 0,在允许更新事件 UEV 发生时,更新事件 UEV 就会产生

重复计数器递减条件为:
① 向上计数模式下,每次计数器溢出;
② 向下计数模式下,每次计数器下溢;
③ 中央对齐模式下,每次溢出和每次下溢。
溢出过程是否产生更新事件,与重复计数器功能使用与否有关:
(1) 如果使用了重复计数器功能,在向上计数达到设置的重复计数次数(TIMx_RCR)时,产生更新事件(UEV)。每次基本定时器溢出不会产生更新事件。
(2) 没有使用重复计数器功能,每次计数器溢出时就产生更新事件。

7.3.4　时钟输入源

每个定时器也可以通过外部信号触发启动,还可以通过另外一个定时器的某一个条件被触发启动。当外部输入信号为脉冲信号时,定时器可以称为计数器,表征对外部电平状态数目进行计数。通过一个定时器触发另一个定时器的工作方式称为定时器同步。发出触发信号的定时器工作于主模式,接受触发信号而启动的定时器工作于从模式。这些特性反映到定时器工作原理中,产生了定时器不同的计数源。

不同的计数源对应不同的工作模式。工作模式主要通过从模式控制寄存器(TIMx_SMCR)进行设置,如表 7.8 所示。

表 7.8　从模式控制寄存器(TIMx_SMCR)

位域	标识符	使用说明
31~16	保留位	没有意义
15	ETP	外部时钟模式 2 有效边沿信号设置。 0:上升沿有效; 1:下降沿有效

位域	标识符	使用说明
14	ECE	外部时钟模式 2 使能位。 0:禁止; 1:使能
13~12	ETPS[1:0]	外部时钟模式 2 时钟分频位。该位域设置的约束条件为分频后的时钟频率不高于 CK_INT 频率的 1/4。 00:不分频; 01:2 分频; 10:4 分频; 11:8 分频
11~8	ETF[3:0]	用于外部时钟模式 2 的滤波器参数设计,具体参数为: 0000:无滤波器,以 f_{DTS} 采样; 1000:采样频率 $f_{SANPLING} = f_{DTS}/8, N=6$; 0001:采样频率 $f_{SANPLING} = f_{CK\_CNT}, N=2$; 1001:采样频率 $f_{SANPLING} = f_{DTS}/8, N=8$; 0010:采样频率 $f_{SANPLING} = f_{CK\_CNT}, N=4$; 1010:采样频率 $f_{SANPLING} = f_{DTS}/16, N=5$; 0011:采样频率 $f_{SANPLING} = f_{CK\_CNT}, N=8$; 1011:采样频率 $f_{SANPLING} = f_{DTS}/16, N=6$; 0100:采样频率 $f_{SANPLING} = f_{DTS}/2, N=6$; 1100:采样频率 $f_{SANPLING} = f_{DTS}/16, N=8$; 0101:采样频率 $f_{SANPLING} = f_{DTS}/2, N=8$; 1101:采样频率 $f_{SANPLING} = f_{DTS}/32, N=5$; 0110:采样频率 $f_{SANPLING} = f_{DTS}/4, N=6$; 1110:采样频率 $f_{SANPLING} = f_{DTS}/32, N=6$; 0111:采样频率 $f_{SANPLING} = f_{DTS}/4, N=8$; 1111:采样频率 $f_{SANPLING} = f_{DTS}/32, N=8$ f_{DTS} 为 TIMx_CR1 的 CKD 位域设置分频系数后对应的时钟频率。f_{CK_CNT} 为未经 CKD 位域分频设置的时钟信号
7	MSM	用于主模式下同步从定时器设置。 0:无作用; 1:触发输入事件被延迟,实现当前定时器与从定时器之间的同步。
6~4	TS[2:0]	外部时钟模式 1 触发源输入选择位。 000:内部触发 0(ITR0)来自 TIM5; 001:内部触发 1(ITR1)来自 TIM2; 010:内部触发 2(ITR2)来自 TIM3; 011:内部触发 3(ITR3)来自 TIM4; 100:TI1 的边沿检测器(TI1F_ED); 101:滤波后的 TI1 边沿(TI1FP1); 110:滤波后的 TI2 边沿(TI2FP2); 111:外部触发输入(ETRF)

位域	标识符	使用说明
3	保留位	没有意义
2~0	SMS[2:0]	用于外部信号输入下,设置触发信号的有效边沿。 000:关闭从模式。定时器由内部时钟信号驱动; 001:编码器模式 1。根据 TI1FP1 的电平状态,来决定定时器在 TI2FP2 的边沿向上还是向下计数; 010:编码器模式 2。根据 TI2FP2 的电平状态,来决定定时器在 TI1FP1 的边沿向上还是向下计数; 011:编码器模式 3。根据另一个信号的电平状态,来决定定时器在 TI1FP1 和 TI2FP2 的边沿向上还是向下计数; 100:复位模式。选中触发源输入的上升沿,初始化定时器,产生更新寄存器的信号; 101:门控模式。当触发源输入为高电平时,定时器开启;触发输入变为低电平时,定时器停止; 110:触发模式。定时器在触发信号输入的上升沿启动; 111:外部时钟模式 1。选中的触发源触发输入(TRGI)的有效边沿驱动计数工作

对于外部输入的脉冲信号,可能存在局部脉动或者扰动信息。定时器内部存在数字滤波器对这个输入信号进行滤波。数字滤波器参数的设置通过 TIMx_CR1 的 CKD 位域、TIMx_SMCR 的 ETF 位域进行设置:

(1) TIMx_CR1 的 CKD 位域设置滤波器时钟频率。

(2) TIMx_SMCR 的 ETF 位域设置滤波器参数。

例如:当 $f_{CK\_CNT}=72$ MHz 时,TIMx_CR1 的 CKD 设置为 01,则 $f_{DTS}=f_{CK\_CNT}/2=36$ MHz。TIMx_SMCR 的 ETF 位域设置为 0100,采样频率 $f_{SAMPLING}=f_{DTS}/2=18$ MHz。$N=6$ 表明频率高于 3 MHz 的信号将被这个滤波器滤除,通过这个滤波器可以有效地屏蔽高于 3 MHz 的干扰信号。

计数器的工作离不开时钟,计数器的时钟由以下几种时钟源提供:

(1) 内部时钟(CK_INT)。

(2) 外部时钟模式 1:外部输入引脚。

(3) 外部时钟模式 2:外部触发输入 ETR。

(4) 编码器。

1. 内部时钟源(CK_INT)

这类模式下,定时器由时钟控制模块提供内部时钟信号。这是定时器经常采用方式,计数脉冲基于芯片系统时钟信号产生。要选择该时钟源,需要将从模式控制寄存器(TIMx_SMCR)的 SMS 位域设置为 0,即 SMCR_SMS=0。这类时钟源在嵌入式系统设计过程中的使用频率最高,用于提供精准的时间间隔。

2. 外部时钟模式 1

这种模式下,时钟信号来自芯片外部。外部输入的脉冲信号施加到引脚 TIMx_CH1、TIMx_CH2、TIMx_CH3 等。这些信号直接或者通过逻辑组合(如图 7.1 所示),经过极性选择和滤波以后生成触发信号,控制计数器的计数过程。从引脚输入信号为 TIMx_CH1、TIMx_CH2、TIMx_

CH3,但是能够作为时钟源输入的为内部信号 TI1、TI2。要选择该时钟源,需要将从模式控制寄存器(TIMx_SMCR)的 SMS 位域设置为 111,即 SMCR_SMS=111。

外部时钟模式 1 的结构图,如图 7.9 所示。从模式控制寄存器(TIMx_SMCR)的 TS 位域用于选择具体脉冲来源。脉冲来源包括 4 个内部定时器触发信号、外部引脚输入信号、TI1 单边沿信号、TI2 单边沿信号、TI1 双边沿信号。

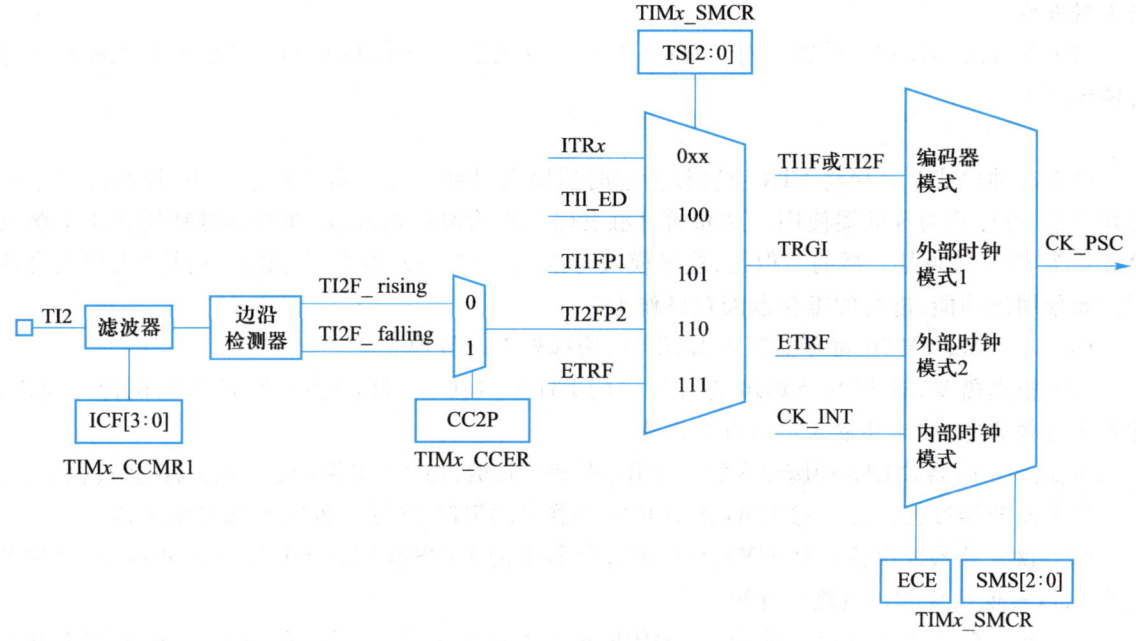

图 7.9

外部时钟模式 1 的结构图

使用这种模式时,需要进行以下操作:

(1)设置输入时钟信号来源。一般选择 TI1、TI2,不是选择具体的输入引脚。如图 7.1 所示,TI1 信号不是芯片引脚输入信号,而是引脚信号经过组合后的信号。将 TIx 用作输入时钟输入信号的配置过程为:

① 对 TIMx_CCMR1(捕获/比较模式寄存器)中的 CCxS 位执行写操作,选择要使用的引脚,且设置为输入,其中,TIMx_CCMR1 位域定义参考表 7.10;

② 对 TIMx_CCMR1 寄存器中 ICxF[3∶0]位域执行写操作,配置芯片内部数字滤波器参数,提高干扰状态下的计数能力;

③ 对 TIMx_CCER(捕获/比较使能寄存器)中的 CCxP 位执行写操作,选择上升沿触发或下降沿触发,其中,TIMx_CCER 位域定义参考表 7.11。边沿检测过程中,只能选择上升沿或下降沿。

(2)触发源通过 SMCR_TS 进行外部时钟模式的时钟源选择,对 TIMx_SMCR 寄存器中的 TS 位域执行写操作。

(3)对 TIMx_SMCR 寄存器设置 SMS=111,选择外部时钟模式 1。

将 TI2 输入的上升沿作为时钟源,其配置过程如下:

(1)输入信号设置。对 TIMx_CCMR1 寄存器中的 CC2S 位写入 10,选择使用 TI2,即图 7.1

中的 TI2 作为时钟信号源。

（2）滤波器参数设置。对 TIMx_CCMR1 寄存器中的 IC2F[3：0]位执行写操作，配置滤波器；为了提高响应速度，可设置为 0000。

（3）触发信号边沿设置。对 TIMx_CCER 寄存器中的 CC2P 位写入 0，选择上升沿触发。

（4）外部时钟模式 1 触发输入源选择。对 TIMx_SMCR 寄存器中的 TS 位域写入 110，将 TI2 选为触发输入源。

（5）外部时钟模式 1 设置。对 TIMx_SMCR 寄存器的 SMS 位写入 111，使定时器工作在外部时钟模式 1。

3. 外部时钟模式 2

外部时钟模式 2 直接将 ETR 引脚作为定时器输入时钟。定时器工作过程中，计数脉冲来自芯片外部，可以作为计数器使用。这和通过触发输入作为时钟输入，即在外部时钟模式 1 中触发源选择为 ETR 效果是一样的。但是，这种模式可以与一些从模式（复位、触发、门控）进行组合应用。要使用该功能，进行的寄存器配置操作为：

（1）对 TIMx_SMCR 寄存器写入 ECE=1，选择外部时钟模式 2。

（2）根据需要，对 TIMx_SMCR 寄存器中的 ETPS[1:0]、ETF[3:0]和 ETP 位执行写操作，配置预分频器、滤波器和输入边沿有效设置。

例如：用定时器对 ETR 引脚输入的上升沿信号进行计数，每个上升沿计数一次，其配置过程如下：

（1）滤波器参数设置。对 TIMx_SMCR 寄存器中的 ETF 位写入 000，不选择滤波器。

（2）预分频系数设置。对 TIMx_SMCR 寄存器中的 ETPS 位写入 00，设置预分频器，分频系数为 1，以实现设置的边沿跳变计数一次。

（3）触发信号边沿设置。对 TIMx_SMCR 寄存器中的 ETP 位写入 0，选择 ETR 引脚上升沿触发，以实现上升沿触发。

（4）外部时钟模式 2 设置。对 TIMx_SMCR 寄存器的 ECE 位写入 1，选择外部时钟模式 2。

4. 编码器

这是一个特殊的定时器模式，通过外接编码器提供基本计数脉冲信号。

7.3.5　输入捕获/输出比较通道

每个高级定时器都有一个 4 通道的输入捕获/输出比较单元，用于捕获和输出。实际嵌入式系统设计中，输入捕获和输出比较功能一般不会多路同时使用。芯片设计中，输入捕获和输出比较采用相同的寄存器组，包括影子寄存器。

每一个输入捕获/输出比较通道都包含一个捕获/比较寄存器（包含影子寄存器）、一个输入捕获通道（数字滤波、多路复用和预分频器）和一个输出比较通道（比较器和输出控制）。

在输入捕获模式下，捕获发生在影子寄存器上，然后再复制到捕获/比较寄存器中。

在输出比较模式下，预装载寄存器的内容被复制到影子寄存器中，然后影子寄存器的内容和计数器进行比较。

输入捕获/输出比较通道的功能结构（以通道 1 为例）分别如图 7.10 和图 7.11 所示。输出比较部分产生中间波形 OCxREF 作为基准，末端决定最终输出信号的极性。输入通道对相应的 TIMx 输入引脚信号采样，并产生滤波后的信号 TIxF；带极性选择的边沿检测器根据输入信号

TIxF 产生信号 TIxFP。该信号可作为从模式控制器的输入触发或者捕获控制；作为捕获使用时，TIxFP 通过预分频进入输入捕获/输出比较寄存器 TIMx_CCR。

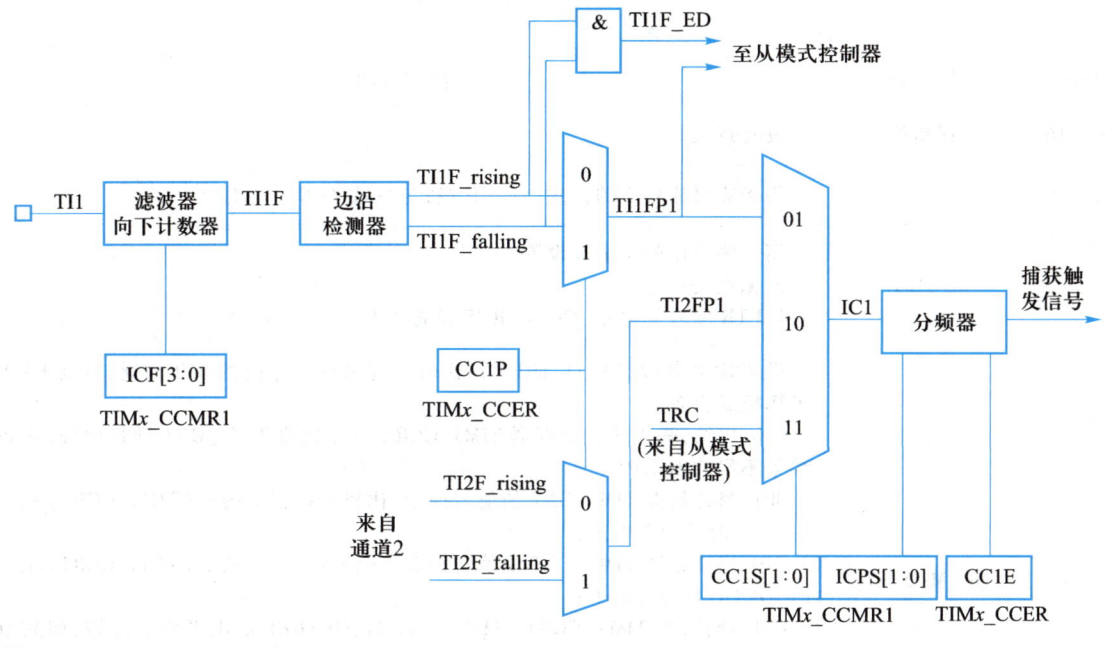

图 7.10
输入捕获通道的功能结构

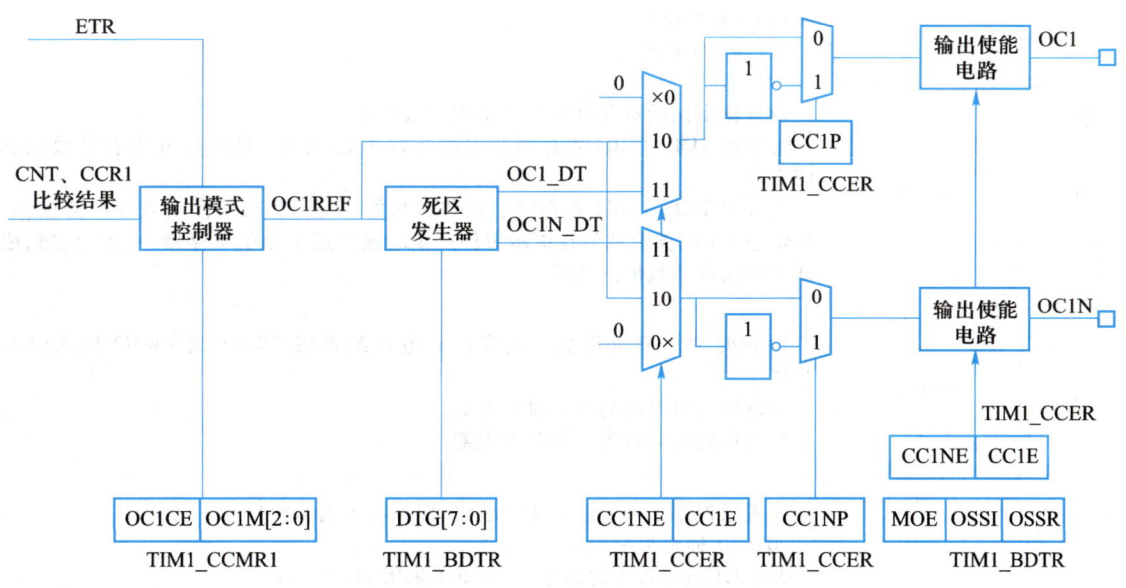

图 7.11
输出比较通道的功能结构

　　在使用输入捕获/输出比较单元时，模式寄存器 1（TIMx_CCMR1）和模式寄存器 2（TIMx_CCMR2）会被高频率地操作。模式寄存器 1（TIMx_CCMR1）用于设置 CC1 和 CC2 通道。模式寄存器 2(TIMx_CCMR2)用于设置 CC3 和 CC4 通道。模式寄存器 1 在输出模式和捕获模式的定义是不同的,具体如表 7.9 和表 7.10 所示。

表 7.9　输出模式下的模式寄存器 1(TIMx_CCMR1)

位域	标识符	使用说明
31~16	保留位	没有意义
15~8		用于输出比较 2 的设置。使用方法与位域 7~0 一一对应
7	OC1CE	用于输出比较 1 清 0 设置。 0:无意义; 1:ETR 输入高电平,使 OC1REF 设置为 0
6~4	OC1M[2:0]	设置输出参考信号 OC1REF 在比较匹配事件产生时的变化情况,以及 PWM 工作模式设置。 000:冻结,输出比较寄存器 TIMx_CCR1 与计数器 TIMx_CNT 进行比较,比较结果不影响 OC1REF; 001:当计数器 TIMx_CNT 的值与捕获/比较寄存器 1 的值(TIMx_CCR1)相同时,OC1REF 为高电平; 010:当计数器 TIMx_CNT 的值与捕获/比较寄存器 1 的值(TIMx_CCR1)相同时,OC1REF 为低电平; 011:翻转,当 TIMx_CCR1 = TIMx_CNT 时,OC1REF 的电平发生翻转,即高电平变低电平,或低电平变高电平; 100:OC1REF 一直为低电平; 101:OC1REF 一直为高电平; 110:PWM 模式 1; 111:PWM 模式 2
3	OC1PE	设置输出比较寄存器是否采用预装载使能。 0:禁止 TIMx_CCR1 寄存器使用预装载功能,写入 TIMx_CCR 寄存器数据立即有效; 1:开启 TIMx_CCR1 寄存器的预装载功能。写操作仅对预装载寄存器操作,TIMx_CCR 的预装载值在更新事件产生时被传送至影子寄存器中,才会起到更新比较寄存器数值的作用。
2	OC1FE	设置时钟周期延迟数。该位在通道被配置成 PWM1 或 PWM2 模式时起作用。 0:最短延迟时间为 5 个时钟周期; 1:延迟时间缩短为 3 个时钟周期。
1~0	CC1S[1:0]	设置通道用于输入还是用于输出,以及输入通道信号源。 00:CC1 通道被配置为输出; 01:CC1 通道被配置为输入,且 IC1 采用 TI1 信号; 10:CC1 通道被配置为输入,且 IC1 采用 TI2 信号; 11:CC1 通道被配置为输入,且 IC1 采用 TRC 信号,仅工作在内部触发器输入被选中时(由 TIMx_SMCR 寄存器的 TS 位选择)。 注:在通道关闭时(TIMx_CCER 的 CC1E = 0)才允许设置

表 7.10　捕获模式下的模式寄存器 1（TIMx_CCMR1）

位域	标识符	使用说明
31~16	保留位	没有意义
15~8		用于捕获比较 2 的设置。使用方法与位域 7~0 一一对应
7~4	IC1F[3：0]	用于设置 TI1 输入数字滤波器特性，包括采样频率及数字滤波器长度。 0000：无滤波器，以 f_{DTS} 采样； 0001：采样频率 $f_{SAMPLING}=f_{CK\_INT}, N=2$； 0010：采样频率 $f_{SAMPLING}=f_{CK\_INT}, N=4$； 0011：采样频率 $f_{SAMPLING}=f_{CK\_INT}, N=8$； 0100：采样频率 $f_{SAMPLING}=f_{DTS}/2, N=6$； 0101：采样频率 $f_{SAMPLING}=f_{DTS}/2, N=8$； 0110：采样频率 $f_{SAMPLING}=f_{DTS}/4, N=6$； 0111：采样频率 $f_{SAMPLING}=f_{DTS}/4, N=8$； 1000：采样频率 $f_{SAMPLING}=f_{DTS}/8, N=6$； 1001：采样频率 $f_{SAMPLING}=f_{DTS}/8, N=8$； 1010：采样频率 $f_{SAMPLING}=f_{DTS}/16, N=5$； 1011：采样频率 $f_{SAMPLING}=f_{DTS}/16, N=6$； 1100：采样频率 $f_{SAMPLING}=f_{DTS}/16, N=8$； 1101：采样频率 $f_{SAMPLING}=f_{DTS}/32, N=5$； 1110：采样频率 $f_{SAMPLING}=f_{DTS}/32, N=6$； 1111：采样频率 $f_{SAMPLING}=f_{DTS}/32, N=8$
3~2	IC1PSC[1：0]	设置 CC1 输入信号的预分频系数。 00：不分频； 01：2 分频； 10：4 分频； 11：8 分频
1~0	CC1S[1：0]	设置通道用于输入还是用于输出，以及输入通道信号源。 00：CC1 通道被配置为输出； 01：CC1 通道被配置为输入，且 IC1 采用 TI1 信号； 10：CC1 通道被配置为输入，且 IC1 采用 TI2 信号； 11：CC1 通道被配置为输入，且 IC1 采用 TRC 信号，仅工作在内部触发器输入被选中时（由 TIMx_SMCR 寄存器的 TS 位选择）。 注：在通道关闭时（TIMx_CCER 的 CC1E=0）才允许设置

　　在使用 4 个输入捕获/输出比较通道功能时，需要设置捕获/比较使能寄存器（TIMx_CCER），如表 7.11 所示。

表 7.11　捕获/比较使能寄存器（TIMx_CCER）

位域	标识符	使用说明
31~16	保留位	没有意义
15~14	保留位	没有意义

位域	标识符	使用说明
13	CC4P	用于设置 CC4 的输出极性,使用方法如同 CC1P
12	CC4E	用于设置 CC4 的输出使能,使用方法如同 CC1E
11	CC3NP	用于设置 CC3 的互补输出极性,使用方法如同 CC1NP
10	CC3NE	用于设置 CC3 的互补输出使能,使用方法如同 CC1NE
9	CC3P	用于设置 CC3 的输出极性,使用方法如同 CC1P
8	CC3E	用于设置 CC3 的输出使能,使用方法如同 CC1E
7	CC2NP	用于设置 CC2 的互补输出极性,使用方法如同 CC1NP
6	CC2NE	用于设置 CC2 的互补输出使能,使用方法如同 CC1NE
5	CC2P	用于设置 CC2 的输出极性,使用方法如同 CC1P
4	CC2E	用于设置 CC2 的输出使能,使用方法如同 CC1E
3	CC1NP	用于设置 CC1 的互补输出极性。 0:高电平有效; 1:低电平有效
2	CC1NE	用于设置 CC1 的互补输出使能。 0:关闭; 1:开启
1	CC1P	当 CC1 通道配置为输出时: 0:高电平有效; 1:低电平有效。 当 CC1 通道配置为输入时: 0:不反相,上升沿有效; 1:反相,下降沿有效
0	CC1E	用于设置 CC1 通道使能。 0:禁止比较、捕获; 1:使能比较、捕获

输入捕获/输出比较功能在实现过程中存在如下 4 个寄存器:捕获/比较寄存器 1(TIMx_CCR1)、捕获/比较寄存器 2(TIMx_CCR2)、捕获/比较寄存器 3(TIMx_CCR3)、捕获/比较寄存器 4(TIMx_CCR4)。这 4 个寄存器分别为通道 1、通道 2、通道 3、通道 4 使用。使用方法一致,其中捕获/比较寄存器 1(TIMx_CCR1)的使用方法如表 7.12 所示。

表 7.12　捕获/比较寄存器 1(TIMx_CCR1)

位域	标识符	使用说明
31~16	保留位	没有意义
15~0	CCR1[15：0]	输出比较模式:当前捕获/比较寄存器 1 的值是否立即有效。 ① 如果在 TIMx_CCMR1 寄存器(OC1PE 位)中未选择预装载特性,写入的数值会被立即传输至 TIMx_CCR1; ② 使用预装载特性时,只有当更新事件发生时,设置的数值才传输至当前捕获/比较寄存器中。 输入捕获模式:用于存放捕获事件发生时对应的计数器寄存值

7.3.6　捕获功能

定时器使用输入捕获功能检测外部事件。这种工作特性可以用于测量外部信号的周期、频率或脉宽。当外部输入信号发生变化时,在指定的输入引脚上会产生一个边沿跳变,定时器捕获到这个跳变沿后,会将计数器的当前值锁存到捕获/比较寄存器 y(TIMx_CCRy)中,其中,x 表示定时器编号,对于 TIM1 来说,存在 4 通道捕获,即 y 的取值为 1~4。利用两次捕获过程中获取到的捕获数值之差,就可以得到输入信号的脉宽、频率、周期等特性。

在捕获模式下,当检测到嵌入式计算机引脚上相应的边沿后,会存在如下操作:

(1) 计数器寄存器的当前值被锁存到捕获/比较寄存器(TIMx_CCRy)中。

(2) 相应的 CCxIF 标志(TIMx_SR 寄存器的捕获中断标志位)被置 1,产生状态标志。

(3) 如果设置了 CC1IE 位,将会产生中断。

(4) 如果采用 CC1DE 位设置 DMA 操作,则产生 DMA 请求。

(5) 如果发生捕获事件时 CCxIF 标志已经为高,则表明产生了两次及以上捕获,那么重复捕获标志 CCxOF(TIMx_SR 寄存器)被置 1。执行 CCxIF = 0 可清除 CCxIF,或读取存储在 TIMx_CCRx 寄存器中的捕获数据,也可清除 CCxIF。

捕获的原始输入信号来自嵌入式计算机引脚。但是通过 TIMx_CCMR1 设置过程中,设置为 IC1、IC2、IC3、IC4。通过图 7.1 可知,这 4 个信号与 TI1、TI2、TI3、TI4 存在一定关系,这个映射关系为:

(1) 通过 TIMx_CCMR 寄存器相关位域进行设置,IC1、IC2 可以选择 TI1、TI2,IC3、IC4 可以选择 TI3、TI4。

(2) TI2、TI3、TI4 与相应芯片输入引脚 TIMx_CH2、TIMx_CH3、TIMx_CH4 直接相连。

(3) TI1 与输入信号引脚对应关系,取决于 TIMx_CR2 的 TI1S 具体设置:

① 0:TIMx_CH1 引脚连到 TI1 输入;

② 1:TIMx_CH1、TIMx_CH2 和 TIMx_CH3 引脚信号,经**异或**后连 TI1 输入。

下面捕获 CC1 通道,进行输入 TI1 的上升沿捕获,说明相关寄存器设置方式,对应操作步骤如下:

(1) 选择有效输入端且配置为捕获通道。TIMx_CCMR1 寄存器中的 CC1S = 01,将 IC1 信号映射为 TI1。

（2）根据输入信号的特性，配置输入数字滤波器为所需的带宽。通过设置 TIMx_CCMR1 寄存器中的 IC1F 实现。

（3）选择捕获触发信号采用有效边沿。TI1 通道的上升沿有效，即 TIMx_CCER 寄存器的 CC1P＝0。

（4）配置输入预分频器。捕获发生在每一个有效的电平转换时刻（上升沿），即 TIMx_CCMR1 寄存器的 IC1PSC＝0。

（5）通过设置 TIMx_DIER（DMA/中断使能寄存器）中的 CC1IE 允许相关中断请求。

（6）启动 TI1 通道的捕获功能，即 TIMx_CCER 寄存器的 CC1E＝1。

TIMx_CCR 寄存器没有缓冲区。为了处理捕获溢出，程序设计过程中需要在捕获溢出标志有效之前读取数据，避免丢失捕获信息。在使用捕获功能过程中，经常通过中断处理。在捕获事件产生后，立即通过中断服务程序，读取捕获结果。

7.3.7　输出比较功能

输出比较功能是用来控制一个输出波形，或者指示一段给定的时间已经到时。当计数器值 TIMx_CNT，与捕获/比较寄存器 TIMx_CCR 匹配时，产生输出比较匹配事件。比较匹配事件要在 TIMx_CH1、TIMx_CH2、TIMx_CH3、TIMx_CH4、TIMx_CH1N、TIMx_CH2N、TIMx_CH3N 引脚输出电平信号。引脚输出的电平信号，取决于将输出比较模式（TIMx_CCMRx 寄存器中的 OCxM）和输出极性（TIMx_CCER 寄存器中的 CCxP）。

（1）OCxM 对应的 3 个二进制数决定了匹配后 OCxREF 对应的电平状态。图 7.11 中 OCxREF 是个中间参考信号，不是引脚输出电压。

（2）CCxP 决定了参考信号与输出电压电平匹配状态，具体对应关系为：

① OCxREF 高，CCxP＝1（高电平有效），引脚输出高电平；

② OCxREF 高，CCxP＝0（低电平有效），引脚输出低电平；

③ OCxREF 低，CCxP＝1（高电平有效），引脚输出低电平；

④ OCxREF 低，CCxP＝0（低电平有效），引脚输出高电平。

比较匹配事件产生后，存在如下操作：

（1）将输出比较模式（TIMx_CCMRx 寄存器中的 OCxM）和输出极性（TIMx_CCER 寄存器中的 CCxP）定义的值输出到对应的引脚上。输出引脚可以保持它的电平被设置成有效电平、被设置成无效电平或进行翻转。

（2）设置状态寄存器中的标志位（TIMx_SR 寄存器中的 CCxIF 位）；

（3）若设置了相应的中断使能（TIMx_DIER 寄存器中的 CCxIE 位），则产生一个中断；

（4）若设置了相应的 DMA 使能位（TIMx_DIER 寄存器中的 CCxDE 位，TIMx_CR2 寄存器中的 CCDS 位选择 DMA 请求功能），则产生一个 DMA 请求。

通常输出比较模式的配置过程如下：

（1）选择计数器时钟。建议选择内部时钟源，利用预分频器设置分频系数。

（2）将相应的数据写入 TIMx_ARR 和 TIMx_CCRx 寄存器中。

（3）如果要产生一个中断请求，设置 CCxIE 位。

（4）选择输出模式,例如：

① 置 OCxM = 011,计数器与 CCRx 匹配时翻转 OCx 的输出引脚；

② 置 OCxPE = 0,禁用预装载寄存器；

③ 置 CCxP = 0,选择极性为高电平有效；

④ 置 CCxE = 1,使能输出。

（5）设置 TIMx_CR1 寄存器的 CEN 位启动计数器。

7.3.8　PWM 波输出

脉冲宽度调制（pulse width modulation,PWM）是通过对一系列脉冲的宽度进行调制,等效出所需要的波形（包含形状以及幅值）,通过调节占空比来调节信号、能量的变化。占空比就是指在一个周期内,信号处于高电平的时间占据整个信号周期的百分比。方波就是一种占空比为 50% 的 PWM 波形。利用定时器功能可以产生 PWM 波形。定时器有 4 个通道,每个通道都有一个捕获/比较寄存器。将输出比较寄存器的值和计数器寄存器的值比较,利用比较结果输出高低电平,结合引脚输出特性配置,实现 PWM 信号输出。

STM32F103 系列嵌入式计算机产生 PWM 波形时,存在两种模式:模式 1 和模式 2。两种模式的区别为：

（1）PWM 模式 1:在向上计数时,TIMx_CNT<TIMx_CCR1,通道输出有效电平（OCyREF = 1）,否则为无效电平（OCyREF = 0）；向下计数时,TIMx_CNT>TIMx_CCR1,通道输出为无效电平,否则为有效电平。

（2）PWM 模式 2:在向上计数时,TIMx_CNT<TIMx_CCR1,通道输出 OCyREF 为无效电平,否则为有效电平；在向下计数时,TIMx_CNT>TIMx_CCR1,通道输出为有效电平,否则为无效电平。

这两种工作模式通过 TIMx_CCMRx 寄存器中的 OCxM 位域确定,具体为：

（1）"110"为模式 1。

（2）"111"为模式 2。

在 PWM 模式（模式 1 或模式 2）下,TIMx_CNT 和 TIMx_CCRx 始终在进行比较,通过两者数值之间的大小进行波形输出。

依据 TIMx_CR1 寄存器中 CMS 设置的计数器工作方式,定时器能够产生边沿对齐的 PWM 信号,以及中央对齐的 PWM 信号。以 PWM1 模式为例,具体为：

（1）向上计数配置下的 PWM 边沿对齐模式

这种模式下,TIMx_CNT 与 TIMx_CCRx 两个寄存器之间的数值不停地进行比较。比较过程中：

① 当 TIMx_CNT<TIMx_CCRx 时,PWM 参考信号 OCxREF 为高电平；

② 当 TIMx_CNT 不小于 TIMx_CCRx 时,PWM 参考信号 OCxREF 为低电平；

如果 TIMx_CCRx 中的比较值大于自动重装载值（TIMx_ARR）,则 OCxREF 保持为 1。图 7.12 为 TIMx_ARR = 8 时边沿对齐的 PWM 波形实例。这种模式产生的 PWM 波形,在起始阶段总是保持相同的电平状态,即边沿对齐的 PWM 波形。

（2）向下计数配置下的 PWM 边沿对齐模式

当 TIMx_CNT>TIMx_CCRx 时,参考信号 OCxREF 为低电平,否则为高电平。这种模式和向上计数模式类似。

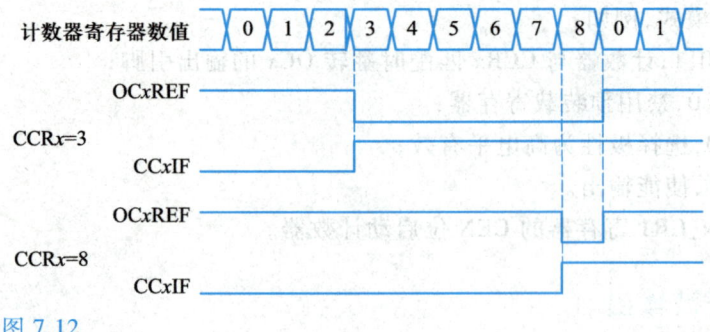

图 7.12

边沿对齐的 PWM 波形(TIMx_ARR = 8)

（3）PWM 中央对齐模式

这种模式下,定时器需要工作在中央对齐模式(向上/向下计数)。TIMx_CNT<TIMx_CCRx 时,PWM 参考信号 OCxREF 为高电平,否则为低电平。这使得产生的 PWM 波形在时间轴以 TIMx_ARR 为中心对称,即中央对齐的 PWM 波。图 7.13 给出了一中央对齐的 PWM 波形的例子。

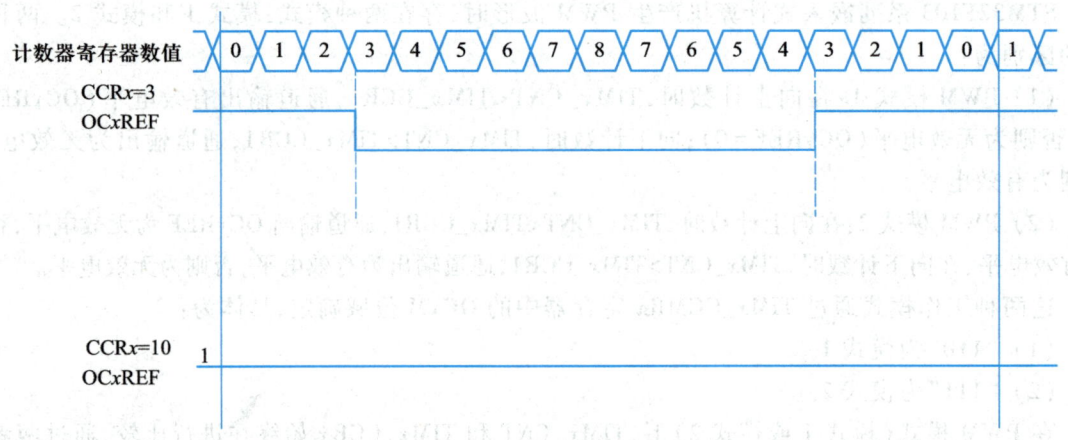

图 7.13

中央对齐的 PWM 波形(TIMx_ARR = 8)

利用 STM32F103 系列嵌入式计算机产生 PWM 波形时,具体的寄存器设计包括:

（1）利用 TIMx_ARR 寄存器确定需要产生的 PWM 频率;利用 TIMx_CCRx 寄存器确定 PWM 的占空比。

（2）TIMx_CCMRx 寄存器中的 OCxM 位写入 110(PWM 模式 1)或 111(PWM 模式 2),使每个输出通道产生一路 PWM。

（3）设置 TIMx_CCMRx 寄存器的 OCxPE 位,使能相应的预装载寄存器。

（4）设置 TIMx_CR1 寄存器的 ARPE 位,使能预装载寄存器的自动重装载。仅当发生更新事件的时候,预装载寄存器才能被传送到影子寄存器。通过这个特性可以避免在一个 PWM 输出周期过程中,改变 PWM 的周期和频率。

（5）通道引脚输出电平极性,可通过 TIMx_CCER 寄存器中的 CCxP 位的设置,包括高电平有效、低电平有效。

（6）OCx 对应引脚的具体输出使能，是通过 CCxE、CCxNE、MOE、OSSI 和 OSSR 位（TIMx_CCER 和 TIMx_BDTR 寄存器）的组合控制实现的。

在 PWM 应用过程中，经常使用成对的 PWM 驱动上下两个功率开关器件，即 H 桥电路。每个桥的上半桥和下半桥绝对不能同时导通，这是因为一旦同时导通，电路会短路，带来过流。高速的 PWM 驱动信号在到达功率元件的控制极时，往往会由于各种各样的原因，造成某个半桥元件在应该关断时没有关断，容易造成功率元件烧毁。在一个半桥关断后，需要延迟一段时间再打开另一个半桥，从而避免功率元件烧毁。这段延迟时间就是死区。死区可以防止同一桥臂功率开关管同时导通。PWM 波形产生过程中，可以采用刹车功能（关闭 PWM 信号输出）保护由这些定时器生成的 PWM 信号所驱动的功率器件。当被故障触发时，刹车电路会关闭 PWM 输出，并将其强制设为预定义的安全状态。

刹车和死区功能是提高功率驱动电路可靠性的有效手段。刹车和死区功能主要通过设置刹车和死区控制器（TIMx_BDTR）实现，如表 7.13 所示。

表 7.13　刹车和死区控制器（TIMx_BDTR）

位域	标识符	使用说明
31~16	保留位	没有意义
15	MOE	该位在刹车信号有效时，设置为 0，禁止 OC 和 OCN 的输出，对应输出为空闲状态。1：表征 OC 和 OCN 处于正常输出状态
14	AOE	设置 MOE 位的修改方式。 0：MOE 只能由软件设置； 1：通过软件和更新事件都可以设置 MOE
13	BKP	用于设置刹车极性。 0：低电平有效； 1：高电平有效
12	BKE	用于刹车功能使能设计。 0：禁止； 1：开启
11	OSSR	用于设置 MOE=1，通道为互补输出有效时，对应定时器不工作引脚的输出状态。 0：禁止互补通道输出； 1：当 CCxE 或 CCxNE=1 时，OC/OCN 开启，输出无效电平后，使能输出信号等于 1
10	OSSI	用于设置 MOE=0 且通道为输出有效时，对应定时器不工作的输出状态。 0：禁止互补通道输出； 1：当 CCxE 或 CCxNE=1 时，OC/OCN 输出空闲电平后，使能输出信号等于 1
9~8	LOCK[1：0]	为防止软件错误写保护的锁定设置位。 0=OFF：没有写保护； 1 为 1 级锁：写保护 BDTR 中 DTG/BKE/BKP/AOE、CR2 中的 OISx 和 OISxN 位； 2 为 2 级锁：在 1 级锁的基础上增加写保护 CCER 中的 OSSR/OSSI/CCxP/CCxNP（通道 x 为输出）； 3 为 3 级锁：在 2 级锁的基础上增加写保护 CCMR 中的 OCxM/OCxPE； 注：复位后，一次写入后，就不能再写入，直到下次复位

位域	标识符	使用说明
7~0	DTG[7:0]	用来设置死区时间,具体时间可根据外围器件的特性(如电平转换延时、器件开关延时等)进行设置。死区时间发生器设置为: $0 \sim 127 = DTG * t_{DTS}$; $128 \sim 191 = (DTG - 128) * 2t_{DTS}$; $192 \sim 223 = (DTG - 192 + 32) * 8t_{DTS}$; $224 \sim 255 = (DTG - 224 + 32) * 16t_{DTS}$。 注:在 BDTR 中,LOCK 位为 1、2 或 3 期间,此位不可修改

7.3.9 定时器状态及中断

定时器的状态通过状态寄存器(TIMx_SR)进行标识,如表 7.14 所示。通过对状态寄存器的读取,可以获得定时器的工作状态。

表 7.14 状态寄存器(TIMx_SR)

位域	标识符	使用说明
31~13	保留位	没有意义
12	CC4OF	这 4 个位分别为定时器的 4 个输入捕获/输出比较通道的重复捕获标志位。仅当相应的通道被配置为输入捕获时才有意义。该位由硬件置 1,写 0 可清除该标志位。
11	CC3OF	
10	CC2OF	0:无重复捕获产生;
9	CC1OF	1:计数器的值被捕获到 TIMx_CCR1 寄存器时,CC1IF 的状态已经为 1,表明已经存在一次捕获
8	保留位	没有意义
7	BIF	表征刹车输入是否有效。刹车输入无效时,该位可由软件清 0。 0:无效; 1:有效
6	TIF	表征是否存在触发事件。 0:无触发事件; 1:有触发事件
5	COMIF	COM 事件标识位。 0:无 COM 事件; 1:有 COM 事件
4	CC4IF	这 4 个位分别为定时器的 4 个输入捕获/输出比较通道的标志位。通道配置为输出模式:当计数器值与比较值匹配时,该位置 1。在中心对称工作模式中,依据 TIMx_CR1 的 CMS 位设置判断是否有匹配事件产生。
3	CC3IF	0:无匹配事件产生;
2	CC2IF	1:有匹配事件产生。 通道 1 配置为输入模式:当捕获事件发生时该位自动置 1。
1	CC1IF	0:无输入捕获事件; 1:有输入捕获事件

位域	标识符	使用说明
0	UIF	标识是否产生更新事件。 0:无更新事件产生； 1:更新中断等待响应。产生更新中断,TIMx_CR1 寄存器的 UDIS = 0。产生更新中断需要三种条件： (1) 计数器上溢或下溢时； (2) 设置 TIMx_EGR 寄存器的 UG = 1 时产生更新事件； (3) 计数器 CNT 被触发事件重新初始化

状态寄存器里面提供的标志位,除了可以通过硬件产生外,还可以通过软件产生,如表 7.15 给出的事件产生寄存器(TIMx_EGR)描述。

表 7.15　事件产生寄存器(TIMx_EGR)

位域	标识符	使用说明
31~8	保留位	没有意义
7	BG	软件置 1,产生一个制动事件
6	TG	软件置 1,产生一个触发事件
5	COMG	该位只对拥有互补输出的通道有效。该位用于产生 COM 事件。COM 事件主要用于电机控制,以保证多路 PWM 信号同时更新输出。 0:无动作； 1:产生 COM 事件
4	CC4G	这 4 个位分别用于在 4 个输入捕获/输出比较通道,产生一个输入捕获/输出比较事件,通过软件置 1 方式产生。
3	CC3G	
2	CC2G	
1	CC1G	
0	UG	通过置 1,重新初始化计数器,产生一个更新事件。若在中心对称模式下或向上计数模式下,计数器被清 0;在向下计数模式,计数器寄存器的值被设为 TIMx_ARR 的值

状态寄存器里面提供的标志为能否产生中断事件,需要依据表 7.16 给出的 DMA/中断使能寄存器(TIMx_DIER)进行设置。

表 7.16　DMA/中断使能寄存器(TIMx_DIER)

位域	标识符	使用说明
31~15	保留位	没有意义
14	TDE	0:禁止触发 DMA 请求； 1:使能触发 DMA 请求
13	COMDE	0:禁止 COM 的 DMA 请求； 1:使能 COM 的 DMA 请求
12	CC4DE	0:禁止捕获/比较寄存器 4 的 DMA 请求； 1:使能捕获/比较寄存器 4 的 DMA 请求

位域	标识符	使用说明
11	CC3DE	0:禁止捕获/比较寄存器 3 的 DMA 请求; 1:使能捕获/比较寄存器 3 的 DMA 请求
10	CC2DE	0:禁止捕获/比较寄存器 2 的 DMA 请求; 1:使能捕获/比较寄存器 2 的 DMA 请求
9	CC1DE	0:禁止捕获/比较寄存器 1 的 DMA 请求; 1:使能捕获/比较寄存器 1 的 DMA 请求
8	UDE	0:禁止更新事件的 DMA 请求; 1:使能更新事件的 DMA 请求
7	BIE	0:禁止刹车中断; 1:使能刹车中断
6	TIE	0:禁止触发中断; 1:使能触发中断
5	COMIE	0:禁止 COM 中断; 1:使能 COM 中断
4	CC4IE	0:禁止捕获/比较寄存器 4 中断; 1:使能捕获/比较寄存器 4 中断
3	CC3IE	0:禁止捕获/比较寄存器 3 中断; 1:使能捕获/比较寄存器 3 中断
2	CC2IE	0:禁止捕获/比较寄存器 2 中断; 1:使能捕获/比较寄存器 2 中断
1	CC1IE	0:禁止捕获/比较寄存器 1 中断; 1:使能捕获/比较寄存器 1 中断。
0	UIE	0:禁止更新事件中断; 1:使能更新事件中断

7.4　定时器应用

7.4.1　定时应用

定时器最基本功能是产生精确的时间,如让定时器产生 1 s 的定时中断,再在其中断服务程序中实现要完成的任务。

1. 定时器产生定时中断的基本操作步骤

要实现定时中断功能,需要对定时器进行以下设置(以 TIM1 为例):

① 定时器模块的时钟使能。通过外设时钟使能寄存器(APB2ENR)的第 11 位来使能 TIM1 的时钟,激活输入到定时器的输入时钟信号。

② 设置 TIM1_ARR 和 TIM1_PSC 的值。通过这两个寄存器设置自动重装的值,以及分频系数。这两个参数加上时钟频率就决定了定时器的溢出时间,即定时时间;

③ 设置 TIM1_DIER 允许更新中断。因为要使用 TIM1 的更新中断,所以设置 DIER 的 UIE 位为 1,使能更新中断;

④ 允许 TIM1 工作。在配置完后要开启定时器,这通过 TIM1_CR1 的 CEN 位来设置;

⑤ TIM1 中断分组设置。在定时器配置完成后,因为要产生中断,所以要设置 NVIC 相关的寄存器,以使能 TIM1 中断;

⑥ 编写中断服务函数,通过该函数来处理定时器产生的相关动作。在中断产生后,通过状态寄存器的值来判断此次中断属于什么类型,以便执行相关的操作。定时使用的是更新中断,在状态寄存器 SR 的最低位进行标识。在处理完中断之后,应该向 TIM1_SR 的最低位写 0 来清除该中断标志。

2. 定时器定时中断应用示例

示例:在 STM32F103 嵌入式计算机的 PA1 引脚上外接一个 LED,通过定时器 TIM1 定时中断来控制 LED 的亮灭,定时时间为 1 s。

(1) 分析

首先让 TIM1 产生所需要的 1 s 定时,并触发中断,然后在中断服务程序中,让 LED 的状态取反,即可实现亮灭控制,其实质是通过 PA1 引脚上产生的方波电平实现。

要实现 1 s 的定时,需要确定 TIM1 的计数频率和自动重装载值。由于 TIM1 的时钟源来自 APB2 时钟,假定系统时钟为 72 MHz,设置 APB2 为不分频,APB2 的时钟为 72 MHz。这个频率为定时器工作过程中时钟源信号频率。

设置预分频系数为 7 199,则计数器的计数频率为 72 MHz 除以 7 200,即 10 kHz;在此基础上,设置自动重装载值为 9 999,则定时器溢出频率为 1 Hz,即实现 1 s 定时。

(2) 程序实现

程序代码如下:

```
#include "stm32f10x.h"
/ * * * * * * * * * * * * * * * * * * * * *端口模式配置* * * * * * * * * * * * * * * * * * * * */
void LED_KEY_Init(void)
{
  RCC->APB2ENR |=1<<2;
  GPIOA->CRL&=0XFFFFFF00;
  GPIOA->CRL |=0X00000038;
}
/ * * * * * * * * * * * * * * * *TIM1 初始化配置函数* * * * * * * * * * * * * * * * * * * */
void TIM1_Int_Init(u16 arr, u16 psc)
{
  RCC->APB2ENR |=0x01;
  RCC->APB2ENR |=1<<11;
  TIM1->ARR=arr;
  TIM1->PSC=psc;
  TIM1->DIER |=1<<0;
  TIM1->CR1 |=0x01;
}
/ * * * * * * * * * * * * * * * * * * * * *TIM1 中断服务函数* * * * * * * * * * * * * * * * * * * * * */
u8 flg=0;
```

```
void TIM1_UP_IRQHandler(void)
{
    if(flg==1)
    {
        GPIOA->ODR |=1<<1;
        flg=0;
    }
    else
    {
        GPIOA->ODR &=~(1<<1);
        flg=1;
    }
    TIM1->SR &=~(1<<0);
}
/********************* NVIC 分组函数 *********************/
void MY_NVIC_PriorityGroupConfig(u8 NVIC_Group)
{
    u32 temp,temp1;
    temp1=(~NVIC_Group)&0x07;
    temp1<<=8;
    temp=SCB->AIRCR;
    temp&=0X0000F8FF;
    temp|=0X05FA0000;
    temp|=temp1;
    SCB->AIRCR=temp;
}
/********************* NVIC 设置函数 *********************/
void MY_NVIC_Init(u8 NVIC_PreemptionPriority,u8 NVIC_SubPriority,u8 NVIC_Channel,
u8 NVIC_Group)
{
    u32 temp;
    MY_NVIC_PriorityGroupConfig(NVIC_Group);
    temp=NVIC_PreemptionPriority<<(4-NVIC_Group);
    temp|=NVIC_SubPriority&(0x0f>>NVIC_Group);
    temp&=0xf;
    NVIC->ISER[NVIC_Channel/32]|=(1<<NVIC_Channel%32);
    NVIC->IP[NVIC_Channel]|=temp<<4;
}
/*********************时钟配置函数*********************/
void Stm32_Clock_Init(u8 PLL)
{
    unsigned char temp=0;
```

```
    RCC->CR|=0x00010000;
    while(!(RCC->CR>>17));
    RCC->CFGR=0X00000400;
    PLL-=2;
    RCC->CFGR|=PLL<<18;
    RCC->CFGR|=1<<16;
    FLASH->ACR|=0x32;
    RCC->CR|=0x01000000;
    while(!(RCC->CR>>25));
    RCC->CFGR|=0x00000002;
    while(temp! =0x02)
    {
        temp=RCC->CFGR>>2;
        temp&=0x03;
    }
}
/**********************主函数**************************/
void main(void)
{
    Stm32_Clock_Init(9);
    LED_KEY_Init();
    TIM1_Int_Init(9999,7199);
    MY_NVIC_Init(1,3,TIM1_UP_IRQn,2);
    while(1);
}
```

　　只要所设计的系统用到外设,相应的时钟配置函数就是必不可少的。函数 Stm32_Clock_Init 用于设置系统时钟。实际嵌入式系统设计过程中,系统时钟采用基于 HSE 提供的 PLL 时钟信号设置。因此,系统时钟设置函数中需要包括以下内容:

　　① 将 HSE 作为 PLL 时钟源,提供系统时钟。在配置之前,需要检测 HSE 时钟信号是否已经稳定输出;

　　② PLL 初始化设置,采用如下几个语句设置时钟配置寄存器实现:

```
RCC->CFGR=0x00000400;
PLL-=2;
RCC->CFGR|=PLL<<18;
RCC->CFGR|=1<<16;
```

　　通过这样的设置,APB2 总线时钟不分频(相应位域为 000),选择 HSE 作为 PLL 输入(相应的位域为 1),PLL 参数左移 18 位后进行赋值操作,用于设置 PLL 倍频系数;

　　③ 等待 PLL 锁定,通过 while(!(RCC->CR>>25))查询锁定位,进行确定。

　　中断服务函数采用的中断通道为 TIM1_UP_IRQn,这个在库函数里面与 TIM1 的更新中断定义是一致。

（3）仿真运行

在 MDK 环境下，程序编译、连接成功后，进入 Debug 调试模式，设置好逻辑分析器，连续运行函数，仿真结果如图 7.14 所示。在程序连续运行状态下，PA1 引脚上输出周期为 2 s 的方波，也即实现 LED 每 1 s 亮灭一次。

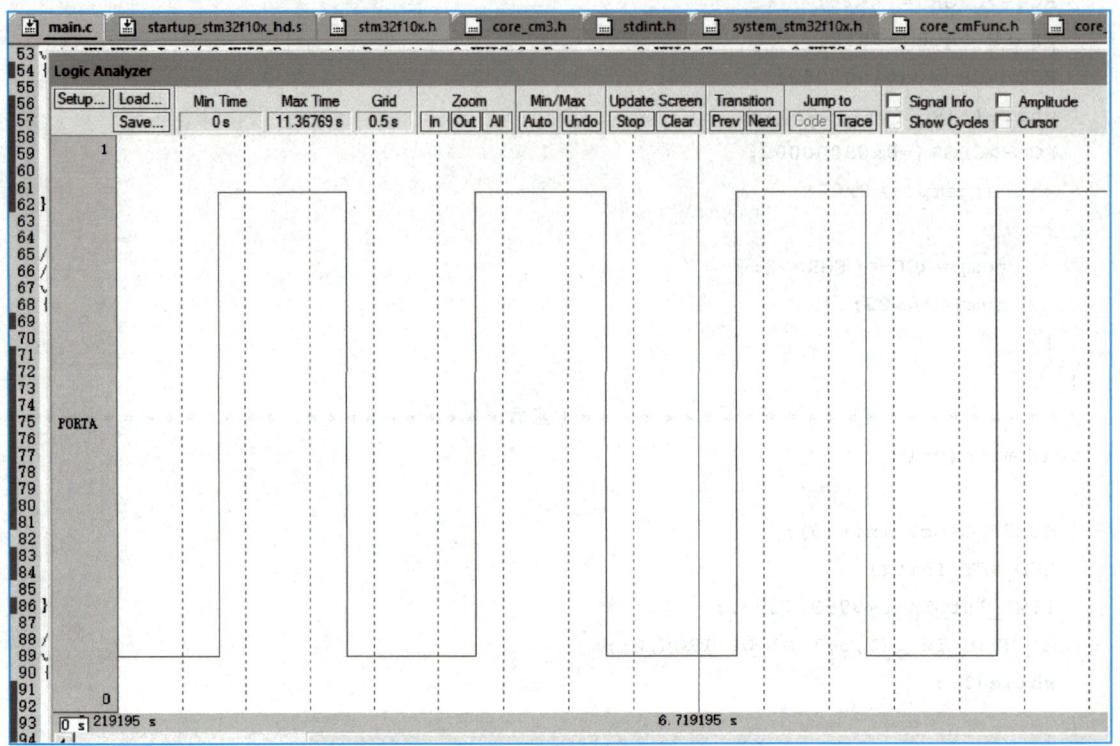

图 7.14
程序运行仿真结果

7.4.2 PWM 应用

1. 定时器产生 PWM 的基本操作步骤

设计目标：以 TIM1 的输出通道 2 产生 PWM，并将信号通过引脚 PA9 输出。需要对定时器进行以下设置：

（1）开启 TIM1 时钟，配置输出引脚 PA9 为复用输出，通过外设时钟使能寄存器 APB2ENR 的第 11 位来设置 TIM1 的时钟。

（2）设置 TIM1_ARR 和 TIM1_PSC 的值。通过这两个寄存器设置自动重装的值，以及分频系数。这两个参数加上时钟频率就决定了 PWM 的周期。

（3）设置 TIM1_CH2 的 PWM 模式。通过配置 TIM1_CCMR1 的相关位来控制 TIM1_CH2 的模式。

（4）使能 TIM1 的 CH2 输出。通过 TIM1_CCER 和 TIM1_BDTR 的第 15 位进行设置。

（5）使能 TIM1。通过 TIM1_CR1 来设置，这是 TIM1 的总开关。

（6）修改 TIM1_CCR2 来控制占空比。在经过以上设置之后，PWM 占空比和频率都是固定的，通过修改 TIM1_CCR2 可以控制 CH2 的输出占空比。

2. 定时器定时中断应用示例

示例：通过 TIM1 在 STM32F103 嵌入式计算机的引脚 PA9 输出频率为 20 kHz，占空比为 25% 的 PWM 波。

（1）分析

PA9 为 TIM1 通道 2 输出的默认映射，通过 TIM1 的输出通道 2 实现。

要实现 20 kHz 的 PWM 频率，需要确定 TIM1 的计数频率和自动重装载值。由于 TIM1 的时钟来自 APB2，假定系统时钟为 72 MHz，设置 APB2 为不分频，则 APB2 的时钟为 72 MHz。

本示例中，设置预分频系数为 0，即不分频，计数器的计数频率为 72 MHz。设置自动重装载值为 3 599，定时器溢出频率为 20 kHz。

程序中可动态修改 TIM1_CCR2 的值来调节 PWM 的占空比。

（2）程序实现

程序代码如下：

```
#include "stm32f10x.h"
/*******************TIM1 PWM 初始化配置函数*******************/
void TIM1_PWM_Init(u16 arr, u16 psc)
{
  RCC->APB2ENR|=1<<11;
  RCC->APB2ENR|=1<<2;
  RCC->APB2ENR|=0x01;
  GPIOA->CRH &=0XFFFFFF0F;
  GPIOA->CRH|=0X000000B0;
  TIM1->ARR=arr;
  TIM1->PSC=psc;
  TIM1->CCMR1|=6<<12;
  TIM1->CCMR1|=1<<11;
  TIM1->CCER|=1<<4;
  TIM1->CR1=0x0080;
  TIM1->CR1|=0x01;
  TIM1->BDTR|=1<<15;
}
/*******************时钟配置函数*******************/
void Stm32_Clock_Init(u8 PLL)
{
  unsigned char temp=0;
  RCC->CR|=0x00010000;
  while(!(RCC->CR>>17));
  RCC->CFGR=0X00000400;
```

```
        PLL-=2;
        RCC->CFGR|=PLL<<18;
        RCC->CFGR|=1<<16;
        FLASH->ACR|=0x32;
        RCC->CR|=0x01000000;
        while(!(RCC->CR>>25));
        RCC->CFGR|=0x00000002;
        while(temp!=0x02)
        {
            temp=RCC->CFGR>>2;
            temp&=0x03;
        }
    }
/*********************主函数***********************/
void main(void)
{
    Stm32_Clock_Init(9);
    TIM1_PWM_Init(3599,0);
    TIM1->CCR2 = 899;
    while(1);
}
```

PWM 初始化函数里面完成功能为:

① 时钟开启。由于采用了相应引脚输出 PWM 信号,属于第二功能应用范畴,开始时钟需要包括:定时器 TIM1 时钟、GPIOA 时钟、第二功能时钟:

```
RCC->APB2ENR|=1<<11;
RCC->APB2ENR|=1<<2;
RCC->APB2ENR|=0x01;
```

② 端口工作模式设置通过 GPIOA->CRH 寄存器操作实现;

③ 占空比和频率设置通过 TIM1->ARR = arr、TIM1->PSC = psc 实现;

④ 设置 CC2 通道的 PWM1 工作模式,即 TIM1->CCMR1 | = 6<<12;

⑤ 使用 TIM1->CCR2 寄存器的影子寄存器,即 TIM1->CCMR1 | = 1<<11;

⑥ 使能 CC2 通道的 PWM 输出,即 TIM1->CCER | = 1<<4、TIM1->BDTR | = 1<<15;

⑦ 定时器 TIM1 的控制寄存器设置,即 TIM1->CR1 = 0x0080;

⑧ 启动定时器工作,即 TIM1->CR1 | = 0x01。

（3）仿真运行

在 MDK 环境下,程序编译、连接成功后,进入 Debug 调试模式,设置好逻辑分析器,连续运行函数,仿真结果如图 7.15 所示。在程序连续运行状态下, 引脚 PA9 上的输出频率为 20 kHz、占空比为 25% 的 PWM 方波。

7.4.3　输入捕获应用

输入捕获模式可以用来测量脉冲宽度或者测量频率。本应用将介绍 TIM1 定时器作为输入

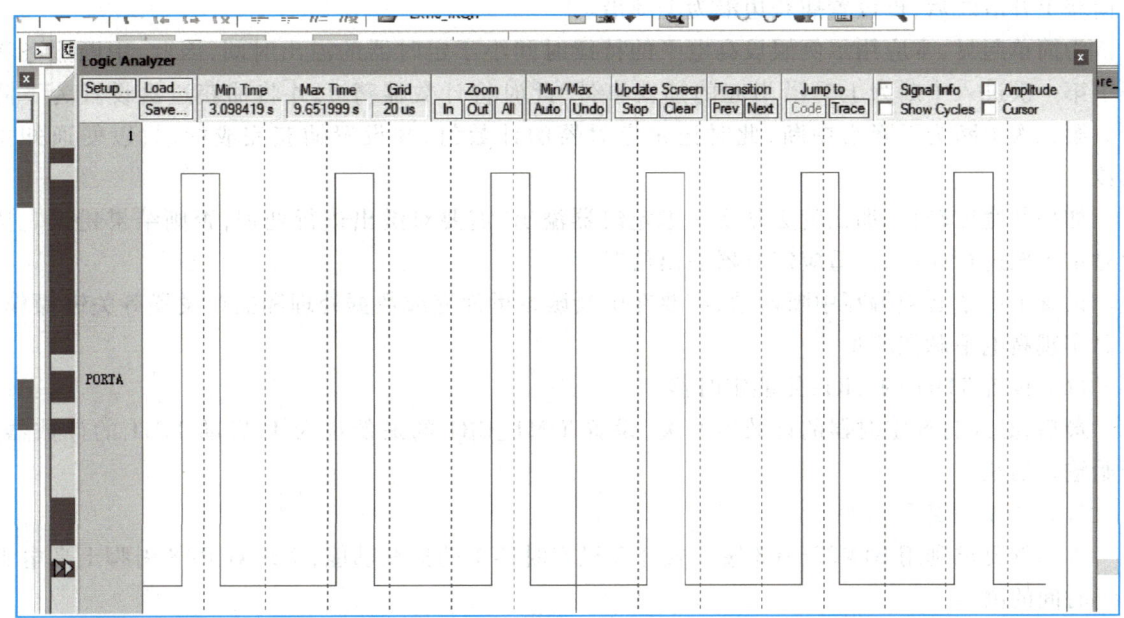

图 7.15
程序运行仿真结果

捕获的使用。将用 TIM1 的通道 1(PA8)用作输入捕获,捕获引脚 PA8 上高电平的脉宽。

1. 定时器输入捕获配置基本步骤

要实现输入捕获功能,需要对定时器进行以下设置(以 TIM1 为例):

(1)开启 TIM1 时钟,配置捕获输入引脚

要使用 TIM1,必须先开启 TIM1 的时钟(通过 APB2ENR 设置)。因为要捕获 TIM1_CH1 上的高电平脉宽,而 TIM1_CH1 连接在引脚 PA8 上,需要配置 PA8 的输入特性。这个例子中,PA8 设置为下拉输入。

(2)设置 TIM1 的 ARR 和 PSC

开启了 TIM1 的时钟后,通过 ARR 和 PSC 两个寄存器的值来设置输入捕获的自动重装载值和计数频率。这两个寄存器决定了 TIM1 工作过程中的定时周期和捕获时间的分辨率,具体数值与实际捕获时间精度相关。

(3)设置 TIM1 的 CCMR1

TIM1_CCMR1 寄存器控制可以通过 TI1、TI2 获取捕获脉冲信号,包括映射关系、滤波、分频等。这里设置通道 TI1 为输入模式,且 IC1 映射到 TI1(通道 1)上,不使用滤波器(提高响应速度)。

(4)设置 TIM1 的 CCER,开启输入捕获,并设置为上升沿捕获。

TIM1_CCER 寄存器需要开启捕获功能设置输入捕获的边沿。只有 TIM1_CCER 寄存器使能输入捕获,外部信号才能被 TIM1 捕获到,同时要设置好捕获边沿,才能得到正确的结果。

(5)设置 TIM1 的 DIER,使能捕获中断,并编写中断服务函数。

因为要捕获的是高电平信号的脉宽,所以第一次捕获是上升沿,第二次捕获是下降沿。必须

在捕获上升沿之后,再设置捕获边沿为下降沿。

为简单起见,本应用示例假设高电平的持续时间小于定时器的溢出时间,因此,中断服务程序中第一次进入中断为上升沿引起的捕获事件,此时将计数器清 0,并将捕获边沿设置为下降沿。第二次中断为下降沿中断,此时记录定时器的计数值,并设置捕获完成标志,以便通知主函数。

如果脉宽比较长,那么就必须要考虑定时器溢出,需要对溢出进行处理,否则结果错误。读者对本示例进行改进,以适应定时器溢出情况。

设置了中断必须编写中断函数,需要在中断函数里面完成数据处理和捕获设置等关键操作,从而实现高电平脉宽测量。

（6）设置 TIM1 的 CR1,使能定时器

最后,必须打开定时器的计数器开关,设置 TIM1_CR1 的最低位为 1,启动 TIM1 的计数器,开始输入捕获。

2. 输入捕获应用示例

本示例要求利用 STM32F103 嵌入式计算机定时器 1 的捕获功能,实现对 PA8 引脚上高电平持续时间的测量。

（1）分析

为了辅助实现高电平捕获,需设置两个全局变量。变量 TIM1CH1_CAPTURE_STA 用来记录捕获状态;变量 TIM1CH1_CAPTURE_VAL 用来记录捕获到下降沿时的 TIM1_CNT 值。捕获高电平脉宽的思路如下（假定高电平持续时间小于定时器溢出时间）:

首先,设置 TIM1_CH1 捕获上升沿,等待上升沿中断到来。当捕获到上升沿时发生中断,在中断服务程序中将定时器清 0。设置 TIM1_CH1 为下降沿捕获。

其次,当捕获到下降沿时发生中断,将计数器的值保存在 TIM1CH1_CAPTURE_VAL 中,并将 TIM1CH1_CAPTURE_STA 设置为 1,表示一次高电平捕获完成。TIM1CH1_CAPTURE_VAL 变量赋值是 TIM1_CCR1 的值,不是 TIM1_CNT 的值。

这样就可以实现一次高电平捕获,TIM1CH1_CAPTURE_STA = 1。在 main 函数处理完捕获数据后,将 TIM1CH1_CAPTURE_STA 置零,开启第二次捕获。

关于捕获功能初始化设置,主要包括:

① 配置捕获输入通道,且 IC1 采用 TI1。由于默认 TIM1 的 CR2 控制寄存器为 0,即 TI1 采用的是 CH1 引脚信号,对应语句为:TIM1->CCMR1 | =1<<0;

② 不采用滤波器,位域设置为 0,对应语句为:TIM1->CCMR1 | =0<<4;

③ 捕获过程中,捕获上升沿,对应语句为:TIM1->CCER | =0<<1;

④ 使能捕获功能,对应语句为 TIM1->CCER | =1<<0;

⑤ 使能 CC1 捕获中断,对应语句为 TIM1->DIER | =1<<1。

（2）程序实现

程序代码如下:

```
#include "stm32f10x.h"
/*******************TIM1 通道 1 输入捕获配置********************/
void TIM1_Cap_Init(u16 arr, u16 psc)
```

```
{
  RCC->APB2ENR|=0x01;
  RCC->APB2ENR|=1<<11;
  RCC->APB2ENR|=1<<2;
  GPIOA->CRH&=0XFFFFFFF0;
  GPIOA->CRH|=0X00000008;
  GPIOA->ODR|=0<<8;
  TIM1->ARR=arr;
  TIM1->PSC=psc;
  TIM1->CCMR1|=1<<0;
  TIM1->CCMR1|=0<<4;
  TIM1->CCMR1|=0<<10;
  TIM1->CCER|=0<<1;
  TIM1->CCER|=1<<0;
  TIM1->DIER|=1<<1;
  TIM1->CR1|=0x01;
}
/**********************TIM1 中断服务程序*********************/
u8   TIM1CH1_CAPTURE_STA=0;
u16  TIM1CH1_CAPTURE_VAL=0;
u8   flg=0;
void TIM1_CC_IRQHandler(void)
{
  if(flg==0)
      {   flg=1;
          TIM1->CNT=0;
          TIM1->CCER|=1<<1;
      }
  else
      {   flg=0;
          TIM1CH1_CAPTURE_STA=1;
          TIM1CH1_CAPTURE_VAL=TIM1->CCR1;
      }
  TIM1->SR=0;
}
/*********************NVIC 分组函数*********************/
void MY_NVIC_PriorityGroupConfig(u8 NVIC_Group)
{
  u32 temp,temp1;
  temp1=(~NVIC_Group)&0x07;
  temp1<<=8;
  temp=SCB->AIRCR;
```

```
    temp&=0X0000F8FF;
    temp|=0X05FA0000;
    temp|=temp1;
    SCB->AIRCR=temp;
}
/*********************NVIC 设置函数*********************/
void MY_NVIC_Init(u8 NVIC_PreemptionPriority,u8 NVIC_SubPriority,u8 NVIC_Channel,
u8 NVIC_Group)
{
    u32 temp;
    MY_NVIC_PriorityGroupConfig(NVIC_Group);
    temp=NVIC_PreemptionPriority<<(4-NVIC_Group);
    temp|=NVIC_SubPriority&(0x0f>>NVIC_Group);
    temp&=0xf;
    NVIC->ISER[NVIC_Channel/32]|=(1<<NVIC_Channel%32);
    NVIC->IP[NVIC_Channel]|=temp<<4;
}
/*********************系统时钟设计*********************/
void Stm32_Clock_Init(u8 PLL)
{ unsigned char temp=0;
    RCC->CR|=0x00010000;
    while(!(RCC->CR>>17));
    RCC->CFGR=0X00000400;
    PLL-=2;
    RCC->CFGR|=PLL<<18;
    RCC->CFGR|=1<<16;
    FLASH->ACR|=0x32;
    RCC->CR|=0x01000000;
    while(!(RCC->CR>>25));
    RCC->CFGR|=0x00000002;
    while(temp! =0x02)
    {
        temp=RCC->CFGR>>2;
        temp&=0x03;
    }
}
/*********************主函数*********************/
    int main(void)
    {
        u32 temp=0;
        Stm32_Clock_Init(9);
        TIM1_Cap_Init(0XFFFF,72-1);
```

```
    MY_NVIC_Init(2,0,TIM1_CC_IRQn,2);
    while(1)
    {
        if(TIM1CH1_CAPTURE_STA==1)
        {
            temp=TIM1CH1_CAPTURE_VAL;
            TIM1CH1_CAPTURE_STA=0;
        }
    }
}
```

（3）仿真运行

在 MDK 环境下，程序编译、连接成功后，进入 Debug 调试模式，打开 GPIOA PANEL，在图 7.16 所示位置设置断点，开始连续运行函数，在 GPIOA PANEL 上连击两次 PA8，程序停在如图 7.17 所示断点处。

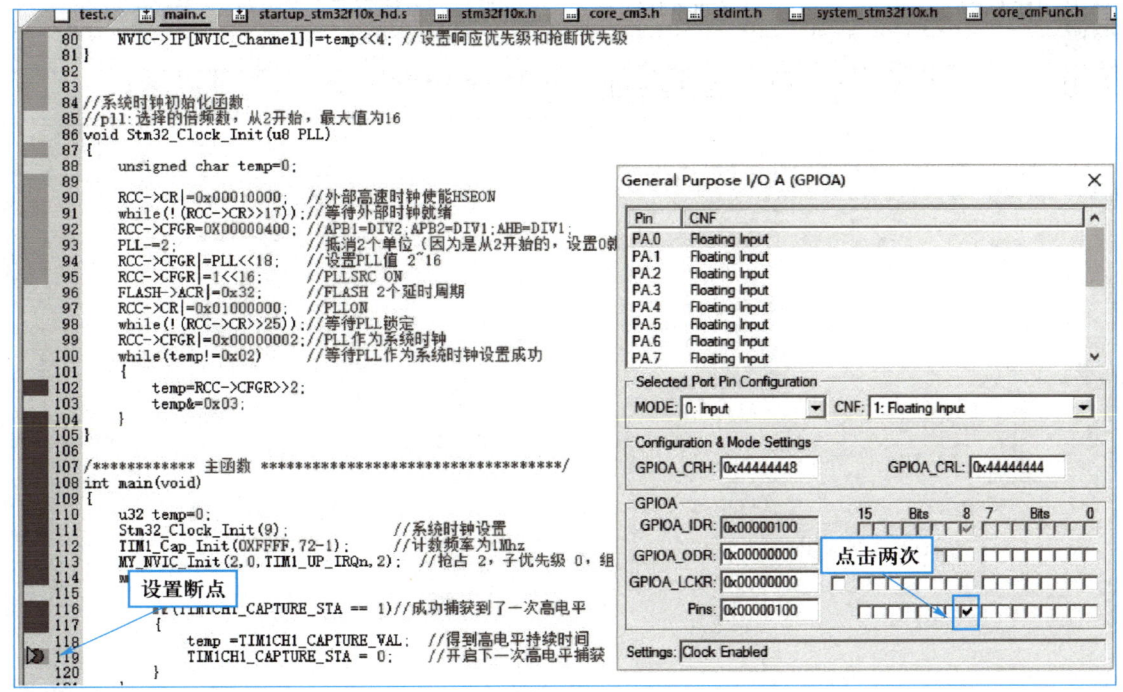

图 7.16

设置断点

通过图 7.16 和图 7.17 可以看出，在程序连续运行状态下，连击两次 PA8 引脚，可以模拟产生一次高电平持续时间，程序停在图 7.16 所示的断点处。此时，变量 temp 的值就是本次高电平持续时间的计数器计数值。这个变量数值，就是通过利用定时器捕获功能得到数值。这个数值，结合定时器驱动信号脉冲频率，就可以得到高电平的持续时间。

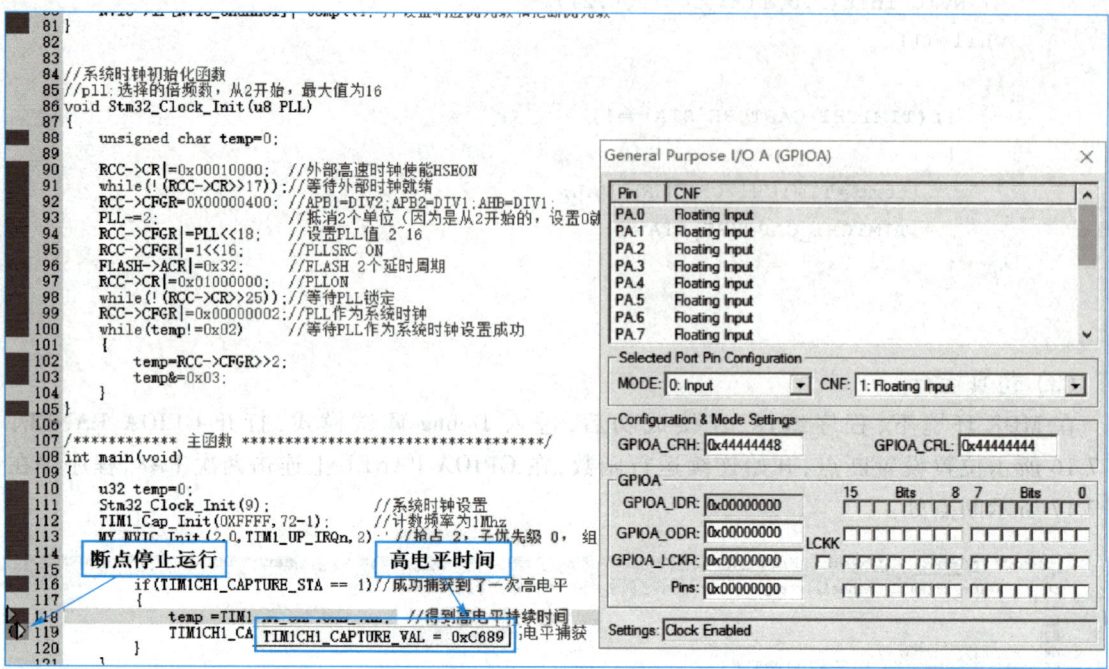

```
 81 }
 82
 83
 84 //系统时钟初始化函数
 85 //pll:选择的倍频数，从2开始，最大值为16
 86 void Stm32_Clock_Init(u8 PLL)
 87 {
 88     unsigned char temp=0;
 89
 90     RCC->CR|=0x00010000;   //外部高速时钟使能HSEON
 91     while(!(RCC->CR>>17));//等待外部时钟就绪
 92     RCC->CFGR=0X00000400; //APB1=DIV2;APB2=DIV1;AHB=DIV1;
 93     PLL-=2;               //抵消2个单位（因为是从2开始的，设置0就
 94     RCC->CFGR|=PLL<<18;   //设置PLL值 2~16
 95     RCC->CFGR|=1<<16;     //PLLSRC ON
 96     FLASH->ACR|=0x32;     //FLASH 2个延时周期
 97     RCC->CR|=0x01000000;  //PLLON
 98     while(!(RCC->CR>>25));//等待PLL锁定
 99     RCC->CFGR|=0x00000002;//PLL作为系统时钟
100     while(temp!=0x02)     //等待PLL作为系统时钟设置成功
101     {
102         temp=RCC->CFGR>>2;
103         temp&=0x03;
104     }
105 }
106
107 /*********** 主函数 ***********************************/
108 int main(void)
109 {
110     u32 temp=0;
111     Stm32_Clock_Init(9);      //系统时钟设置
112     TIM1_Cap_Init(0XFFFF,72-1);   //计数频率为1Mhz
113     MY_NVIC_Init(2,0,TIM1_UP_IRQn,2);//抢占 2，子优先级 0，组
114
115
116         if(TIM1CH1_CAPTURE_STA == 1)//成功捕获到一次高电平
117         {
118             temp =TIM1         //得到高电平持续时间
119             TIM1CH1_CA         电平捕获
120         }
121 }
```

断点停止运行   高电平时间

TIM1CH1_CAPTURE_VAL = 0xC689

图 7.17

程序运行仿真结果

第 8 章　DMA控制器

8.1　DMA 技术

直接存储器存取(direct memory access,DMA)是一种高速的数据传输操作,允许在外部设备和存储器之间直接读写数据。整个数据传输操作在 DMA 控制器作用下,实现高速外设和存储器之间自动成批交换数据,尽量减少 CPU 的干预。CPU 除了在数据传输开始和结束时做一点处理外,在传输过程中可以做其他的工作。在大部分时间里,CPU 和 DMA 传输过程为并行操作,使整个计算机系统的效率大大提高。

DMA 允许存储器与外设之间直接交换数据,传输过程中,不需要经过 CPU 的中转。内存地址的修改、传送完毕的应答,都由硬件电路实现。DMA 传送只需要执行一个 DMA 周期,相当于一个总线读写周期,极大地提高了数据的传输速度。

DMA 主要适用于一些高速的 I/O 设备。这些设备传输字节或字的速度非常快。如果用输入输出指令或采用中断的方法来传输数据,会大量占用 CPU 的时间,同时也容易造成数据的丢失。采用 DMA 能够使 I/O 设备直接和存储器进行数据的快速传送。通常在数据流量较大(kbit/s 或者更高),如视频、音频和网络通信时应用较为广泛。DMA 传输对于高效能嵌入式系统非常有用。

8.2　主要特性

在 STM32F103 系列嵌入式计算机中,基本 DMA 控制器

有 7 个通道,每个通道专门用来管理一个或多个外设对存储器访问的请求。芯片内部的 DMA 主要特性可以概括为:

(1) 每个通道都可以通过软件设置相应的工作状态。

(2) 通道存在优先级(四级:很高、高、中等和低)。优先级可以通过软件设置。在优先级相等时,通过硬件决定优先级(请求 0 优先于请求 1,依此类推)。

(3) 源数据区和目标数据区相互独立,支持字节、半字、字类型的数据传输。

(4) 具备循环、非循环两种工作模式。

(5) 每个通道都存在 3 个事件标志,即 DMA 半传输、DMA 传输完成、DMA 传输出错。这 3 个事件都可以产生中断。

(6) 数据传输方式包括:存储器和存储器间的传输、外设和存储器的传输、外设与外设的传输。

(7) 传输过程中的数据数目可以通过软件设计,最大为 65 535。

8.3 数据传输过程

DMA 控制器和内核共用系统数据总线,执行直接存储器数据传输。当 CPU 和 DMA 控制器同时访问相同的存储器或外设时,DMA 控制器会停止 CPU 访问系统总线若干个周期。总线仲裁器执行循环调度,以保证 CPU 至少可以得到一半的系统总线使用权。DMA 功能框图如图 8.1 所示。

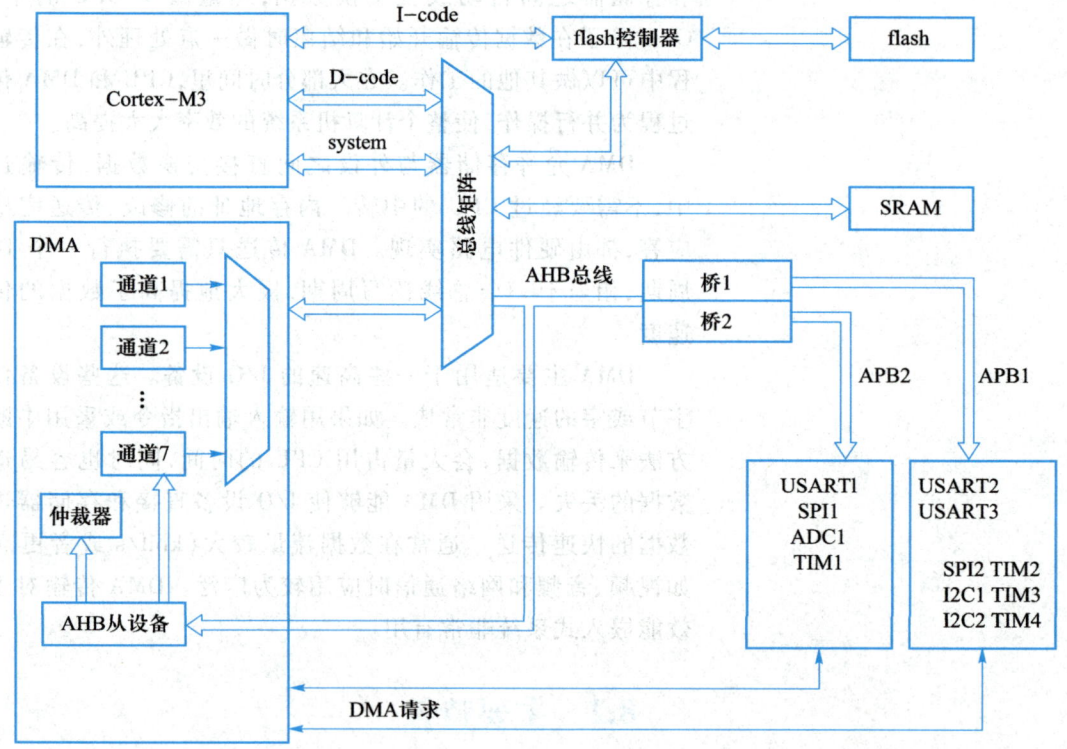

图 8.1

DMA 功能框图

DMA 的建立过程包括以下几个方面：

（1）外设发出 DMA 请求信号。

（2）收到一个请求信号后，DMA 控制器根据通道的优先级处理请求。DMA 开始访问外设，向外设发出应答信号。

（3）外设得到 DMA 应答信号时，立即释放 DMA 请求。

（4）DMA 控制器撤销应答信号。

DMA 传送过程，包括以下几个方面：

（1）数据加载。数据来源包括为：外设数据寄存器、DMA_CMARx 寄存器指定地址的存储器单元。

（2）数据存储。存储对象为：外设数据寄存器、DMA_CMARx 寄存器指定地址的存储器单元。

（3）数据指针操作。通过执行 DMA_CNDTRx 寄存器的递减操作，可实现批量数据传送。

多个 DMA 请求出现时，仲裁器根据通道请求的优先级，进行具体通道的 DMA 请求处理。DMA 请求优先级主要通过软件和硬件两个层次实现：

（1）软件层次。依据 DMA_CCRx 寄存器中设置的每个通道的优先级实现。

（2）硬件层次。相同的软件优先级 DMA 请求出现时候，较低编号的通道比较高编号的通道，具有更高的优先级。

DMA 数据传输过程，需要设置 DMA 通道 x 配置寄存器（DMA_CCRx）（$x = 1 \sim 7$），实现相关工作模式设置。各个位的使用方式如表 8.1 所示。

表 8.1　DMA 通道配置寄存器（DMA_CCRx）

位域	功能介绍	使用备注
31~15	保留位，没有意义	无任何意义
14	MEM2MEM：数据传输模式设置。 0：外设到存储器模式； 1：存储器到存储器模式	需要依据源数据和目标数据存放位置进行设置
13~12	PL[1：0]：通道优先级设置。 00：低；01：中 ；10：高；11：最高	该位在应用过程中，需要设置
11~10	MSIZE[1：0]：数据传输中，存储器端数据的宽度。 00：8 位；01：16 位；10：32 位；11：保留	该位在应用过程中，需要设置
9~8	PSIZE[1：0]：数据传输中，外设端数据的宽度。 00：8 位；01：16 位；10：32 位；11：保留	该位在应用过程中，需要设置
7	MINC：存储器地址是否采用增量操作。 0：不采用； 1：采用	地址变化模式设置。外设和存储器的指针在每次传输后可以有选择地完成自动增量。当设置为增量模式时，下一个要传输的地址将是前一个地址加上增量值。增量值取决于采用的数据宽度
6	PINC：外设地址是否采用增量操作。 0：不采用； 1：采用	

位域	功能介绍	使用备注
5	CIRC:是否采用循环模式。 0:不采用; 1:采用	非循环模式下,在传输结束后将不再产生 DMA 操作。循环模式中,数据传输的数目变为 0 时,将会自动地被恢复成通道配置时设置的初值,数据传输操作将会继续进行
4	DIR:数据传输的来源设置。 0:外设; 1:存储器	该位在应用过程中,需要设置
3	TEIE:传输错误中断使能。 0:禁止; 1:允许	
2	HTIE:半传输中断允许设置位。 0:禁止 HT 中断; 1:允许 HT 中断	依据采用中断类型进行设置
1	TCIE:传输完成中断允许设置位。 0:禁止 TC 中断; 1:允许 TC 中断	
0	EN:通道开启。 0:通道不工作; 1:通道开启	

每个 DMA 通道都可以在有固定地址的外设数据寄存器和存储器地址之间执行 DMA 数据传输。数据传输过程中的源地址和目标地址通过 DMA 通道 x 外设地址寄存器(DMA_CPARx)($x=$ 1~7)、DMA 通道 x 存储器地址寄存器(DMA_CMARx)($x=1 \sim 7$)分别进行设置。这两类寄存器内部可以加载 32 位的数据地址。

DMA 传输的数据量是可编程的,最大达到 65 535,具体通过 DMA 通道 x 传输数量寄存器(DMA_CNDTRx)($x=1 \sim 7$)设置。这个寄存器的低 16 位对应为传输数据量设置,只能在通道不工作(DMA_CCRx 的 EN=0)时进行写入配置。通道开启后,该寄存器变为只读,指示剩余的待传输字节的数目。这个寄存器的内容在每次 DMA 传输后递减。数据传输结束后,寄存器的内容变为 0。在循环数据传输模式下,寄存器的内容将被自动重新加载之前配置时的数值,实现固定数据的循环传输。

针对 DMA 传输过程中出现的三类中断,中断状态寄存器和中断清除寄存器服务于中断处理过程。DMA 中断状态寄存器对应位用于表征出现什么类型中断,如表 8.2 所示。利用表 8.3 所示的中断标志清除寄存器可以清除中断标志,如表 8.3 所示。这两类寄存器有效的数据位为每组 4 位,共 7 组 28 位。

表 8.2　DMA 中断状态寄存器(DMA_ISR)

位域	定义	使用说明
31~28	保留位,没有意义	
27,23,19,15,11,7,3	TEIFx:依次对应 7 个通道传输错误标志。 0:通道 x 没有传输错误; 1:通道 x 发生传输错误	这些位由传输中断出发产生。在 DMA_IFCR 寄存器的相应位写入 1,可以清除这里对应的标志位
26,22,18,14,10,6,2	HTIFx:依次对应 7 个通道半传输中断标志。 0:通道 x 没有半传输事件; 1:通道 x 产生半传输事件	
25,21,17,13,9,5,1	TCIFx:依次对应 7 个通道传输中断标志。 0:通道 x 没有传输完成事件; 1:通道 x 产生传输完成事件	
24,20,16,12,8,4,0	GIFx:通道 x 的全局中断标志($x=1$~7)。 0:通道 x 没有 TE、HT 或 TC 事件; 1:通道 x 产生 TE、HT 或 TC 事件	上述三组中断类型的**或**操作

表 8.3　DMA 中断标志清除寄存器(DMA_IFCR)

位域	定义	使用说明
31~28	保留位,没有意义	
27,23,19,15,11,7,3	CTEIFx:用于清除通道 x 的传输错误标志。 0:不起作用; 1:清除标志位	
26,22,18,14,10,6,2	CHTIFx:用于清除通道 x 的半传输标志。 0:不起作用; 1:清除标志位	这些位通过软件进行设置,写 1 清除对应标志
25,21,17,13,9,5,1	CTCIFx:用于清除通道 x 的传输完成标志。 0:不起作用; 1:清除标志位	
24,20,16,12,8,4,0	CGIFx:用于清除通道 x 的全局中断标志。 0:不起作用; 1:清除对应的 GIF、TEIF、HTIF 和 TCIF 标志位	

　　DMA 数据传输过程中,DMA 通道配置寄存器的 PSIZE 和 MSIZE 需要设置相同的长度。当 PSIZE 和 MSIZE 不相同时,DMA 模块将按照表 8.4 进行数据对齐。

表 8.4　可编程的数据传输宽度和大小端操作

源端宽度	目标宽度	传输数目	源地址	传输操作说明	目标地址
8	8	4	0x0/B0 0x1/B1 0x2/B2 0x3/B3	源地址连续 4 个字节,依次存入目标地址 4 个字节存储单元	0x0/B0 0x1/B1 0x2/B2 0x3/B3
8	16	4	0x0/B0 0x1/B1 0x2/B2 0x3/B3	源地址的每个字节,扩展为半字后,存入到目标地址的 2 个字节存储单元	0x0/00B0 0x2/00B1 0x4/00B2 0x6/00B3
8	32	4	0x0/B0 0x1/B1 0x2/B2 0x3/B3	源地址的每个字节,扩展为字后,存入到目标地址的 2 个字节存储单元	0x0/000000B0 0x4/000000B1 0x8/000000B2 0xC/000000B3
16	8	4	0x0/B1B0 0x2/B3B2 0x4/B5B4 0x6/B7B6	源地址的每半个字对应的低 8 位,依次存入目标地址 4 个字节存储单元	0x0/B0 0x1/B2 0x2/B4 0x3/B6
16	16	4	0x0/B1B0 0x2/B3B2 0x4/B5B4 0x6/B7B6	源地址的每半个字,存入目标地址 2 个字节存储单元	0x0/B1B0 0x2/B3B2 0x4/B5B4 0x6/B7B6
16	32	4	0x0/B1B0 0x2/B3B2 0x4/B5B4 0x6/B7B6	源地址的每半个字扩展为字后,存入到目标地址的 4 个字节存储单元	0x0/0000B1B0 0x4/0000B3B2 0x8/0000B5B4 0xC/0000B7B6
32	8	4	0x0/B3B2B1B0 0x4/B7B6B5B4 0x8/BBBAB9B8 0xC/BFBEBDBC	源地址每个字对应的低 8 位,依次存入目标地址 4 个字节存储单元	0x0/B0 0x1/B4 0x2/B8 0x3/BC
32	16	4	0x0/B3B2B1B0 0x4/B7B6B5B4 0x8/BBBAB9B8 0xC/BFBEBDBC	源地址每个字对应的低 16 位,存入目标地址 2 个字节存储单元	0x0/B1B0 0x2/B5B4 0x4/B9B8 0x6/BDBC
32	32	4	0x0/B3B2B1B0 0x4/B7B6B5B4 0x8/BBBAB9B8 0xC/BFBEBDBC	源地址的每半个字,存入到目标地址的 4 个字节存储单元	0x0/B3B2B1B0 0x4/B7B6B5B4 0x8/BBBAB9B8 0xC/BFBEBDBC

从外设(TIMx、ADC、SPIx、I^{2}Cx 和 USARTx)产生的 DMA 请求,通过逻辑**或**输入到 DMA 控制器的各个通道中。这意味着同时只能有一个请求有效,如图 8.2 所示的 DMA 请求映像。各个通道的 DMA 请求对应的外设请求一览表见表 8.5。7 个通道的 DMA 外设请求可以通过设置外设控制寄存器的相应控制位,进行独立地开启或关闭。每个通道可以通过 DMA 通道配置寄存器进行开启或关闭。

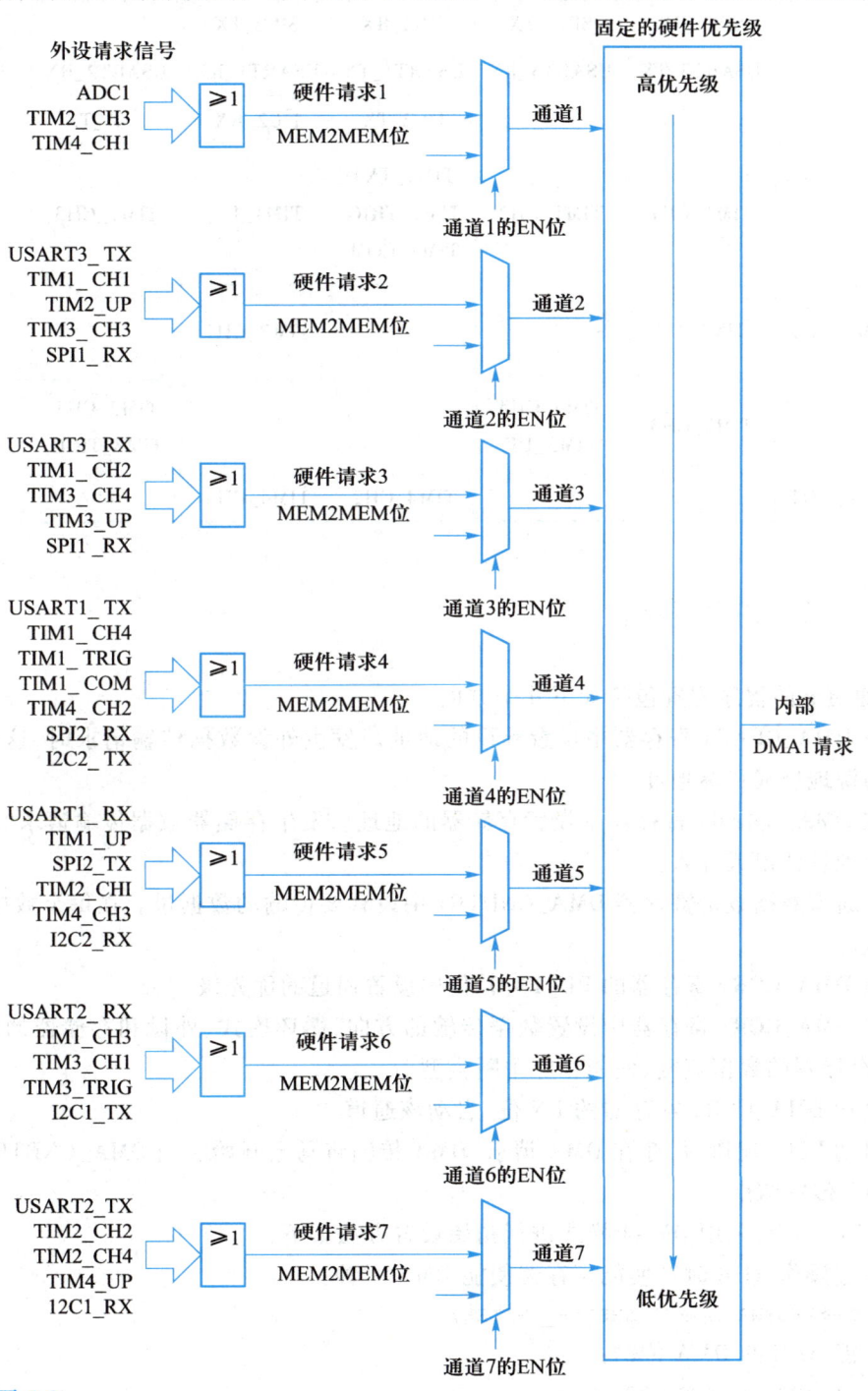

图 8.2

DMA 请求映像

表 8.5　各个通道的 DMA 请求对应的外设请求一览表

外设	通道 1	通道 2	通道 3	通道 4	通道 5	通道 6	通道 7
ADC	ADC1						
SPI		SPI1_RX	SPI1_TX	SPI2_RX	SPI2_TX		
USART		USART3_TX	USART3_RX	USART1_TX	USART1_RX	USART2_RX	USART2_TX
I^2C				I^2C2_TX	I^2C2_RX	I^2C1_TX	I^2C1_RX
TIM1		TIM1_CH1	TIM1_CH2	TIM1_TX4 TIM1_TRIG TIM1_COM	TIM1_UP	TIM1_CH3	
TIM2	TIM2_CH3	TIM2_UP			TIM2_CH1		TIM2_CH2 TIM2_CH4
TIM3		TIM3_CH3	TIM3_CH4 TIM3_UP			TIM3_CH1 TIM3_TRIG	
TIM4	TIM4_CH1			TIM4_CH2	TIM4_CH3		TIM4_UP

8.4　DMA 应用分析

DMA 通道 x 的程序配置包括如下几个方面:

(1) 在 DMA_CPARx 寄存器中设置外设的地址。发生外设数据传输请求时,这个地址将是数据传输的源地址或目标地址。

(2) 在 DMA_CMARx 寄存器中设置存储器的地址。发生存储器数据传输请求时,传输的数据将从这个地址读出或存入。

(3) 在通道数据数量寄存器 DMA_CNDTRx 中设置要传输的数据量。在每个数据传输后,这个数值递减。

(4) 在 DMA_CCRx 寄存器的 PL[1:0] 位中设置通道的优先级。

(5) 在 DMA_CCRx 寄存器中设置数据传输的方向、循环模式、外设和存储器的地址增量方式、外设和存储器的数据宽度、使能相应中断类型。

(6) 设置 DMA_CCRx 寄存器的 EN 位,启动该通道。

(7) 启动 DMA 通道后,存在 DMA 请求,DMA 传输将马上开始。当 DMA_CNDTRx 寄存器变为 0 时,DMA 传输结束。

以 ADC 应用中,采用 DMA1 模式进行初始设置方法如下:

(1) 通过操作 AHB 时钟使能寄存器使能 DMA 时钟:

```
RCC->AHBENR |= RCC_AHBENR_DMA1EN;
```

(2) 使能 ADC 的 DMA 传输:

```
ADC1->CR2 |= ADC_CR2_DMA;
```

（3）将外设 ADC 数据寄存器的地址设置为 DMA 传输的外设地址：

```
DMA1_Channel1->CPAR =(uint32_t)(&(ADC1->DR))
```

（4）设置存储数据的 DMA 存储器地址：

```
DMA1_Channel1->CMAR =(uint32_t)(ADC_array)
```

（5）配置 DMA 通道传输的数据量：

```
DMA1_Channel1->CNDTR = 4;
```

（6）通过通道配置寄存器，设置 DMA 工作方式。依据工作特性设置为：非存储器到存储器模式（0）、优先级为高（11）、传输数据为 8 位到 8 位传输模式（0000）、存储器增模式（1）、外设地址不变（0）、循环模式（1）、从外设读（0）、3 类中断允许（1）、启动 DMA 传输（1）。这个模式对应16 进制数为：0x30AF。对应初始化语句为：

```
DMA1_Channel1->CCR＝0x30AF
```

第9章 异步串行通信

9.1 串行通信

两个不同设备（组件）之间进行数据交互时，需要进行通信。通信方式可以分为并行通信和串行通信两种。两种通信方式在嵌入式系统设计过程中都是需要的。这两种方式各自的特点如下。

（1）并行通信。并行通信通常可以一次传送 8 bit、16 bit、32 bit 甚至更多的位数，相应地就需要 8 根、16 根、32 根信号线，同时需要加入更多的信号地线和各种控制线。在并行通信中，数据信号中无法携带时钟信息，为了保证各信号线上的信号时序一致，并行设备需要严格的同步时钟信号，或者采用额外的时钟信号线。传输数据一般由同步字符、数据字符和校验字符（可选项）组成。其中，同步字符位于帧开头，用于确认数据字符的开始。数据字符在同步字符之后，个数没有限制，由所需传输的数据块长度来决定；校验字符有 1~2 个，用于接收端对接收到的字符序列进行正确性的校验。并行通信传输数据速度快，但是硬件设计复杂、成本高，适用于近距离通信。

（2）串行通信。在串行通信过程中，一个数据的各位被逐位按顺序传送。串行通信的特点是：数据传送按位顺序进行，最少只需一根传输线即可完成，成本低。串行通信的距离可以从几米到几千米。串行通信中，数据通信双方通过一对信号线进行通信，其中一根为信号线，另一根为信号地线。信号电流通过信号线到达目标设备，再经过信号地线返回，构成一个信号回路。串行通信传输数据速度慢，但是成本低，适用于远程通信。随着总线技术的发展,串行通信传输速度慢的缺点得到极大改善。在工业应用领域中,大多采用串行通信的方式进行数据传送。

串行通信按照通信过程中数据的传输方向,可以分为以下几种方式:

(1) 单工:数据传输只支持数据在一个方向上传输;如图 9.1(a)所示。

(2) 半双工:允许数据在两个方向上传输,如图 9.1(b)所示。但是,在某一时刻,只允许数据在一个方向上传输。这种方式实际上是一种切换方向的单工通信,不需要独立的接收端和发送端,可以合并一起使用一个端口。

(3) 全双工:允许数据同时在两个方向上传输,需要独立的接收端和发送端,如图 9.1(c)所示。采用全双工进行数据传输是一般嵌入式系统设计中最常用的数据通信方式。

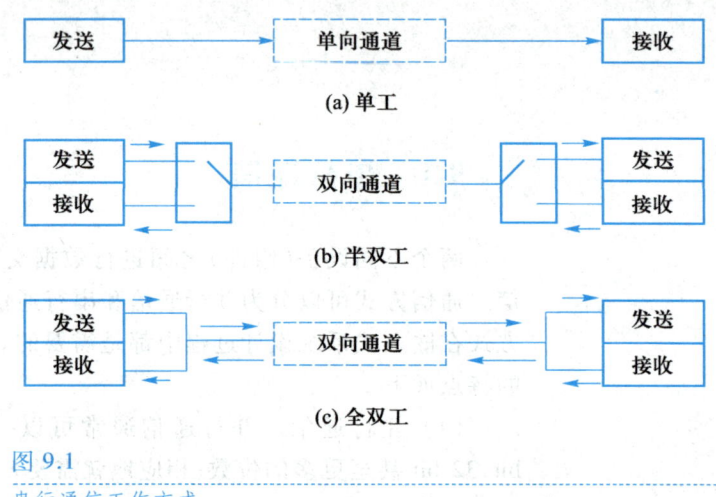

图 9.1
串行通信工作方式

按照是否需要同步信号,串行通信可分为:

(1) 同步通信:带时钟同步信号。收发设备上会使用一根信号线传输信号,在共同时钟信号的驱动下,进行协调数据发送和接收。通信中,通常双方会统一规定在时钟信号的上升沿或者下降沿对数据线进行采样。

(2) 异步通信:不带时钟同步信号。异步通信中不使用时钟信号进行数据同步,而是直接在数据信号中插入一些用于同步的信号位,或者将数据进行打包,以数据帧的格式传输数据。通信中还需要双方规约好数据的传输速率(也就是波特率)等,以便更好地同步。

在同步通信中,所传输的内容绝大部分是有效数据,而异步通信则会包含数据帧的各种标识符。所以同步通信效率高,但是同步通信双方的时钟允许误差小,时钟稍微出错就可能导致数据错乱。异步通信双方的时钟允许误差较大。

保证异步串行通信能够正常工作的基本途径:

(1) 双方约定一致的数据帧格式

每个数据帧包括以下几个部分:

① 起始位:起始位是持续一个比特时间的逻辑"0"电平,用于标志传送一个数据帧的开始。接收端检测到传输线上发送过来的低电平逻辑"0"(即帧起始位)时,确定发送端已开始发送数据。

② 数据位:数据位一般为 5~8 位,紧跟在起始位之后,是被传送帧的有效数据位。传送时,先传送字符的低位,后传送字符的高位。数据位究竟是几位,可由软件来设定。这个参数最好为8,因为嵌入式计算机的数据通常以字节(8 个二进制位)为基本单位。

③ 奇偶校验位:奇偶校验位仅占 1 位,用于进行奇校验或偶校验,也可以不设奇偶校验位。是否使用奇偶校验,需通信双方通过软件进行约定。以传输 16 进制 0x0A(0000 1010)为例,当采用奇校验时,8 个 bit 位中有两个 1,奇偶校验位为 1 才能满足 1 的个数为奇数(奇校验);当采用偶校验时,8 个 bit 位中有两个 1,那么奇偶校验位为 0 才能满足 1 的个数为偶数(偶校验)。

④ 停止位:停止位为 1 位、1.5 位或 2 位,可由软件设定。电平是逻辑"1"电平,标志着传送一个字符的结束。每当接收端收到字符帧中的停止位时,就知道一帧字符已经发送完毕。

⑤ 空闲位:空闲位表示线路处于空闲状态,此时线路上为逻辑"1"电平。空闲位可以没有,此时异步传送的效率最高。

传输数据的顺序就是:开始传输一个起始位,接着传输数据位,紧接着传输校验位(可不需要此位),最后传输停止位,这样一帧的数据就传输完了。如果要发送多个字节,则以上过程周而复始循环执行即可。例如,发送 0x55 和 0xAA 数据,异步串行数据发送过程如图 9.2 所示,数据传输过程中,低位在前,高位在后。

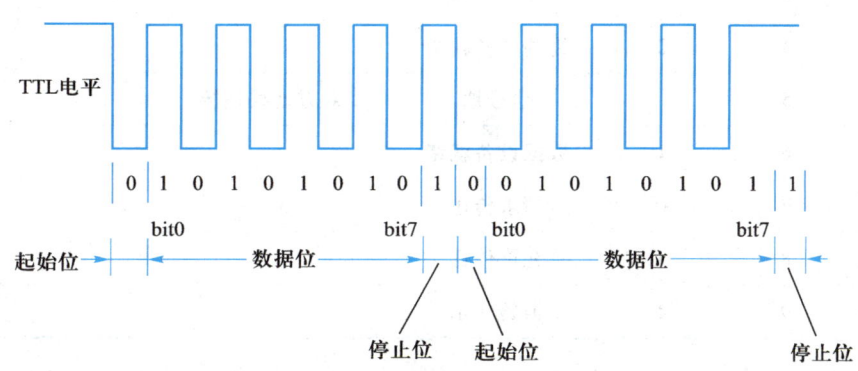

图 9.2
异步串行数据发送过程

(2)双方约定一致的波特率

波特率是指每秒传输的符号数。若每个符号所含的信息量为 1 bit,则波特率等于比特率。在计算机中,一个符号的含义为高低电平,它们分别代表逻辑"1"和逻辑"0",所以每个符号所含的信息量刚好为 1 bit。在计算机通信中,常将比特率称为波特率,即

1 波特(Baud)= 1 位/秒(1 bit/s)。

常用的波特率数值是:110、300、600、1 200、2 400、4 800、9 600、19 200。

波特率可以理解为通信过程中,每秒钟传输的二进制位数。波特率是衡量串行通信数据传输速率的技术指标。

例如,某个异步串行通信过程,设计要求为数据传送速率为 120 Byte/s,每一个数据帧为 10 bit(1 个起始位,8 个数据位,0 个校验位,1 个结束位),则其传送的波特率为 10×120 = 1 200 bit/s = 1 200 Baud。

9.2 常用异步串行通信接口

RS232 是最常用的串行通信标准,是 1969 年由美国电子工业协会(EIA)公布的标准,在全世界获得了极为广泛的应用。这个标准规定了异步串行通信双方接口的机械特性、电气特性、信号功能及传送过程。计算机中的 COM 接口就是典型的 RS232 应用。

RS232 连接器机械接口形式有 DB-25 和 DB-9 两类,目前以 DB-9 最为常见,信号定义如表9.1 所示。电路设计过程中,只需要采用 2(收)、3(发)、5(信号地)三个引脚,就可以完成数据通信。

表 9.1 DB-9 信号定义

信号符号	引脚编号	方向	功能描述	使用特性
DCD	1	I	载波检测	
RxD	2	I	接收数据	在应用过程中,分别连接对方 3、2 引脚
TxD	3	O	发送数据	
DTR	4	O	终端准备就绪	
GND	5		信号地	双方地线连接
DSR	6	I	数据设备就绪	
RTS	7	O	请求传送	
CTS	8	I	允许传送	
RI	9	I	振铃指示	

不是所有的电路都是 5 V 代表高电平,0 V 代表低电平。对于 RS232 标准来说,它是个反逻辑,也叫作负逻辑。计算机 COM 接口进行异步串行通信过程中,TxD 和 RxD 引脚的电压中,$-3\sim$ -15 V 代表 1,$3\sim 15$ V 之间的电压代表 0。低电平代表 1,而高电平代表 0,所以称为负逻辑。这种设计模式,将电平范围拓展到 ± 15 V,以抵抗长距离传输引起的衰减。

采用 RS232 标准进行数据传输,典型特点为:

(1)传输速率较低,最高波特率一般不大于 20 kbit/s。

(2)接口使用一根信号线和一根信号返回线构成共地传输形式,这种共地传输容易产生共模干扰,所以抗噪声干扰性弱。

(3)传输距离有限,一般最长距离保持在 15 m 左右。

RS485 是一种异步串行通信标准。接口信号电平比 RS232 低,不易损坏接口电路的芯片。这个电气特性通过转换芯片,可方便与 TTL 电路、CMOS 电路连接。RS485 的数据最高传输速率为 10 Mbit/s,传输过程中,采用差分方式,抗噪声干扰性好。这种标准采用半双工工作方式,任何时候只能有一点处于发送状态。因此,发送电路须由使能信号加以控制。

RS422 是一种类似 RS485 异步串行通信标准,具有比 RS232 更强的驱动能力,允许在相同传输线上连接多个接收节点。RS422 和 RS485 的电路原理基本相同,都是以差分方式发送和接收,不需要数字地线。RS422 的电气性能与 RS485 大致一样,主要的区别在于:RS422 有 4 根信号线,两根发送(Y、Z)、两根接收(A、B)。由于 RS422 的收与发是分开的,因此可以同时收和发(全双工)。

9.3 异步串行通信接口

嵌入式计算机往往在内部集成通用异步串行收发器(universal asynchronous receiver/transmitter, UART),进行异步串行通信。但是 STM32F103 系列嵌入式计算机提供的异步串行接口具备同步通信能力,因此称为通用同步/异步串行收发器(universal synchronous/ asynchronous receiver/transmitter, USART)。USART 模块的内部结构如图 9.3 所示,具有如下功能:

(1)支持同步单向通信和半双工单线通信;

(2)支持局域网;

(3)支持智能卡协议和 IRDA(红外数据组织)SIR ENDEC 规范;

(4)支持调制解调器操作;

(5)支持全双工异步串行通信。

USART 模块对外进行数据交互所涉及的引脚分为 4 大类:

(1)异步串行通信用 RX 和 TX。其中,RX 为接收数据输入;TX 为发送数据输出。发送和接收是以嵌入式计算机为主体描述。

(2)同步通信用 SCLK。SCLK 为发送器同步时钟输出,用于同步传输的时钟。

(3)IRDA 模式里需要引脚

IRDA_IN:IRDA 模式下的数据输入;

IRDA_OUT:IRDA 模式下的数据输出。

(4)硬件流控模式中需要

nCTS:清除发送。若是高电平,在当前数据传输结束时停止数据发送;

nRTS:发送请求。若是低电平,表明 USART 准备好接收数据。

图 9.3 中,SW_RX 为数据接收引脚,只用于单线和智能卡模式,属于内部引脚,没有具体外部引脚。

实现异步串行通信,主要用到的寄存器有:

(1)用于数据发送的数据寄存器 TDR;

(2)用于数据接收的数据寄存器 RDR;

(3)串行数据和并行数据相互转换的移位寄存器;

(4)波特率设置寄存器;

(5)状态寄存器;

(6)控制寄存器。

USART 的典型特性如下:

(1)支持全双工异步通信;

(2)采用 NRZ(non-return to zero 不归零码)编码格式;

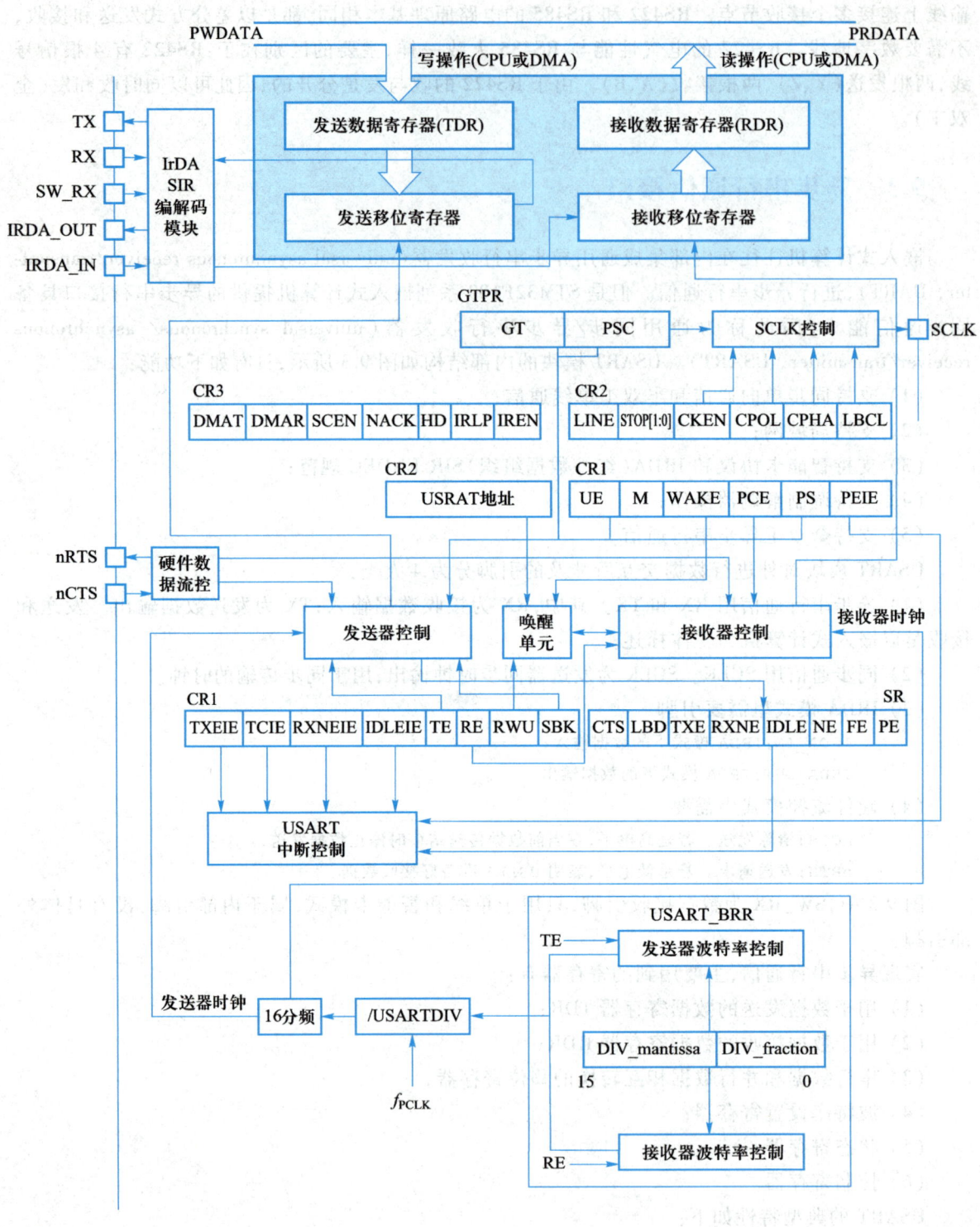

图 9.3

USART 模块的内部结构

（3）波特率通过程序进行设置，最高频率可达 4.5 Mbit/s；

（4）支持 DMA，可以实现高速数据传输；

（5）发送器和接收器具有独立的使能控制位；

（6）具有多个状态标志位，如接收缓冲器满、发送缓冲器空、传输结束标志；

（7）具有校验控制：发送校验位、对接收数据进行校验；

（8）存在错误检测标志：溢出错误、噪声错误、帧错误、校验错误；

（9）存在多个中断源：CTS 改变、LAN 断开符检测、发送数据寄存器空、发送完成、接收数据寄存器满、检测到总线为空闲、溢出错误、帧错误、噪声错误、校验错误。

9.4　异步串行通信硬件连接

异步串行通信过程中，需要用的信号线包括：

（1）RxD：数据输入引脚，数据接收；

（2）TxD：数据发送引脚，数据发送；

（3）GND：用于提供双方基准电平标准。

通信过程中，用于表征数字信号"0"和"1"的电平有多种，导致在电路设计过程中不一致。通信双方采用相同电平表征数字信号时，采用图 9.4 的连接方式。对应典型特征为：双方 GND 共地，同时，TXD 和 RXD 交叉连接。这种交叉连接是因为通信双方的一方为接收，另一方为发送。

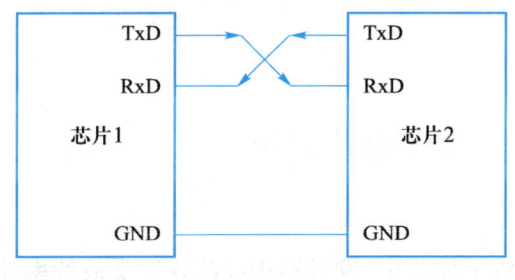

图 9.4
采用相同电平进行连接的方式

通信双方采用不同电平表征数字信号时，采用图 9.5 的连接方式。对应典型特征为：双方 GND 共地，采用电平转换器实现电平之间的转换。

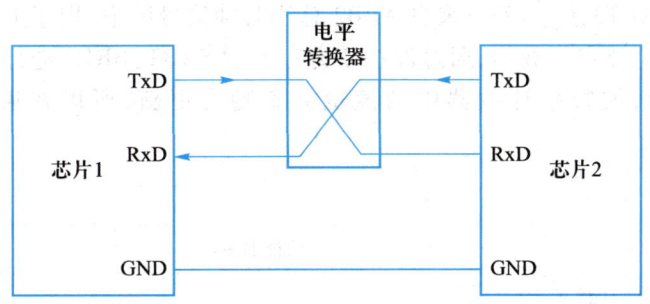

图 9.5
采用不同电平连接的方式

采用 STM32F103 系列嵌入式计算机,与计算机进行异步串行通信的典型接口电路,设计如图 9.6 所示。图中,J1 为计算机 COM 口采用的 DB9 接插件。MAX232 是嵌入式计算机输出的电平转换成 PC 能接收的 232 电平,以及将 PC 输出的 232 电平转换成嵌入式计算机能接收的电平。利用 MAX232 实现了通信双方表征电平不同方式匹配。图 9.6 给出的电路设计方法被广泛使用。

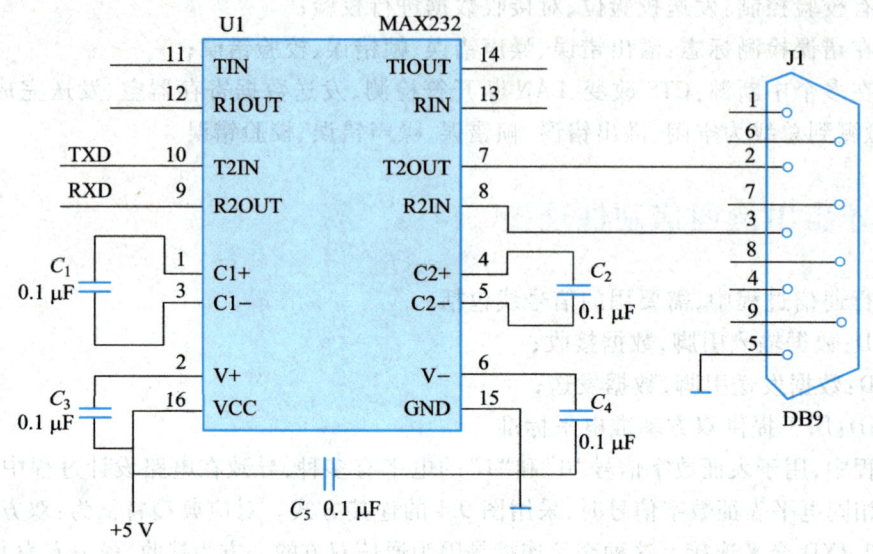

图 9.6
RS232 通信电平转换方法

9.5 异步串行通信软件设计方法

9.5.1 波特率设计

在基于 USART 的异步传输模式中,发送和接收的速度受波特率配置寄存器的控制。波特率和 USART 的时钟输入信号频率的关系为:

$$波特率 = \frac{f_{\text{PCLK}x}}{16 \times \text{USARTDIV}}$$

这里的 $f_{\text{PCLK}x}(x=1、2)$ 是给 USART 外设的时钟信号频率。f_{PCLK1} 表征来自 APB1 总线时钟信号频率,用于 USART2、USART3;f_{PCLK2} 表征来自 APB2 总线时钟信号频率,用于 USART1。

USARTDIV 是一个浮点型数据,通过波特率寄存器(USART_BRR)进行设置,如表 9.2 所示。更新波特率寄存器后,波特率计数器中的值也立刻随之更新,所以在通信进行时不应改变 USART_BRR 中的值。

表 9.2　波特率寄存器(USART_BRR)

位域	功能描述
31～16	保留位,没有意义
15～4	DIV_mantissa:波特率数值的整数部分

位域	功能描述
3~0	DIV_fraction：波特率数值的小数部分

USART_BRR 的第 4~15 位（共 12 位）定义了 USART 分频器除法因子（DIV）的整数部分，记为 DIV_mantissa；0~3 位定义了 USART 分频器除法因子（DIV）的小数部分，记为 DIV_fraction。通过小数部分的设置，可以提高波特率精确度。

例如：如果 DIV_mantissa = 33d，DIV_fraction = 12d，即 USART_BRR = 0x21C。于是

mantissa（USARTDIV）= 33d；

fraction（USARTDIV）=（12/16）d = 0.75d；

USARTDIV = 33.75d。

9.5.2　传输格式一致性设计

异步串行通信过程中，发送和接收数据需要用到数据寄存器（USART_DR），具体如表 9.3 所示。这个数据寄存器能够进行读和写操作，本质是两个寄存器，采用相同的标识符。其中，一个用于数据发送（TDR），在需要数据发送时候，写这个寄存器就可以实现数据发送；另一个用于接收数据（RDR），在需要数据接收时，读这个寄存器，通过变量赋值方式，就可以得到接收数据具体数值。

表 9.3　数据寄存器（USART_DR）

位域	功能描述
31~9	保留位，没有意义
8~0	发送和接收的二进制数值

串行通信中，数据帧的常见数据参数包括停止位的个数、数据长度、奇偶校验位的有无等。发送方和接收方的配置应该相同，这是双方实现正确通信基础。这些参数的设置，通常称为通信协议设置。设置过程中，主要通过 USART_CR1、USART_CR2、USART_CR3 等 3 个控制寄存器进行设置，分别如表 9.4、表 9.5、表 9.6 所示。采用 DMA 传输，需要进行 USART_CR3 设置。

表 9.4　控制寄存器 1（USART_CR1）

位域	功能描述
31~14	保留位，没有意义
13	UE：USART 模块使能设置位。 0：禁止； 1：使能
12	M：字长位。该位定义了数据字的长度。 0：一个起始位，8 个数据位，n 个停止位； 1：一个起始位，9 个数据位，一个停止位

位域	功能描述
11	WAKE:唤醒方法设置位。 0:通过空闲总线唤醒; 1:通过地址标记唤醒
10	PCE:奇偶检验使能设置位。校验位是发送方发出,接收方进行检测。使能奇偶校验后,在发送数据的最高位(如果 M=1,最高位就是第 9 位;如果 M=0,最高位就是第 8 位)设置校验位。接收方按照相应校验方式,进行数据有效性分析。 0:禁止; 1:使能
9	PS:偶校验、奇校验具体设置位。 0:偶校验; 1:奇校验
8	PEIE:PE 中断使能设置位。 0:禁止; 1:当 USART_SR 中的 PE 为 1 时,产生中断
7	TXEIE:发送缓冲区空中断使能设置位。 0:禁止; 1:当 USART_SR 中的 TXE 为 1 时,产生中断
6	TCIE:发送完成中断使能设置位。 0:禁止; 1:当 USART_SR 中的 TC 为 1 时,产生中断
5	RXNEIE:接收缓冲区非空中断使能设置位。 0:禁止; 1:当 USART_SR 中的 ORE 或者 RXNE 为 1 时,产生中断
4	IDLEIE:IDLE 中断使能设置位。 0:禁止; 1:当 USART_SR 中的 IDLE 为 1 时,产生中断
3	TE:发送功能设置位。 0:禁止; 1:使能
2	RE:接收功能设置位。 0:禁止; 1:使能
1	RWU:接收唤醒位。当唤醒信号出现时,该位自动设置为 0。在置于静默模式之前,USART 已经完成字节接收;否则在静默模式下,不能被 WAKE 位设置的空闲总线检测唤醒。 0:正常工作模式; 1:静默模式

位域	功能描述
0	SBK:发送断开帧设置位。 0:不发送断开字符; 1:将要发送断开字符

表 9.5　控制寄存器 2(USART_CR2)

位域	功能描述	使用备注
31~15	保留位,没有意义	
14	LINEN:LIN 模式使能设置位。这个模式可以用 USART_CR1 寄存器中的 SBK 位发送 LIN 同步 break,以及检测 LIN 同步 break。 0:LIN 模式被禁止; 1:LIN 模式被使能	
13~12	STOP:用于设置停止位的个数。 00:1 个; 01:0.5 个; 10:2 个; 11:1.5 个	异步通信需要设置
11	CLKEN:时钟使能设置位。该位用于设置是否输出同步时钟信号。 0:SCLK 引脚被禁止; 1:SCLK 引脚被使能	
10	CPOL:时钟极性设置位。 0:总线空闲时,SCLK 引脚上保持低电平; 1:总线空闲时,SCLK 引脚上保持高电平	同步通信需要设置
9	CPHA:时钟相位设置位。 0:在时钟第一个边沿进行数据捕获; 1:在时钟第二个边沿进行数据捕获	
8	LBCL:设置 USART_CR1 寄存器中的 M 位时钟脉冲是否从 SCLK 引脚输出。 0:不从 SCLK 引脚输出; 1:从 SCLK 引脚输出	
7	保留位,没有意义	
6	LBDIE:LIN break 检测中断使能设置位。 0:禁止; 1:USART_SR 寄存器中的 LBD 为 1,产生中断	

位域	功能描述	使用备注
5	LBDL:LIN break 长度检测设置位。 0:10 位的 break 检测； 1:11 位的 break 检测	
4	保留位,没有意义	
3~0	ADD[3:0]:本机通信地址。该位域地址在多机通信过程中被使用	

表 9.6　控制寄存器 3(USART_CR3)

位域	功能描述	使用备注
31~11	保留位,没有意义	
10	CTSIE:CTS 中断使能设置位。 0:禁止； 1:USART_SR 寄存器中的 CTS 为 1 就产生中断	硬件握手控制,通常异步串行通信可以不使用
9	CTSE:CTS 使能设置位。 0:禁止； 1:CTS 模式使能。nCTS 输入信号有效时才能发送数据	
8	RTSE:RTS 使能设置位。 0:禁止； 1:RTS 模式使能	
7	DMAT:DMA 发送使能设置位。 0:禁止； 1:使能	DMA 使用时才会使用
6	DMAR:DMA 接收使能设置位。 0:禁止； 1:使能	
5	SCEN:智能卡模式使能设置位。 0:禁止； 1:使能	
4	NACK:设置校验错误出现时,是否发送 NACK 位。 0:不发送； 1:发送	
3	HDSEL:是否选择半双工模式。 0:不选择； 1:选择	
2	IRLP:是否选择红外低功耗模式。 0:不选择； 1:选择	

位域	功能描述	使用备注
1	IREN:是否选择红外模式。 0:不选择； 1:选择	
0	EIE:错误中断使能设置位。 0:禁止； 1:使能	

奇偶校验控制(发送时生成一个奇偶校验位,接收时进行奇偶校验)可以通过设置 USART_CR1 寄存器上的 PCE 位而使能。USART_CR1 的 M 位定义的数据位隐含着奇偶校验位,不是真正意义数据位。根据 M 位定义的帧长度,可能的 USART 帧格式列在表 9.7 中。

表 9.7　帧格式

M 位	PCE 位	传输帧格式
0	0	起始位+8 位数据+停止位
0	1	起始位+7 位数据+奇偶检验位+停止位
1	0	起始位+9 位数据+停止位
1	1	起始位+8 位数据+奇偶检验位+停止位

在异步通信模式中,双方没有共享的时钟信号,需要双方协调通信,避免发送方数据发送过快导致接收方数据溢出或丢失,或者接收方在处理完缓冲区中的数据前禁止发送方发送新的数据。协调通信在批量数据传输过程中需要重视。许多嵌入式计算机没有硬件握手机制,发送方和接收两方需预先设置相同的传输速率。接收方必须严格确定数据采样的时刻,否则很容易造成数据接收错误,传输速率越高越明显。这是采用的最基本方法。

STM32F103 系列嵌入式计算机可以采用硬件握手,进行协调通信。USART_CR3 能够设置通信双方是否采用硬件握手。硬件握手需要使用"请求发送(RTS)"和"清除发送(CTS)"。发送方在真正发送数据之前,需设置 RTS 为有效,通知接收方做好接收准备;接收方做好准备后,将 CTS 设置为有效,通知发送方自己已准备好,等待发送方发送数据。发送方等到来自接收方的 CTS 信号才可真正启动数据发送。发送与接收通过 RTS 和 CTS 信号形成硬件互锁机制,保障了双方可靠通信。

9.5.3　通信状态表示

串行通信过程中,会出现多种状态。状态寄存器(USART_SR)用来表征串行通信过程中出现的状态,如表 9.8 所示。

表 9.8　状态寄存器(USART_SR)

位域	功能描述
31~10	保留位,没有意义

位域	功能描述
9	CTS:CTS 标志位。 0:nCTS 状态线上没有变化； 1:nCTS 状态线上发生变化
8	LBD:LIN break 标志位。 0:没有检测到 LIN break； 1:检测到 LIN break
7	TXE:发送数据寄存器空标志位。 0:发送数据寄存器存在数据； 1:发送数据寄存器空
6	TC:发送完成标志位。 0:发送未完成； 1:发送已完成
5	RXNE:读数据寄存器非空标志位。 0:数据寄存器空； 1:寄存器存在数据,可以读出。当接收数据被存放到 USART_DR 寄存器中时,该位被自动设置为 1
4	IDLE:总线空闲标志位。 0:总线不空闲； 1:总线空闲
3	ORE:溢出错误标志位。 0:没有溢出错误； 1:存在溢出错误
2	NE:噪声错误标志位。 0:没有检测到噪声； 1:存在噪声错误。 该位不会产生中断,且和 RXNE 置位一起出现
1	FE:帧错误标志位。 0:没有帧错误； 1:检测到帧错误或者 break 符。 该位不会产生中断,且和 RXNE 置位一起出现
0	PE:校验错误标志位。 0:没有错误； 1:出现校验错误。 该位设置为零的方法:先读 USART_SR,再读 USART_DR

通信过程中,可能产生的常见错误有:

(1)噪声错误。由于存在干扰,数据传输过程中不可避免地会发生错误。STM32F103系列嵌入式计算机用过采样技术进行降噪处理。三次过采样处理过程中,如果采样值不一样(如011),将会产生噪声错误。在接收帧中检测到噪声时,状态寄存器的 NE 位在 RXNE 位的上升沿被置起。无效数据从移位寄存器移送到 USART_DR 寄存器。这种错误情况下,不会产生单独中断,但是 RXNE 位置位,将产生 RXNE 中断。如果 USART_CR3 寄存器的 EIE 位被置位的话,则会产生一个错误中断。

(2)帧错误。波特率偏差会使时钟信号没有同步,或由于有大量噪声,停止位没有在预期的时间内被识别出来,将会产生帧错误。当帧错误被检测到时,FE 位被置位。无效数据从移位寄存器传送到 USART_DR 寄存器。这种错误情况下,不会产生单独中断,但是 RXNE 位置位,将产生 RXNE 中断。如果 USART_CR3 寄存器中 EIE 位被置位的话,则会产生一个错误中断。

(3)溢出错误。在接收数据寄存器已经存在数据的情况下,移位寄存器中的数据要往接收数据寄存器中传送时,会产生溢出错误。这种错误情况下,没有单独中断产生。如果 USART_CR3 寄存器的 EIE 位被置位的话,会产生一个错误中断。

(4)校验错误。接收方对接收到的数据,按照规定的校验方式进行校验时,产生了不同校验结果,将会产生校验错误。校验错误产生后,接收数据无效。这种错误情况下,会产生单独中断,即奇偶校验错中断。

9.5.4 中断信号处理

STM32F103 系列嵌入式计算机在异步串行通信过程中,存在多个中断源,具体如表 9.9所示。

表 9.9 USART 中断请求

中断事件	事件标志
发送数据寄存器空	TXE
CTS 中断	CTS
发送完成	TC
接收数据可读	RXNE
检测到空闲线路	IDLE
奇偶检验错	PE
断开错误	LBD
噪声错误、溢出错误、帧错误	NE、ORE、FE

图 9.7 所示的硬件实现方法避免了不同优先级的多个中断在协调时引发的不确定性,使整个工作状态更加可控,所有中断事件连接到同一个中断向量上。中断服务程序查询各中断标记位以区分中断源,然后再执行相应的处理。中断标记位通过读状态寄存器(USART_SR)的相关位可以得到。

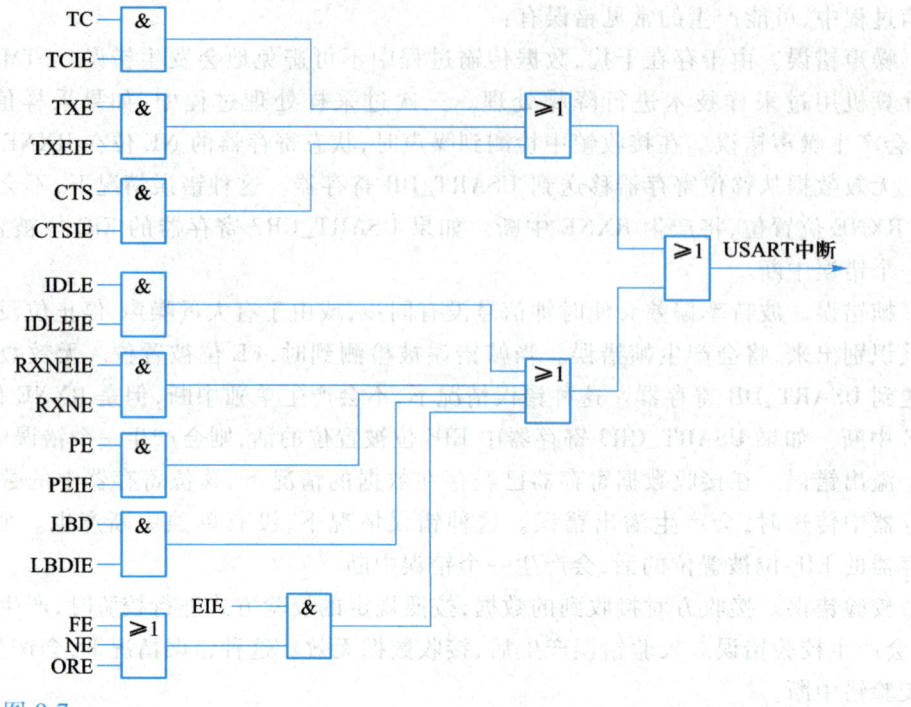

图 9.7

USART 中断映像图

9.5.5 单字节传输

在异步串行通信过程中,单字节传输是最常用的方式。单字节传输的设置需要从以下几个方面进行。

（1）波特率设置,借助于 USART_BRR 波特率寄存器实现。发送方和接收方需要设置相同的波特率。

（2）设置每帧数据基本格式,包括:

① 利用 USART_CR1 的 M 位,定义字长;

② 利用 USART_CR2 的 STOP 位,定义停止位的个数;

③ 选择奇偶校验模式。

（3）利用 USART_CR1 寄存器的 UE 位置 1 来使能 USART。

（4）设置 USART_CR1 中的 TE 位,使能发送功能。

（5）发送数据,即把要发送的数据写进 USART_TDR 寄存器。

（6）查看发送过程是否完成,即查看 TXE 位是否为 1。

（7）发送多个单字节数据时,重复（5）、（6）的过程。

发送方向,发送数据寄存器（TDR）写入字节时,整个数据传输过程启动。在内部移位寄存器和时钟脉冲的驱动下,数据转换为串行比特流输送到 TX 线上。在接收端,RX 线上收到的比特流进入 USART 内部的移位寄存器中。待收到一个完整字节后,数据才会转移到 RDR 中。从接收寄存器（RDR）便可以获取数据。

在数据接收过程中,状态信号和中断标志变化情况如下。

(1) RXNE 位被置 1,说明数据已经被接收并且可以被读出。如果 RXNEIE 位是 1(使能),则会引起中断请求。

(2) 如果检测到帧错误、噪声错误、溢出错误,错误标志位和 RXNE 一起被置 1,同样会产生错误中断。

9.5.6　利用 DMA 实现连续通信

STM32F103 系列嵌入式计算机支持异步串行通信 DMA 传输。在传输大量数据时,采用 DMA 可以提高传输的效率,降低 CPU 的负荷。接收数据和发送数据的 DMA 请求是分别产生。

使用 DMA 进行发送的设置内容主要包括:

(1) 通过设置 USART_CR3 寄存器上的 DMAT 位,使能 DMA 发送过程。

(2) 数据被预先放到 DMA 所设定的 SRAM 区域。

(3) 设置一个 DMA 通道给 USART 发送。

(4) 将 USART_DR 寄存器地址配置成 DMA 传输的目的地址。在每个 TXE 事件有效后,数据将被传送到这个地址。

(5) 将内存地址配置成 DMA 传输的源地址。在每个 TXE 事件有效后,将从此区栈读出数据并传送到 USART_DR 寄存器。

(6) 在 DMA 寄存器中配置要传输的字节数。

(7) 在 DMA 寄存器上配置通道优先级。

(8) 设置中断模式,全部完成时产生 DMA 中断。

(9) 使能 DMA 传输通道。当 DMA 控制器中指定的数据传输完成时,执行中断服务程序。

使用 DMA 进行接收的设置内容包括:

(1) 通过设置 USART_CR3 寄存器上的 DMAR 位,使能 DMA 接收。

(2) 接收到的数据放到 SRAM 区域。

(3) 设置 DMA 通道给 USART 接收。

(4) 将 USART_DR 寄存器地址配置成 DMA 传输的源地址。在每个 RXNE 事件有效后,此地址上的数据将传输到存储器。

(5) 将内存地址配置成 DMA 传输的目标地址。在每个 RXNE 事件有效后,数据将传输到此存储器区。

(6) 在 DMA 控制寄存器中配置要传输的字节数。

(7) 在 DMA 控制寄存器中配置通道优先级。

(8) 设置中断模式,全部完成时产生 DMA 中断。

(9) 使能 DMA 传输通道。当 DMA 控制器中指定的数据批传输完成时,执行中断服务程序。

9.6　应用分析

异步串行通信过程中,经常需要通过结构体方式进行相关寄存器的表征,涉及的关键操作包括如下几个方面：

（1）首先需要设置波特率。波特率的设置通过 USART_BRR 操作可以完成。波特率设置可以借助如下函数实现：

```
void calculateBRR(u32 pclk2,u32 baud)
{
    float temp;
    u16 mantissa;
    u16 fraction;
    temp = (float) pclk2/(baud*16);
    mantissa = temp;
    fraction = (temp-mantissa)*16;
    mantissa = mantissa << 4;
    USART1->BRR = mantissa + fraction;
}
```

在设定 9 600 Baud 时，系统时钟为 72 MHz，执行如下函数即可完成波特率设置：

```
calculateBRR(72000000,9600);
```

（2）数据帧格式以及工作模式设置。数据帧包括数据位、停止位、校验位设置，一般采用 8 位数据、1 个停止位，以及不采用奇偶校验，配置为发送、接收都使能的全双工工作模式，同时允许接收数据中断。初始化 USART1_CR1 对应的 14 个位域为：10 0000 0010 1100，对应初始化语句为

```
USART1->CR1 = 0x202C;
```

采用 1 个停止位，需要将 USART1_CR2 的 13、12 两个位设置为 0，对应初始化语句为：

```
USART1->CR2 = USART1->CR2 & 0xCFFF;
```

（3）采用查询方式进行数据发送。发送数据直接通过将要发送的具体数值，赋值给发送数据寄存器，即

```
USART1->DR = stringtosend[send++];
```

通过查询状态寄存器的 TXE（发送数据寄存器空状态标志位）检测发送是否结束。一旦发现发送完成，即可进行下一个字节发送，如：

```
if((USART1->SR & USART1_SR_TXE) == USART1_SR_TXE)
    {
        USART1->DR = stringtosend[send++];
    }
```

其中，USART1_SR_TXE = 0x80。

（4）数据接收一般采用中断接收。接收的数据存放在接收数据寄存器中。直接通过赋值方式就可以获取接收到的数据。在中断服务程序中，需要通过标志位分析，判断中断为接收数据中断，采用代码如下：

```
if ((USART1->SR & USART1_SR_RXNE) == USART1_SR_RXNE)
{
    Receive_data = (uint8_t)(USART1->DR);
}
```

其中，USART1_SR_RXNE = 0x20。

第10章 串行外设接口

10.1 串行外设接口基本原理

串行外设接口(serial peripheral interface,SPI)提供一种高速、全双工、同步的通信模式。通信过程中,该接口在芯片的管脚上只占用四根线,节约了芯片的管脚,同时为 PCB 布局节省空间。Motorola 首先在其 MC68HC 系列处理器上使用了 SPI。SPI 主要应用在 E^2PROM、flash、实时时钟、A/D 转换器、数字信号解码器等芯片上。由于 SPI 具有简单易用的特性,因此越来越多嵌入式计算机内部集成了 SPI 接口,便于系统 SPI 通信设计。

USART 可以看作是设备间的接口,可用于两个嵌入式系统设备之间传输数据。SPI 更多用作器件间的数据接口,在一个嵌入式系统内部传输数据,如嵌入式计算机和 A/D 转换器之间的通信。

SPI 采用主从式连接架构,通信双方分为主机(master)和从机(slave)。通信过程完全由主机设备发起并控制。从机被动地响应来自主机的请求并给出回复。比特数据流在主机时钟信号的驱动下同步传输。SPI 通信过程中,需要利用通信双方的四根信号线。这四根信号线的定义为:

(1) MISO(master input slave output)

这个信号定义输入输出是相对主机来说的。使用过程中,对于主机来说,MISO 引脚作为数据接收引脚;对于从机来说,MISO 引脚作为数据发送引脚。主机和从机的 MISO 引脚可以直接连接在一起。

（2）MOSI（master output slave input）

这个信号定义输入输出是相对主机来说的。使用过程中,对于主机来说,MOSI 引脚作为数据发送引脚;对于从机来说,MOSI 引脚作为数据接收引脚。主机和从机的 MOSI 引脚可以直接连接在一起。

（3）SCK（serial clock）

SCK 用来同步主机和从机数据传输,作为同步通信过程中双方的同步信号。SCK 由主机产生,当没有时钟跳变时,从机不采集或传送数据。在 SCK 时钟的上升沿或下降沿时改变数据线状态。在紧接着的 SCK 下降沿或上升沿,接收方进行数据读取。经过 8 次时钟信号的改变,就可以完成 8 位数据的传输。

（4）SSEL（slave select）

具体使用过程中,SSEL 信号线用于选择激活指定的从机,由主机驱动,一般低电平有效。SSEL 信号允许在同一总线上连接多个从机 SPI。但是,在同一个时刻,只能有一个从机 SSEL 信号有效,以满足主机-从机单点通信需求。SSEL 信号通常通过 GPIO 产生。

SPI 工作过程中,决定发送和接收信号线中电平高低和数据采样的因素,是时钟极性选择位 CPOL 和时钟相位选择位 CPHA。

时钟极性位 CPOL 用来配置 SCLK 的空闲电平状态。当 SPI 功能使能后,在未进行数据传输以及处于两个字节之间传输间隙时,SCLK 处于空闲状态的电平,应为 0 还是 1,由 CPOL 位确定。

时钟相位选择位 CPHA,决定数据接收端在何时刻对数据线上的信号进行采样:

① 如果 CPHA=0,在时钟的第一个跳变沿数据被采样;

② 如果 CPHA=1,在时钟的第二个跳变沿数据被采样。这两个位需要通过软件设置。

这两个信号的时序匹配如图 10.1 所示。

作为具体的嵌入式计算机,设置为 SPI 的主机,典型电路设计如图 10.2 所示。这个电路的主要特性为:

① 主机使用一个 GPIO 引脚连接到从机的 SSEL,用于选择从机;

② 主机的 SSEL 引脚,直接通过电源上拉;

③ 时钟（SCK）信号由主机产生,传输由主机发送数据来启动;

④ 主机通过 MOSI 发送数据;

⑤ 主机通过 MISO 引脚接收数据。

作为具体的嵌入式计算机,设置为 SPI 的从机,典型电路设计如图 10.3 所示。这个电路主要特性为:

① SSEL 被主机拉低后作为从机使用;

② 接收主机输出时钟信号;

③ 通过 MOSI 引脚接收数据;

④ 通过 MISO 引脚发送数据。

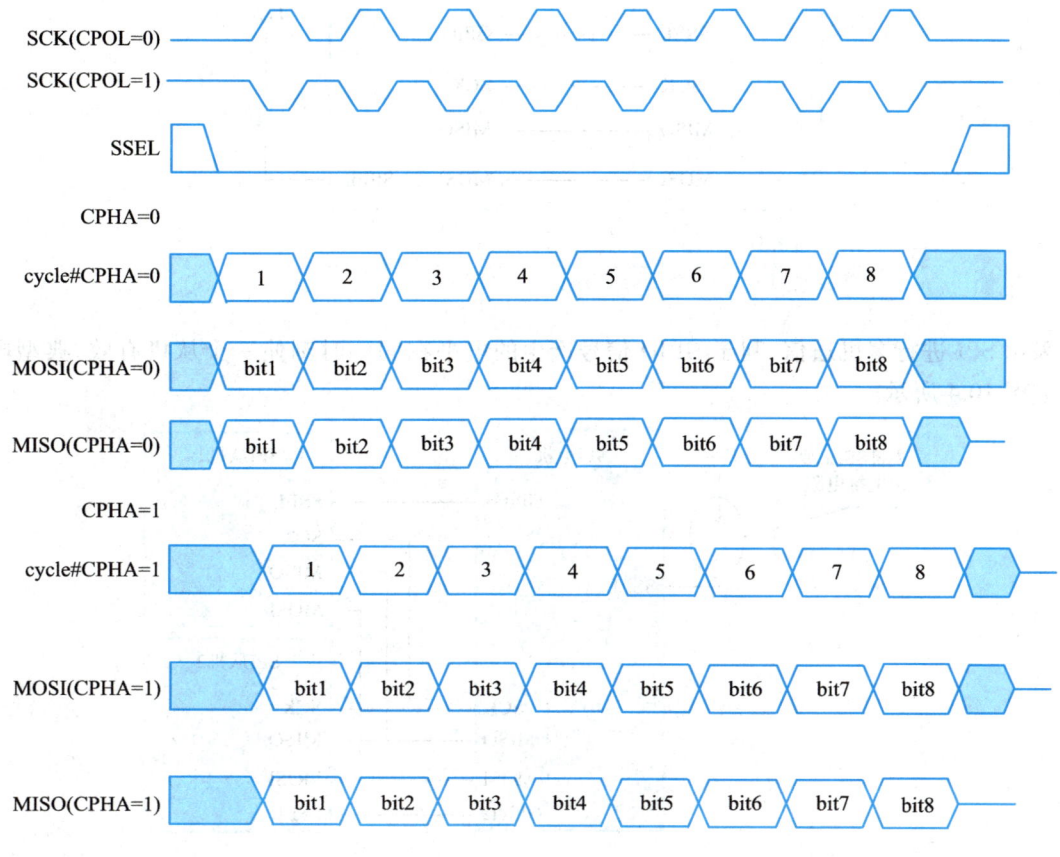

图 10.1

数据发送接收时序匹配

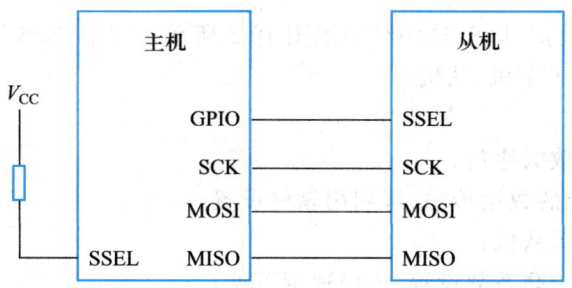

图 10.2

主机设计模式典型电路设计

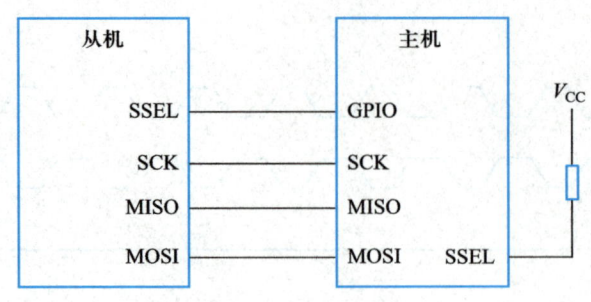

图 10.3
从机设计模式典型电路设计

采用 SPI 进行多机通信,利于 GPIO 信号产生的电平在同一时刻使一个从机有效,典型电路设计如图 10.4 所示。

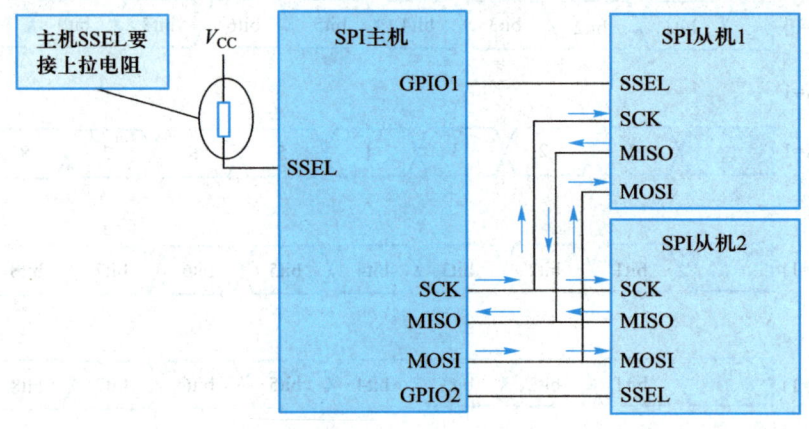

图 10.4
多机通信典型电路设计

10.2 SPI 接口模块

STM32F103 串行外设接口(SPI)的结构如图 10.5 所示。图中,NSS 引脚功能为上述 SSEL 的功能,用于从硬件角度设置主机、从机。

SPI 模块主要特性为:

① 支持全双工同步数据通信;

② 支持 8 位或 16 位的数据传输,可利用软件设置;

③ 能够作为主机或者从机;

④ 可进行波特率预分频系数设置,传输速度可调;

⑤ 支持 DMA 发送和接收请求;

⑥ 存在主模式故障、溢出及 CRC 错误等错误中断;

⑦ 时钟相位位、极性位可以通过软件进行设置;

⑧ 选择作为主机或从机,可以由软件或硬件进行设置,软件可以改变主机、从机设置模式;

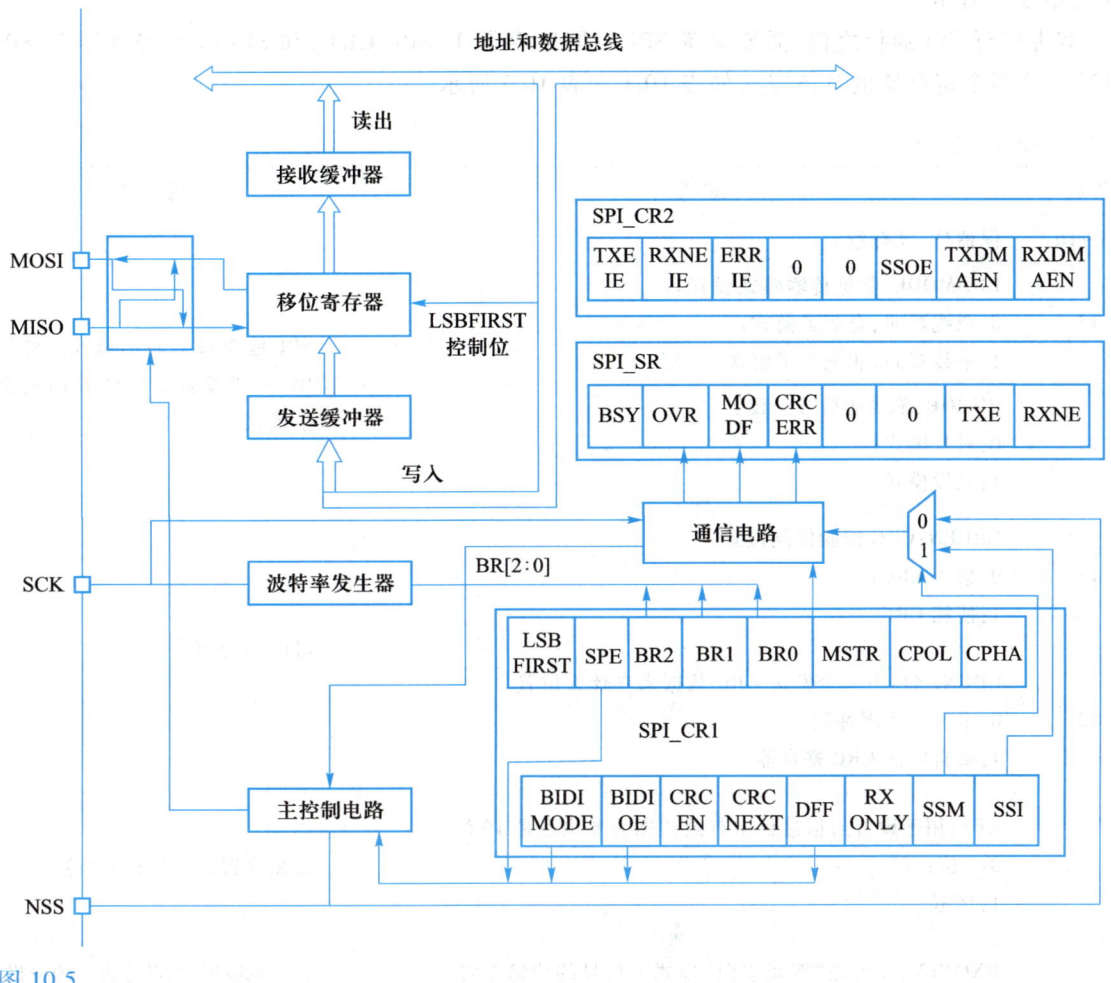

图 10.5

SPI 的结构

⑨ 软件可以设置先发送高位或先发送低位;

⑩ 支持可触发中断的发送事件和接收事件;

⑪ 具有总线忙状态标志;

⑫ 支持硬件 CRC,以实现可靠通信。CRC 的值作为最后一个字节发送;接收方对接收到的最后一个字节进行 CRC 校验。

10.3 数据传输过程

SPI 传输过程中,双方需要一致的波特率和数据传输模式。

(1) 波特率的设置决定 SCK 信号的频率。从机不需要进行波特率设置。主机需要进行波特率设置。

(2) 数据传输模式包括:帧格式、位发送顺序、时钟极性位设置、时钟相位设置、是否采用

CRC、中断设置等。

双方进行 SPI 通信之前,需要设置 SPI 控制寄存器 1(SPI_CR1)和 SPI 控制寄存器 2(SPI_CR2)。这两个寄存器的具体定义如表 10.1 和表 10.2 所示。

表 10.1　SPI 控制寄存器 1(SPI_CR1)

位域	定义	使用注意
31 ~ 16	保留位,没有意义	
15	BIDIMODE:数据传输模式设置。 0:双线双向,全双工模式。 1:单线双向,非全双工模式	SPI 是全双工通信模式。常规使用,一般设置为双线双向的全双工模式
14	BIDIOE:单线通信方向设置。 0:只收模式; 1:只发模式	
13	CRCEN:CRC 校验使能设置。 0:禁止 CRC; 1:使能 CRC	可以不使用
12	CRCNEXT:下一个发送 CRC 数据来自什么位置。 0:来自发送缓冲区; 1:来自发送 CRC 寄存器	
11	DFF:用于设置通信过程中有效数据为 8 位还是 16 位。 0:8 位; 1:16 位	必须设置,一般采用 8 位
10	RXONLY:设置在"双线双向"模式下信号的传输方向。 0:全双工; 1:只接收	多从机应用中,设置为 1 的从机,不输出数据,避免数据线上数据冲突。一般应用过程中设置为 0
9	SSM:决定是否可以通过软件进行从机设置。 0:禁止设置。 1:可以设置	联合使用,通过软件可以设置为从机模式
8	SSI:软件从机设置位。采用软件设置时,从机选择引脚上电平无效。 0:无效; 1:设置为从机	
7	LSBFIRST:用于设置数据发送过程中,先发送高位还是先发送低位。 0:先发送高位; 1:先发送低位	需要设置。通信双方需要设置一致

位域	定义	使用注意
6	SPE:SPI 模块使能设置。 0:禁止； 1:使能	需要设置
5~3	BR[2:0]:波特率分频系数,基准频率为 f_{PCLK}。 000:2；　001:4；　010:8；　011:16； 100:32；　101:64；　110:128；　111:256	需要设置
2	MSTR:主机和从机设置。 0:设置为从机； 1:设置为主机	该位和硬件设置位不冲突,需要设置
1	CPOL:时钟极性设置。该位决定时钟线空闲时的电平状态。 0:低电平； 1:高电平	需要设置
0	CPHA:时钟相位设置。该位决定接收方在哪个时钟边沿采样。 0:在第一个时钟边沿采样； 1:在第二个时钟边沿采样	必须设置

表 10.2　SPI 控制寄存器 2(SPI_CR2)

位域	定义	使用注意
31~8	保留位,没有意义	
7	TXEIE:发送缓冲区空中断使能设置。 0:禁止 TXE 中断； 1:允许 TXE 中断	使用中断发送数据的过程中,需要使能
6	RXNEIE:接收缓冲区非空中断使能设置。 0:禁止 RXNE 中断； 1:允许 RXNE 中断	使用中断接收数据的过程中,需要使能
5	ERRIR:错误(CRCERR、OVR、MODF)中断使能设置。 0:禁止； 1:允许	
4~3	保留位,没有意义	
2	SSOE:多主机工作模式使能设置。 0:可以工作在多主机模式； 1:不能工作在多主机模式	

位域	定义	使用注意
1	TXDMAEN:发送缓冲区 DMA 使能设置。 0:禁止； 1:使能	
0	RXDMAEN:接收缓冲区 DMA 使能设置。 0:禁止； 1:使能	

SPI 通信过程中,必须设置的内容包括:

（1）本嵌入式计算机需要设置为主机或者从机,对应如下设置方法:

① 主机设置:NSS 引脚在电路设计过程中设置为高电平;SPI_CR1 的 MSTR 位设置为 1。

② 从机设置,可以通过硬件方式和软件方式设置。

硬件方式:NSS 引脚设置为低电平。SPI_CR1 的 MSTR 位设置为 0、SSM 位设置为 0。

软件方式:SPI_CR1 的 MSTR 位设置为 0、SSM 位设置为 1,软件设置为从机,忽略 NSS 引脚电平。从机设置通过软件设置 SSI 位实现,SSI 位设置为 1,即工作在从机模式。

（2）设置通信模式。一般采用全双工、不用 CRC 校验、8 位传输模式,即 BIDIMODE=0、CRCEN=0、DFF=0、LSBFIRST=1。从机和主机需要设置为相同的模式。

（3）设置 CPOL 和 CPHA 位,确定数据和时钟信号之间的关系。从机和主机的 CPOL 和 CPHA 位必须设置相同。

（4）波特率设置。主机设置波特率,依据时钟频率设置波特率分频系数。

（5）使用 SPI 接口功能,必须进行 SPI 功能使能。

数据发送和接收过程中,需要用到 SPI 数据寄存器(SPI_DR)。这个寄存器对应两个缓冲区:一个用于数据发送;另一个用于数据接收。"写"操作这个寄存器,将写入数据到发送缓冲区,在时钟信号驱动下,数据将会串行发送出去。"读"操作这个寄存器,将得到接收缓冲区里的数据。对于 8 位数据传输,发送和接收时只会用到 SPI_DR[7:0]。对于 16 位数据传输,发送和接收时会用到 SPI_DR[15:0]。这个寄存器定义如表 10.3 所示。

表 10.3　SPI 数据寄存器(SPI_DR)

位域	定义
31~16	保留位,没有意义
15~0	发送和接收数据

循环冗余校验码(cyclic redundancy check,CRC)是一种能力相当强的检错、纠错码,并且实现编码和检码的电路比较简单,常用于串行传送,保证全双工通信的可靠性。STM32F103 系列嵌入式计算机具备 CRC 校验功能。

数据发送和数据接收分别使用单独的 CRC 计算器,对每一个接收数据进行可编程的多项式运算来计算 CRC。CRC 计算是在采样时钟边沿进行的。针对发送的数据是 8 位还是 16 位,具有 CR8 和 CRC16 两种模式。为了实现 CRC 功能,SPI 模块有 3 个寄存器,如表 10.4、表 10.5、表 10.6 所示。

表 10.4　SPI CRC 多项式寄存器(SPI_CRCPR)

位域	功能
15~0	用于设置 CRC 计算多项式

表 10.5　SPI Rx CRC 寄存器(SPI_RXCRCR)

位域	功能
15~0	数值内容为依据收到的数据计算出的 CRC 数值。对于 8 位数据通信,低 8 位有效,且按照 CRC8 进行计算;对于 16 位数据通信,全部数据有效,且按照 CRC16 进行计算

表 10.6　SPI Tx CRC 寄存器(SPI_TXCRCR)

位域	功能
15~0	数值内容为依据将要发送的数据计算的 CRC 数值。对于 8 位数据通信,低 8 位有效,且按照 CRC8 进行计算;对于 16 位数据通信,全部数据有效,且按照 CRC16 进行计算

采用 CRC 校验时,需要使能 SPI_CR1 寄存器中的 CRCEN 位。使能 CRCEN 位时,同时复位 SPI_RXCRCR 寄存器和 SPI_TXCRCR 寄存器。SPI_CR1 的 CRCNEXT 位设置为 1 后,SPI_TXCRCR 的内容将在当前字节发送之后发出。发送 CRC 后,CRCNEXT 位被清除。接收方接收到的 CRC 和 SPI_RXCRCR 值进行比较,用于判断通信状态是否可靠有效。

10.4　数据传输过程中的状态

数据传输过程中出现的状态包括:

(1) 数据发送中,数据被并行写入发送缓冲器。在时钟信号的驱动下,引脚上出现第一个数据位时,发送过程开始,第一个位被发送出去。余下的位在移位寄存器的作用下逐个发送出去。当发送缓冲器中的数据全部传输到移位寄存器时,发送缓冲器为空,SPI_SR 寄存器里的 TXE 位设置为 1,表明发送过程完成。

(2) 对于接收方,当数据接收完成时,数据传送到接收缓冲器,SPI_SR 寄存器中的 RXNE 位设置为 1,表明接收过程完成。此时,可以通过程序读取 SPI_SR 寄存器的数据,可以实现数据接收。

(3) 在传输 SPI_TXCRCR 数据过程,如果收到的数值与 SPI_RXCRCR 的内容不一致,则 SPI_SR寄存器的 CRCERR 标志位被置 1,用于标识出现 CRC 错误。

(4) 主模式错误。主机 NSS 引脚被拉低,以及在片选引脚软件模式管理下,SSI 位被置为 0,产生模式错误。

（5）溢出错误。在接收数据寄存器里面的数据被读取之前，又收到新数据，将会产生溢出错误。

（6）存在 BSY 标志位，以表示整个 SPI 模块处于 SPI 传输中。

SPI 通信过程中出现的状态，通过 SPI 状态寄存器进行表示，如表 10.7 所示。

表 10.7　SPI 状态寄存器（SPI_SR）

位域	意义
31~8	保留位，硬件强制为 0
7	BSY：标志是否处于 SPI 数据传输中。 0：空闲； 1：处于 SPI 状态
6	OVR：溢出标志位。 0：没有出现溢出； 1：出现溢出
5	MODF：模式错误标志位。 0：没有模式错误； 1：出现模式错误
4	CRCERR：CRC 错误标志位。 0：没有 CRC 错误； 1 出现 CRC 错误
3~2	保留位，没有意义
1	TXE：发送缓冲状态标志位。 0：发送缓冲器非空； 1：发送缓冲器为空
0	RXNE：接收缓冲状态标志位。 0：接收缓冲器为空； 1：接收缓冲器非空

这 5 类状态可以产生 3 类中断，如表 10.8 所示。

表 10.8　SPI 中断

中断事件	事件标志	使能控制位
发送缓冲器空	TXE	TXEIE
接收缓冲器存在数据	RXNE	RXNEIE

中断事件	事件标志	使能控制位
主模式错误	MODF	
溢出错误	OVR	ERRIE
CRC 错误	CRCERR	

10.5 应用分析

SPI 功能在使用过程中,相关寄存器以结构体方式进行封装,常见使用方法如下:

1. SPI 主机配置过程

```
SPI1->CR1 =0;// 全双工模式、禁止 CRC、8 位数据发送、先发送高位、时钟极性位为 0、时钟相位位
             // 为 0
SPI1->CR1 = SPI_CR1 |0x04;           // 设置为主机
SPI1->CR1 = SPI_CR1 |0x38;           // 依据设计目标设置波特率,将 APB2 总线时钟
                                     // 进行 256 分频
SPI1->CR2 = SPI->CR2 |0x40;          // 单一主机,接收中断使能
SPI1->CR1 |= 0x40;                   // 使能 SPI 功能
```

2. SPI 从机配置

```
SPI1->CR1 = 0;        // 全双工模式、禁止 CRC、8 位数据发送、时钟极性位 =0、时钟相位位 =0、先
                      // 发送高位、从机通过 NSS 引脚电平判断
SPI1->CR2 = 0x40;     // 接收中断使能
SPI1->CR1 |= 0x40;    // 使能 SPI 功能
```

3. SPI 中断接收关键语句

```
if((SPI1->SR & 1) = = 1)
    { SPI1_Data = (uint8_t)SPI1->DR;
     //   /* 进一步处理数据代码 */
    }
```

第11章　ADC模块

模拟数字转换器(analog to digital converter, ADC),将模拟信号转变为数字信号,是嵌入式计算机与外部模拟信号沟通的桥梁。现实世界中模拟信号,例如温度、压力、语音等,通过传感器后以模拟信号形式输出,借助于 ADC 模块,可以传送到嵌入式计算机进行处理。ADC 的作用是将时间连续、幅值也连续的模拟信号,转换为时间离散、幅值也离散的数字信号。

11.1　ADC 的基本原理

ADC 实现过程,主要有 3 种方式。

1. 并联比较型 ADC

这种方式主要通过电阻分压器、比较器、D 触发器等实现。对于 n 位输出的 ADC,需要 2^n 个电阻、2^n-1 个比较器、2^n-1 个 D 触发器。元件个数与输出位数呈几何级数增加。各量级同时并行比较,各位输出码同时并行产生。转换速度快是并联比较型 ADC 的突出优点,且转换速度与输出码位的多少无关。并联比较型 ADC 的缺点是成本高、功耗大,所以这种 ADC 适用于要求高速、低分辨率的场合。

2. 逐次逼近型 ADC

这种 ADC 的转换过程,是从高位到低位逐位试探比较,类似用天平称物体,从重到轻逐级增减砝码进行试探。转换开始前,将逐次逼近寄存器各位清 0;转换开始时,先将逐次逼近寄存器最高位置 1,送入 D/A 转换器,经 D/A 转换后生成的模拟量送入比较器,决定该位是否被保留,然后再置逐次逼近寄存器次高位为 1,进行新一轮决策。转换结束后,将逐次逼近寄存器中的数字量送入缓冲寄存器,得到数字量的输出。逐次逼近型 ADC 每次转换都要逐位比较,需要 $n+1$ 个节拍脉冲才能完成,所以它比并联比较型 ADC 的转换速度慢。在位数多时,这种模式需用的元器件比并联比较型少得多。逐次逼近型 ADC 是嵌入式计算机芯片内部集成 ADC 模块中应用较广的一种。

3. 双积分型 ADC

这是一种间接型 ADC。转换时先将待转换的模拟量 V_i 输入到积分器,积分器从零开始进行固定时间 T 的正向积分。时间 T 到后,与 V_i 极性相反的基准电压 V_{REF} 输入到积分器,进行反向积分,直到输出为 0 V 时停止积分。V_i 越大,积分器输出电压越大,反向积分时间也越长。计数器在反向积分时间内所计的数值,就是输入模拟电压 V_i 所对应的数字量,实现了 A/D 转换。这种转换模式优点是抗干扰能力强、稳定性好、可实现高精度模数转换,主要缺点是转换速度低,因此这种转换器大多应用于要求精度较高而转换速度要求不高的仪器仪表中,例如用于多位高精度数字直流电压表中。

模数转换一般要经过采样、量化和编码这几个步骤。

(1)采样。把时间连续的信号转换为一连串时间不连续的脉冲信号,这个过程称为采样。采样后的脉冲信号称为采样信号。采样信号在时间轴上是离散的,但在数值轴上仍是连续。

(2)量化。用有限个幅度值近似原来连续变化的幅度值,把模拟信号的连续幅度变为离散值,这个过程称为量化。

(3)编码。按照一定的规律,把量化后采样信号的值用二进制数字表示,这个过程称为编码。这些二进制数据就是通过程序得到的 ADC 结果。

衡量 ADC 模块性能参数为:

(1)位数。这个参数影响 ADC 的精度和成本。一般来说,位数越多、精度越高、价格越贵。

(2)分辨率。这个参数为 ADC 量化过程中,变化一个最小量数字量时模拟信号的变化量,定义为满量程输入电压与 2^N 的比值。比如,采集的电压范围是 0~5V,那么 8 bit 的 ADC 的分辨率就是 $5/2^8 \approx 0.019\ 5$ V。分辨率表征了 ADC 的最小刻度。

(3)转换误差。转换误差是在 ADC 分辨率基础上叠加各种误差的参数,是直接衡量 ADC 采样精准的指标。ADC 的误差可以表示为

$$ADC\ 误差 = V_{fen} + V_{c\_sample} + V_{shift} + V_{noise} + V_{REF}$$

其中,V_{fen} 表征 ADC 的分辨率引起误差,V_{c_sample} 是内部采样电容引起的误差,V_{shift} 是外围电路带来的偏置,V_{noise} 是综合前端驱动电路的噪声电压,V_{REF} 是由参考电压的散差引起的误差。虽然一些 ADC 的分辨率很高,但是精度不高,这是因为转换误差不仅仅取决于分辨率。

(4)转换速度。该参数通过完成一次从模拟转换到数字转换所需要的时间进行衡量。积分型 ADC 的转换时间是毫秒级,属低速 ADC;逐次比较型 ADC 是微秒级,属中速 ADC;并联比较型 ADC 可达到纳秒级,属于高速 ADC。

(5)采样率。这个参数通过单位时间内能够正确完成的采样、量化、编码操作的次数进行衡量。比如,采样率为 1 kHz/s,表示 1 s 内 ADC 可以采集 1 000 个点。采样率越高,采集的点数越多,可以更加有效反应模拟信号。采样速率选择与被测信号本身的最大频率有关。

(6)参考电压。参考电压是内部 ADC 转换的标准电压。参考电压为输入模拟信号的最高上限电压。当输入信号电压较低时,可以降低参考电压来提高分辨率。改变参考电压后,每个二

进制表示的模拟电压值就会不一样。参考电压决定了 ADC 数字量输出大小。对于参考电压是 5 V,位数为 12 位 ADC 来说,输入电压是 5 V 时,ADC 输出为 4 095 ;如果输入电压是 0 V,ADC 输出为 0;中间点的值呈线性关系。

11.2　ADC 实现的方法

ADC 在实际系统设计过程中经常使用。实现 ADC 的方法有多种,如 ADC 独立芯片构建、计算机板卡、基于工业现场总线的 ADC 模块。许多嵌入式计算机内部集成 ADC 模块。合理采用内部 ADC 模块,可以简化电路复杂度和提供采样精度。ADC 在应用过程中,主要包括图 11.1 所示的几个部分。

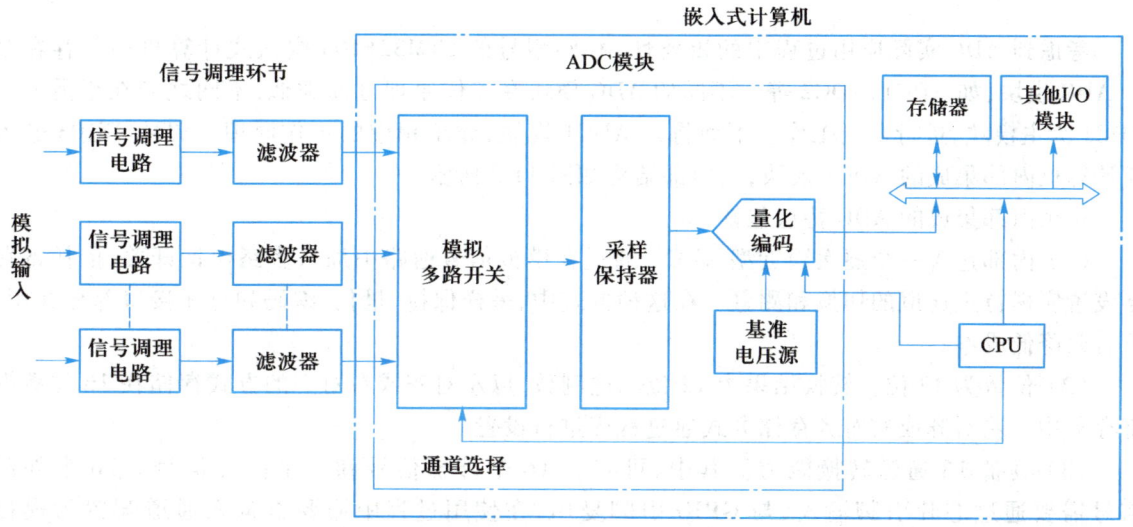

图 11.1
多通道测量原理

ADC 在功能实现过程中,主要包括以下几个方面:

（1）信号调理电路将传感器的输出信号调理到 ADC 可以接受的模拟量输入范围内,同时实现前后级电路的阻抗匹配。这部分在实际应用过程中,通过运算放大器设计的加、减、乘等硬件电路实现。

（2）滤波器。滤波器可以滤除模拟信号的噪声。常采用的滤波器包括低通滤波器、高通滤波器、带通滤波器。

（3）多路模拟开关用于在多个测量通道间实现切换。该部分存在的主要原因是:虽然嵌入式计算机支持多个通道输入,但是内部只有一个采样保持器,通过内置多路模拟开关可以实现采样保持器多输入通道之间的共享。

（4）采样保持器。采样保持器用于保证在采样时间间隔内,输入信号保持不变。

（5）量化编码完成从模拟信号向数字化表示的转换。

（6）基准电压源为量化编码提供基准参考电压。数字量输出值的大小取决于这个基准电压。

（7）时钟。CPU 发出时钟信号供量化编码过程使用。时钟信号决定 ADC 实现信号转换的速度。

（8）电源为各个模块提供能量源。

（9）控制接口提供 ADC 工作过程控制信号，如多路模拟开关的选择控制。

（10）数据接口提供整个 ADC 转换结果操作。

11.3　ADC 模块的基本结构

考虑到 ADC 实际应用过程中的重要性，有些型号的 STM32F103 嵌入式计算机内部存在多个 ADC 模块，如 ADC1、ADC2 等。不同的 ADC 模块在工作原理方面类似，不同之处在于需要以 ADC1 为主模块，进行协调工作。下面将以 ADC1 模块，介绍相应的工作原理。STM32F103 嵌入式计算机内部集成的 ADC1 模块，其内部结构如图 11.2 所示。

这个内部集成的 ADC 特点包括：

（1）内部包含一个逐次逼近型 ADC。通过在模拟信号通路中加入多路模拟开关，依托寄存器设置实现特定通道的切换和测量。在这种方式中，采样保持、量化、编码和总线接口部分共用，可有效降低成本。

（2）位数为 12 位。转换结果为 12 位二进制数，以左对齐或右对齐的方式存储在 16 位数据寄存器中。左对齐或右对齐存储方式通过程序进行设置。

（3）具备 18 通道转换能力。其中，可测量 16 个外部信号和 2 个内部信号。16 个外部信号需要通过芯片引脚输入，与 GPIO 引脚复用，在使用过程中需要将输入通道配置为模拟量输入。

（4）供电要求：2.4～3.6 V。ADC 输入模拟信号电压范围：$V_{REF-} \leq V_{IN} \leq V_{REF+}$。通过看门狗特性，利用应用程序检测输入电压是否超出高/低阈值。在使用过程中，V_{REF-} 一般接模拟 GND；V_{REF+} 一般接 3.3 V 模拟电源。

（5）ADC 转换时钟可以通过软件设置为最大 14 MHz ADC，对应最快转换时间为 1 μs。

（6）各通道转换具备可以单次、连续、扫描、间断等 4 种工作模式。

（7）每个通道所需要的 ADC 转换时间可以独立编程。

（8）具备自校准能力。

（9）支持 3 种类型中断。规则通道转换结束、注入通道转换结束和发生模拟看门狗事件时可以产生中断。

（10）规则通道转换和注入通道转换均有多个触发源选择。

（11）支持 DMA 传输。

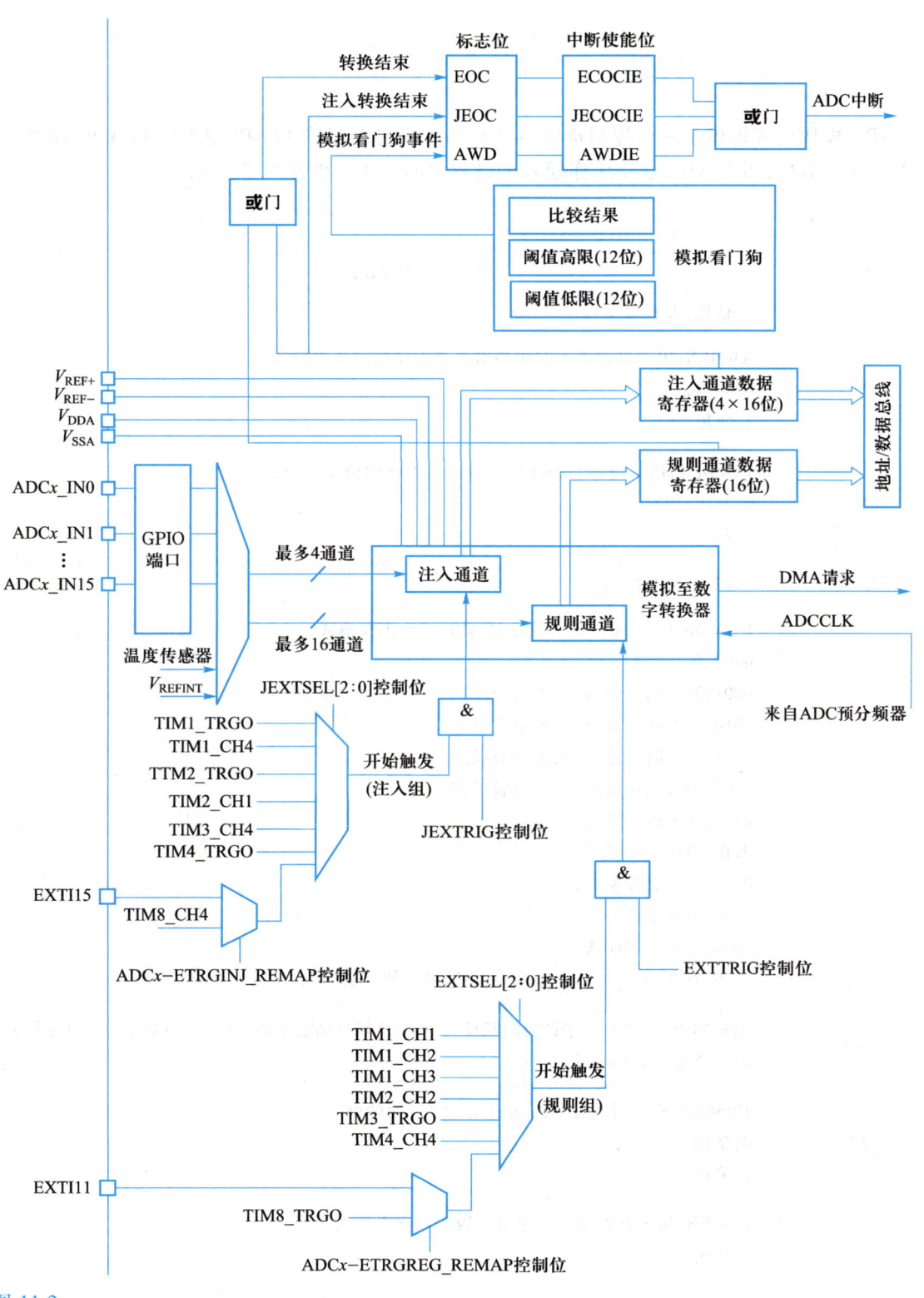

转换结束

注入转换结束

模拟看门狗事件

标志位 　中断使能位

EOC ── ECOCIE
JEOC ── JECOCIE
AWD ── AWDIE

或门 ── ADC中断

或门

比较结果
阈值高限(12位)
阈值低限(12位)

模拟看门狗

V_{REF+}
V_{REF-}
V_{DDA}
V_{SSA}

注入通道数据
寄存器(4×16位)

地址/数据总线

规则通道数据
寄存器(16位)

ADCx_IN0
ADCx_IN1
⋮
ADCx_IN15

GPIO
端口

最多4通道

最多16通道

注入通道

规则通道

模拟至数
字转换器

DMA请求

ADCCLK

来自ADC预分频器

温度传感器

V_{REFINT}

JEXTSEL[2:0]控制位

TIM1_TRGO
TIM1_CH4
TTM2_TRGO
TIM2_CH1
TIM3_CH4
TIM4_TRGO

&

开始触发
(注入组)

JEXTRIG控制位

&

EXTI15

TIM8_CH4

ADCx-ETRGINJ_REMAP控制位

EXTTRIG控制位

EXTSEL[2:0]控制位

TIM1_CH1
TIM1_CH2
TIM1_CH3
TIM2_CH2
TIM3_TRGO
TIM4_CH4

开始触发
(规则组)

EXTI11

TIM8_TRGO

ADCx-ETRGREG_REMAP控制位

图 11.2

ADC 模块的内部结构

11.4 数据采集方法

ADC 模块内部提供了两个控制寄存器,即 ADC 控制寄存器 1(ADC_CR1)和 ADC 控制寄存器 2(ADC_CR2),用于 ADC 模块工作模式的设置,如表 11.1 和表 11.2 所示。

表 11.1 ADC 控制寄存器 1(ADC_CR1)

位域	使用方法
31~24	保留位,没有意义
23	AWDEN:用于设置是否在规则组通道上使用模拟看门狗。 0:禁用; 1:使用
22	JAWDEN:用于设置是否在注入组通道上使用模拟看门狗。 0:禁用; 1:使用
21~20	保留位,没有意义
19~16	DUALMOD[3:0]:用于设置双 ADC 模块工作模式。 0000:独立模式; 0001:混合同步规则+注入同步模式; 0010:混合同步规则+交替触发模式; 0011:混合同步注入+快速交替模式; 0100:混合同步注入+慢速交替模式; 0101:注入同步模式; 0110:规则同步模式; 0111:快速交替模式; 1000:慢速交替模式; 1001:交替触发模式。 备注:在使用单一 ADC 模块时,不需要不同模块协调,设置为 0000 即可
15~13	DISCNUM[2:0]:用于设置间断模式下,每次转换通道个数。3 个二进制数 n 表征采用 $n+1$ 个转换通道,如 101 表征 6 个
12	JDISCEN:用于设置注入组通道是否采用间断模式。 0:禁用; 1:采用
11	DISCEN:用于设置规则组通道是否采用间断模式。 0:禁用; 1:采用

位域	使用方法
10	JAUTO:用于设置规则组通道转换结束后,是否自动进行注入组通道转换。 0:不进行; 1:进行
9	AWDSGL:用于设置是否在单一通道采用模拟看门狗。 0:所有通道使用模拟看门狗。 1:单一通道上使用模拟看门狗,具体的通道由 AWDCH[4:0]定义
8	SCAN:用于设置是否在规则通道上采用扫描模式。 0:禁用; 1:使能
7	JEOCIE:使能注入组通道转换结束中断设置。 0:禁止; 1:允许
6	AWDIE:使能模拟看门狗中断设置。 0:禁止; 1:允许
5	EOCIE:使能转换结束中断设置。 0:禁止; 1:允许
4~0	AWDCH[4:0]:用于设置单一模式下模拟看门狗通道。5 个二进制数值和通道号一一对应,如 00001 表示 ADC 通道 1

表 11.2　ADC 控制寄存器 2(ADC_CR2)

位域	使用方法
31~24	保留位,没有意义
23	TSVREFE:温度传感器和 V_{REFINT} 通道使能位。 0:禁止; 1:启用
22	SWSTART:用于设置软件触发规则组通道。选择软件触发前提下,一旦该位为 1,立即启动规则组通道的转换
21	JSWSTART:用于设置软件触发注入组通道。选择软件触发前提下,一旦该位为 1,立即启动注入组通道的转换
20	EXTTRIG:用于设置规则通道是否采用外部触发转换。 0:不用; 1:采用

位域	使用方法
19~17	EXTSEL[2:0]:用于设置规则组通道转换触发方式。 000:定时器 1 的 CC1 事件; 001:定时器 1 的 CC2 事件; 010:定时器 1 的 CC3 事件; 011:定时器 2 的 CC2 事件; 100:定时器 3 的 TRGO 事件; 101:定时器 4 的 CC4 事件; 110:EXTI 线 11; 111:软件触发
16	保留位,没有意义
15	JEXTTRIG:用于设置注入组通道是否采用外部触发转换。 0:不用; 1:采用
14~12	JEXTSEL[2:0]:用于设置注入组通道转换触发方式。 000:定时器 1 的 TRGO 事件; 001:定时器 1 的 CC4 事件; 010:定时器 2 的 TRGO 事件; 011:定时器 2 的 CC1 事件; 100:定时器 3 的 CC4 事件; 101:定时器 4 的 TRGO 事件; 110:EXTI 线 15; 111:软件触发
11	ALIGN:用于设置 ADC 转换结果在数据寄存器的对齐方式。 0:右对齐; 1:左对齐
10~9	保留位,没有意义
8	DMA:用于设置是否采用 DMA。 0:不使用; 1:使用
7~4	保留位,没有意义
3	RSTCAL:用于设置是否初始化校准寄存器。 0:校准寄存器已初始化; 1:初始化校准寄存器
2	CAL:用于设置是否进行 A/D 校准。 0:不校准; 1:开始校准,校准结束后自动清除
1	CONT:用于设置是否采用连续转换模式。 0:不采用; 1:采用

位域	使用方法
位 0	ADON:设置 ADC 启动转换。该位需进行单独操作。 0:关闭 ADC 模块。 1:开启 ADC 并启动转换 备注:在一次改变 ADC_CR2 多个位域时,防止触发错误转换,即使该位被设置为1,转换不被启动。

11.4.1　转换模式

ADC 支持如下 4 种转换模式。

1. 单次转换模式

这种模式下特性为:

(1) 启动 ADC 转换后,ADC 只执行一次转换。

(2) 既可通过设置 ADC_CR2 寄存器的 ADON 位启动,也可通过外部触发启动。

(3) ADC_CR2 寄存器的 CONT 位设置为 0。

(4) A/D 转换完成后,转换数据被储存在 ADC_DR 寄存器中,EOC(转换结束)标志被置位。

2. 连续转换模式

这种模式下特性为:

(1) 启动 ADC 转换后,一次 ADC 转换结束后,立即启动另一次转换,使得 ADC 模块一直处于工作状态。

(2) 既可通过设置 ADC_CR2 寄存器的 ADON 位启动,也可通过外部触发启动。

(3) ADC_CR2 寄存器的 CONT 位设置为 1。

(4) 所有通道 A/D 转换完成后,EOC 标志被置位。

3. 扫描模式

设置 ADC_CR1 寄存器的 SCAN 位可选择扫描模式以对一组预设通道进行循环转换。如果设置了 CONT 位(连续转换模式),转换过程会在所有预设通道都被扫描后,再次回到第一个通道继续。如果设置了 DMA 功能,每次转换结束后,DMA 控制器会把规则组通道的转换数据传输到存储器中。

扫描模式中,循环扫描通道,通过 ADC_SQR 规则序列寄存器进行设置。3 个规则序列寄存器的定义如表 11.3、表 11.4、表 11.5 所示。通过这 3 个规则序列寄存器可以设置通道的总数目,以及循环 ADC 的具体通道。每个通道通过 5 个二进制进行定义。通过这种设置方法,可以实现任意多个通道以任意顺序,进行转换组转换。例如,可以如下顺序完成转换:通道7、通道8、通道1、通道1、通道1、通道2、通道2。通过对某个通道连续多次采样,利用数据处理算法,可以提高 ADC 的精度。

表 11.3　ADC 规则序列寄存器 1(ADC_SQR1)

位域	定义
31~24	保留位,没有意义

位域	定义
23~20	L[3:0]:定义规则组通道序列长度。4个二进制数 n 表征采用 $n+1$ 个序列,如 1010 表征 11 个
19~15	SQ16[4:0]:5个二进制数表征第 16 个转换对应哪个输入通道(0~17),且和通道号一样对应
14~10	SQ15[4:0]:5个二进制数表征第 15 个转换对应哪个输入通道(0~17),且和通道号一样对应
9~5	SQ14[4:0]:5个二进制数表征第 14 个转换对应哪个输入通道(0~17),且和通道号一样对应
4~0	SQ13[4:0]:5个二进制数表征第 13 个转换对应哪个输入通道(0~17),且和通道号一样对应

表 11.4 ADC 规则序列寄存器 2(ADC_SQR2)

位域	定义
31~30	保留位,没有意义
29~25	SQ12[4:0]:5个二进制数表征第 12 个转换对应哪个输入通道(0~17),且和通道号一样对应
24~20	SQ11[4:0]:5个二进制数表征第 11 个转换对应哪个输入通道(0~17),且和通道号一样对应
19~15	SQ10[4:0]:5个二进制数表征第 10 个转换对应哪个输入通道(0~17),且和通道号一样对应
14~10	SQ9[4:0]:5个二进制数表征第 9 个转换对应哪个输入通道(0~17),且和通道号一样对应
9~5	SQ8[4:0]:5个二进制数表征第 8 个转换对应哪个输入通道(0~17),且和通道号一样对应
4~0	SQ7[4:0]:5个二进制数表征第 7 个转换对应哪个输入通道(0~17),且和通道号一样对应

表 11.5 ADC 规则序列寄存器 3(ADC_SQR3)

位域	定义
31~30	保留位,没有意义
29~25	SQ6[4:0]:5个二进制数表征第 6 个转换对应哪个输入通道(0~17),且和通道号一样对应
24~20	SQ5[4:0]:5个二进制数表征第 5 个转换对应哪个输入通道(0~17),且和通道号一样对应
19~15	SQ4[4:0]:5个二进制数表征第 4 个转换对应哪个输入通道(0~17),且和通道号一样对应
14~10	SQ3[4:0]:5个二进制数表征第 3 个转换对应哪个输入通道(0~17),且和通道号一样对应
9~5	SQ2[4:0]:5个二进制数表征第 2 个转换对应哪个输入通道(0~17),且和通道号一样对应
4~0	SQ1[4:0]:5个二进制数表征第 1 个转换对应哪个输入通道(0~17),且和通道号一样对应

4. 间断模式

间接模式是扫描模式特殊情况,将扫描模式定义的多个序列,通过多次实现,每次转换的个数不大于 8。例如:总序列为 1、2、3、6、7、9、10、5、13,间接转换长度为 4,则第一次触发转换的序列为 1、2、3、6;第二次触发转换的序列为 7、9、10、5;第三次触发转换的序列为 13,并产生 EOC 事件;第四次触发转换序列为 1、2、3、6。转换序列结束后不会自动从头开始,当所有序列转换完成,下一次触发信号有效后,才会启动第一组转换。

间断模式使用过程中初始化时,需要包括:

(1) 设置 ADC_CR1 寄存器上的 DISCEN 位使能,进入间断工作模式。

(2) 利用 ADC_SQRx 寄存器设置总转换通道数目,以及具体转换的通道。

(3) 利用 ADC_CR1 寄存器的 DISCNUM[2:0],设置每次间断转换的最大次数。

针对 ADC 这几个工作模式,可以组合使用。以 SCAN(决定是否采用扫描模式)、CONT(决定是否采用连续模式)、DISCEN(决定是否采用间断模式)二进制组合对应的工作方式为:

① 000 触发一次,序列首项转换一次;

② 010 触发一次,序列首项持续转换;

③ 100 触发一次,转换整个序列;

④ 110 触发一次,循环转换整个序列;

⑤ 001 触发一次,小组首项转换一次;再触发,下个小组首项;多次触发,所有小组循环;

⑥ 101 触发一次,转换一个小组;

⑦ 011 无意义;

⑧ 111 无意义。

11.4.2　转换时间

ADC 所需要的时钟信号 ADCCLK,可以通过设置时钟配置寄存器 RCC_CFGR 得到。每个 ADC 通道都可以独立采用若干个 ADC_CLK 周期对输入电压采样,完成 ADC 转换过程。每个 ADC 通道采样所需要时钟周期数目,可以通过 ADC_SMPR1 和 ADC_SMPR2 寄存器,进行具体设置,如表 11.6 和表 11.7 所示。

表 11.6　ADC 采样时间寄存器 1(ADC_SMPR1)

位域	使用方法
31~24	保留位,没有意义
23~0	SMPx[2:0]:每 3 位一组,共 8 组,从高到低依次对应:17、16、15、14、13、12、11、10。二进制数值与周期数目对应关系为: 000:1.5 个周期; 001:7.5 个周期; 010:13.5 个周期; 011:28.5 个周期; 100:41.5 个周期; 101:55.5 个周期; 110:71.5 个周期; 111:239.5 个周期

表 11.7　ADC 采样时间寄存器 2(ADC_SMPR2)

位域	使用方法
31~30	保留位,没有意义

位域	使用方法
29~0	SMPx[2∶0]:每 3 位一组,共 10 组,从高到低依次对应:9、8、7、6、5、4、3、2、1、0。二进制数值 与周期数目对应关系为: 000:1.5 个周期; 001:7.5 个周期; 010:13.5 个周期; 011:28.5 个周期; 100:41.5 个周期; 101:55.5 个周期; 110:71.5 个周期; 111:239.5 个周期。

总的实际转换时间为采样时间和通道转换时间之和。通道转换时间为 12.5 个周期。当采用最快 ADCCLK 为 14 MHz,使用最短 1.5 个周期的采样时间时,完成一次最短的总 ADC 转换时间为

$$总时间 = 1.5 \text{ 个周期} + 12.5 \text{ 个周期} = 14 \text{ 个周期} = 1 \text{ μs}$$

ADC 时钟信号最大只能允许 14 MHz。ADC 预分频器系数,包括 2、4、6、8。在 PCLK2 = 72 MHz 时,经过 ADC 预分频器能分频到最大的时钟只能是 12 MHz,采样周期设置为 1.5 个周期,最短的转换时间为 1.17 μs。虽然理论上可以最快 1 μs 实现一次 ADC,但是作为 72 MHz 最高主频应用,无法达到这个速度。

11.4.3　通道设置

STM32F103 系列嵌入式计算机的 ADC 模块,允许多达 18 个输入通道。其中,外部的 16 个通道就是图 11.2 中的 ADCx_IN0、ADCx_IN1、…、ADCx_IN15。这 16 个通道对应着不同的 GPIO 引脚,如表 11.8 所示。通道 16 连接到了芯片内部的温度传感器,内部 V_{REFINT} 连接到了通道 17。

表 11.8　ADC 通道定义

通道	引脚	通道	引脚
通道 0	PA0	通道 9	PB1
通道 1	PA1	通道 10	PC0
通道 2	PA2	通道 11	PC1
通道 3	PA3	通道 12	PC2
通道 4	PA4	通道 13	PC3
通道 5	PA5	通道 14	PC4
通道 6	PA6	通道 15	PC5
通道 7	PA7	通道 16	内部温度传感器
通道 8	PB0	通道 17	内部 V_{REFINT}

ADC 模块通过内部模拟多路开关实现不同的输入通道对采样保持器的复用。为了提高转换效率,可以采用成组转换模式进行 ADC 转换,在程序设置好之后,对多个模拟通道自动进行逐个转换。

成组设计过程中,存在两种设计模式:规则组和注入组。规则组中,可以安排设计 16 个通道,而注入组可以安排设计 4 个通道。规则组通过 ADC_SQR1 寄存器、ADC_SQR2 寄存器、ADC_SQR3 寄存器进行设计。

规则组的转换可理解为程序的正常执行,而注入组的转换可理解为程序正常执行之外的处理。规则通道转换完成后,自动转换成注入组转换。注入组在应用过程中,需要设置 ADC_CR1 的 JAUTO 位为 1,用以允许注入组转换。

注入组的通道数目和具体的通道编号通过 ADC 注入序列寄存器(ADC_JSQR)进行设置,如表 11.9 所示。如果 JL[1∶0] 的长度小于 4,则转换的序列顺序是从 4-JL 开始。例如:ADC_JSQR[21∶0] = 10 00011 00011 00111 00010,意味着扫描转换将按 7、3、3 的通道顺序转换,而不是 2、7、3。

表 11.9　ADC 注入序列寄存器(ADC_JSQR)

位域	意义
31～22	保留位,没有意义
21～20	JL[1∶0]:用于设置注入组通道个数。 00:1 个; 01:2 个; 10:3 个; 11:4 个
19～0	用于设置注入通道的输入通道。每 5 位一组,共 4 组,从高到低分别为 JSQ4、JSQ3、JSQ2、JSQ1;每组编号对应通道号设置为 0～17,二进制数值与通道号一一对应

11.4.4　转换结果

ADC 转换结果为 12 位二进制信息,可以通过 ADC_CR2 寄存器中的 ALIGN 位选择转换后数据的对齐方式。数据可以右对齐或左对齐,如图 11.3 和图 11.4 所示。

0	0	0	0	D11	D10	D9	D8	D7	D6	D5	D4	D3	D2	D1	D0

图 11.3
数据右对齐

D11	D10	D9	D8	D7	D6	D5	D4	D3	D2	D1	D0	0	0	0	0

图 11.4
数据左对齐

被设置为规则组的转换结果,放置在 ADC 规则数据寄存器(ADC_DR)中,如表 11.10 所示。规则组通道可以有 16 个,但规则数据寄存器只有 1 个。如果使用多通道转换,转换的数据就全都挤在 ADC_DR 里面。前一个时间点转换的通道数据会被下一个时间点的另外一个通道转换的数据覆盖掉。因此,当通道转换完成后就应该把数据转存到相应的存储空间中。

表 11.10　ADC 规则数据寄存器(ADC_DR)

位域	使用方法
31～16	ADC2DATA[15:0]:ADC2 转换的数据。在 ADC1 中,忽略这组数值
15～0	DATA[15:0]:规则组通道转换的数据

规则组所有通道转换的值,储存在唯一的 ADC_DR 寄存器中。采用中断服务程序进行转换结果处理过程,由于 ADC 过程快,容易丢失已经存储在 ADC_DR 寄存器中的数据。大量数据采集过程中,不适于采用中断方式进行数据处理。采用 DMA 技术,可以直接将采样之后的数据按照顺序存放到存储器中。传输完全结束后,向 CPU 申请中断,借助于中断服务程序进行批量处理。

被设置为注入组的通道转换结果,放置在 ADC 注入数据寄存器 x(ADC_JDRx)(x = 1～4)中,如表 11.11 所示。注入组最多有 4 个通道,注入数据寄存器也有 4 个。每个通道对应着独立的寄存器,不会产生规则数据寄存器那样数据覆盖的问题。ADC_JDRx 是 32 位的,低 16 位有效,高 16 位保留。数据同样分为左对齐和右对齐,由 ADC_CR2 的 ALIGN 进行设置。

表 11.11　ADC 注入数据寄存器 x(ADC_JDRx)(x=1～4)

位域	使用方法
31～16	保留位,没有意义
15～0	JDATA[15:0]:注入通道转换的数据

为了提高注入组的测量精度,可以采用表 11.12 的 ADC 注入通道数据偏移寄存器 x(ADC_JOFRx)(x=1～4)对 ADC 转换结果进行校正,提高采样精度。

表 11.12　ADC 注入通道数据偏移寄存器 x(ADC_JOFRx)(x=1～4)

位域	使用方法
31～12	保留位,没有意义
11～0	JOFFSETx[11:0]:用于设置注入组 x 的偏移校正量。转换结果为原始转换结果减去这个数值的结果

11.4.5　触发模式

ADC 转换可以由 ADC_CR2 的 ADON 位控制,写 1 开始转换,写 0 停止转换。这是最简单的开启 ADC 转换的控制方法。除了这种控制方法,ADC 还支持触发转换。触发源有多种,表 11.13 给出了规则组的触发源,包括定时器触发、外部中断触发、软件触发。注入组同样存在一组触发源。

表 11.13　规则组的触发源

触发源	类型	EXTSEL[2：0]
定时器 1 的 CC1 输出	片上定时器的内部信号	000
定时器 1 的 CC2 输出		001
定时器 1 的 CC3 输出		010
定时器 2 的 CC2 输出		011
定时器 3 的 TRGO 输出		100
定时器 4 的 CC4 输出		101
EXTI 线 11	外部引脚	110
SWSTART	软件控制位	111

设置具体的触发源需要通过 ADC_CR2 的 EXTSEL[2：0] 和 JEXTSEL[2：0],分别设置规则组和注入组触发源。EXTSEL[2：0] 用于选择规则组通道的触发源。JEXTSEL[2：0] 用于选择注入组通道的触发源。选择触发源之后,通过 ADC_CR2 的 EXTTRIG 和 JEXTTRIG 使能触发源,在触发信号出现后,就可以进行 A/D 转换。软件源触发事件通过设置 ADC_CR2 的 SWSTART 实现规则组软件触发,通过设置 ADC_CR2 的 JSWSTART 实现注入组软件触发。

11.4.6　自校准

ADC 模块在长期运行过程中,由于电路元件的老化以及芯片工作环境不同,会导致采样精度有所不同。定期进行复位校准,有助于提高采样精度。ADC 模块内部自带自校准功能。通过自校准,可大幅减小因内部元件的变化造成的误差。

在启动校准前,ADC 的 ADON = 1 状态需要维持至少 2 个 ADC 时钟周期。通过设置 ADC_CR2 寄存器的 CAL 位可启动校准。校准结束后,校准码储存在 ADC_DR 中。校准结束,CAL 位将被硬件自动复位,ADC 可以开始正常转换。

11.4.7　内部测量通道

ADC 模块自带温度传感器,用于校正系统温度敏感特性。这个温度传感器用来测量器件的温度,测量范围从 $-40 \sim 125\ ℃$,精确度为 $\pm 1.5\ ℃$。温度传感器的输出和通道 ADC_IN16 相连接。

ADC 的参考电压通过 V_{REF+} 提供,并作为 ADC 的基准电压。使用的 V_{REF+} 直接取自 V_{CC} 电压,当 V_{CC} 电压波动比较大或电源稳压性能比较差时,采样精度较低,这时可以采用内部参照电压 V_{REFINT} 校正 ADC 的结果。内部参考电压 V_{REFINT} 和 ADC_IN17 相连接。

这两个内部通道可以设置为规则组通道进行转换,如图 11.5 所示。温度传感器只能出现在主 ADC1 中,且采样时间必须大于 $2.2\ μs$。当没有被使用时,传感器可以置于关断模式以降低能耗。

依照图 11.5,温度传感器采集对应的主要设置方法如下:

(1) 设置 ADC_IN16 输入通道作为规则通道。这是因为温度传感器在内部连接 ADC_IN16 通道。

(2) 设置采样时间大于 $2.2\ μs$,以满足最快采样要求。

(3) 设置 ADC_CR2 的 TSVREFE 位,使能温度传感器。

(4) 通过设置 ADON 位启动 ADC 转换。

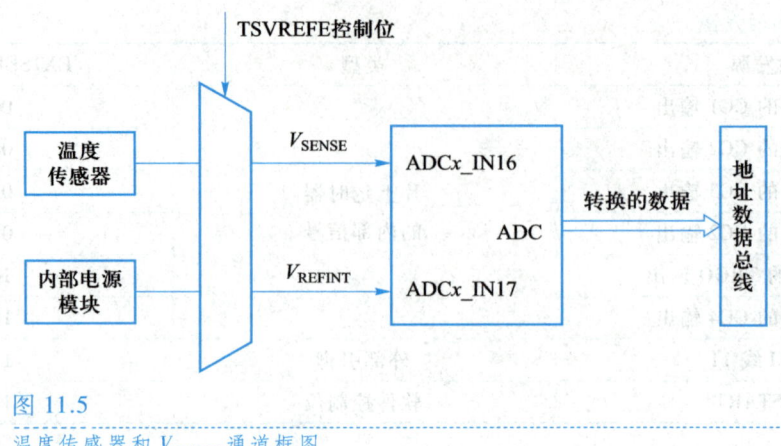

图 11.5

温度传感器和 V_{REFINT} 通道框图

（5）在 ADC 转换结束后，读 ADC 数据寄存器上的结果。

（6）利用下列公式得出温度：

$$T(℃) = \{ (V_{SENSE} - V_{25}) / Avg\_Slope \} + 25$$

其中，V_{25} 为 V_{SENSE} 在 25 ℃时的采集数值；Avg_Slope 为 T 与 V_{SENSE} 曲线的平均斜率。

11.4.8 中断

ADC 模块支持 3 类中断，具体为：

（1）规则组通道转换结束中断；

（2）注入组通道转换结束中断；

（3）模拟看门狗中断。当 ADC 转换通道输入模拟电压小于低阈值或者大于高阈值时，就会产生中断。低阈值和高阈值由 ADC_HTR 和 ADC_LTR 设置，如表 11.14 和表 11.15 所示。

表 11.14 ADC 看门狗高阈值寄存器（ADC_HTR）

位域	功能描述
31~12	保留位，没有意义
11~0	设置模拟看门狗的阈值上限

表 11.15 ADC 看门狗低阈值寄存器（ADC_LTR）

位域	功能描述
31~12	保留，没有意义
11~0	设置模拟看门狗的阈值下限

这三类中断都存在中断使能位。只有中断使能位为 1，在相应事件出现时，才会产生中断信号。即使没有中断使能，通过查询 ADC 状态寄存器（ADC_SR），也可以得到相应事件是否存在，如表 11.16 所示。

表 11.16　ADC 状态寄存器(ADC_SR)

位域	使用方法
31~5	保留位,没有意义
4	STRT:用于表征规则组通道是否处于转换状态。 0:未开始; 1:已开始
3	JSTRT:用于表征注入组通道是否处于转换状态。 0:未开始; 1:已开始
2	JEOC:用于表征注入组通道是否完成。 0:未完成; 1:已完成
1	EOC:用于表征注入组或规则组通道是否完成。 0:未完成; 1:已完成
0	用于表征转换模拟电压值是否超出 ADC_LTR 和 ADC_HTR 寄存器规定电压的范围。 0:没有超出; 1:超出

对于 A/D 转换结果数据获取,可以存在中断和查询两种方法:

1. 查询方式

在查询方式下,软件可通过读取状态寄存器中的标志位判断本次转换是否结束。若结束,则程序从数据寄存器中读取 ADC 结果数据,如图 11.6 所示。查询过程中,需反复查询 ADC 数据转换结束对应的状态标志位,判断 A/D 变换是否完成、数据是否可以读取。只有在结束标志出现后,才能读取转换结果。

2. 中断方式

中断方式使得在 ADC 执行转换期间可以继续执行其他的任务。在 ADC 转换结束后,硬件会自动触发中断请求。内核通过执行中断服务程序,响应来自 ADC 的中断请求,读取 ADC 转换结果。中断处理流程如图 11.7 所示。图 11.7 中,采用变量实现 A/D 转换结果在中断服务子程序和主程序之间传递。两段程序采用标志变量,实现主程序仅在 ADC 转换数据有效之后,才进行进一步的数据访问和处理。设计过程中,标志变量和暂存 ADC 转换结果的变量需要定义为全局变量,以便于在不同的函数里面使用。

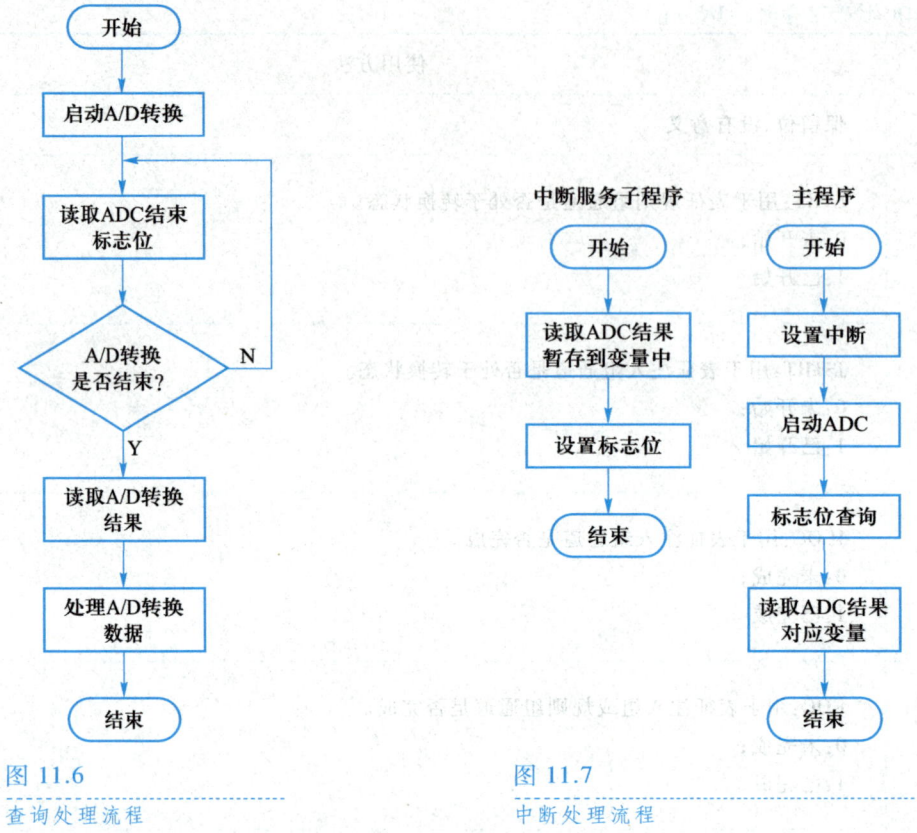

图 11.6
查询处理流程

图 11.7
中断处理流程

11.4.9　周期采样

实际的嵌入式系统应用设计过程中,经常需要通过固定的时间间隔,通过 ADC 模块实现模拟信号采集。如 PID 控制过程中,需要每隔固定时间采样反馈传感器的输出值,给闭环提供反馈信息。在这种应用下,利用定时器的周期性中断触发采样,让定时器模块、ADC 模块联合工作,是最常用、最好的解决方式。

利用定时器周期实现采样的过程主要包括如下环节:

(1) 首先通过配置使定时器,按照期待的采样周期设置周期中断。定时器的定时周期和采样周期保持一致,通过设计过程中所需要的采样率进行确定。在定时器中断服务程序中启动 ADC。

(2) 一旦 ADC 工作后,按照设计工作模式,完成相应的转换。这个转换过程很短暂,在微秒级内可以完成。

(3) ADC 转换结束后,将会产生 ADC 中断。利用 ADC 中断响应机制,读取 ADC 转换结果。这个结果可以赋值给全局变量。

(4) 在主程序里面,检测标志 ADC 转换结束的变量状态,作为进一步要进行数据处理的判断条件。

周期中断采样方法具体的实现方式如图 11.8 所示。在这种方式下,定时器和 ADC 模块同时工作。定时器和 ADC 中断都应该被使能。考虑到 ADC 转换过程很短暂,在微秒级别内可以完成,因而应用过程中,可以采用在定时器中断服务程序中采用查询方式来判断 ADC 转换是否结束,避免出现中断嵌套的问题。

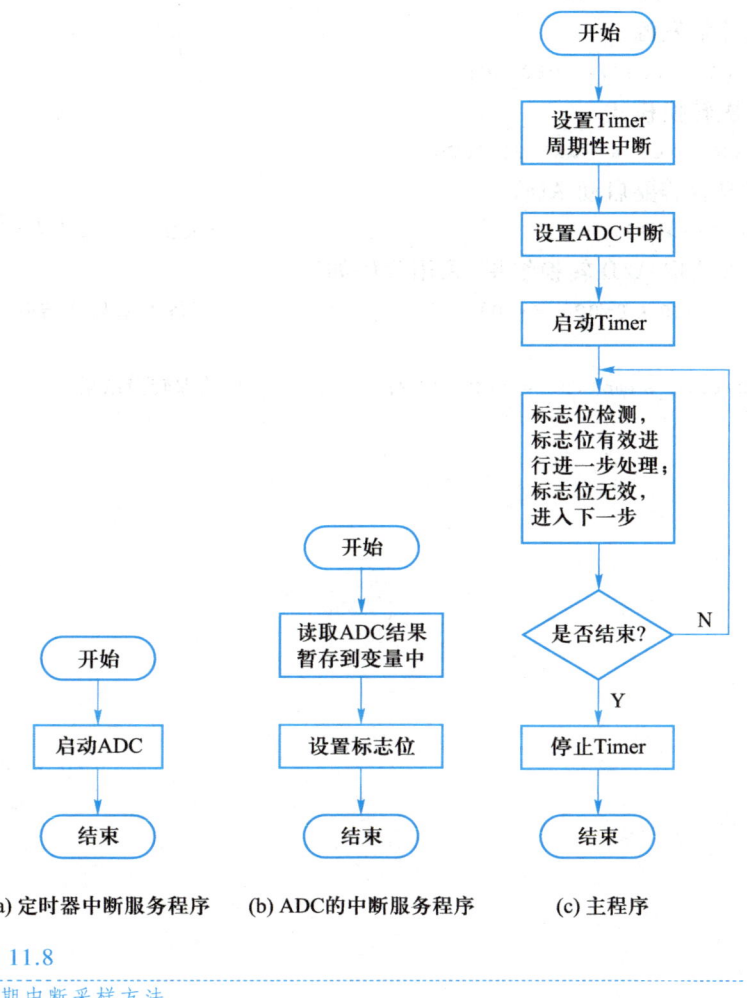

(a) 定时器中断服务程序　(b) ADC 的中断服务程序　(c) 主程序

图 11.8
周期中断采样方法

11.5 应用分析

本节以通道 16 进行 ADC 为例,对应采样通道配置,包括:
(1)采样时间设置。

```
ADC1->SMPR1 = 0x07 <<18;            //通道 16 的采样时间为 239.5 个周期
```
(2)转换通道设置。

```
ADC1->SQR1 = 0;                     //L=0,1 个转换
ADC1->SQR3 = 16;                    //规则序列中第一个转换通道
```

（3）通道 16 为温度传感器信息采集，需要单独使能处理。

```
ADC1->CR2 |= 1 << 23;                        //TSVREFE = 1,启用温度传感器
```

（4）设置 ADC 独立模式。

```
ADC1->CR1 = 0;
```

（5）设置软件触发源。

```
ADC1->CR2 |= 0xE0000;
```

（6）设置单次转换模式。

```
ADC1->CR2&= 0xFFFF FFFD;
```

（7）设置完成后需要启动 ADC。

```
ADC1->CR2 |= 1 ;                             //ADON = 1,启动转换
```

采用查询方式读取 A/D 转换结果，采用代码如下：

```
While((ADC1->SR & 0x02) = = 0)              // 等待 ADC 转换结束
   {;}
     Temperature_sampling = ADC1->DR;       //读取转换结果
```

第12章 位置伺服驱动控制系统设计

12.1 嵌入式系统设计方法

虽然嵌入式系统的面向应用特性,使得不同的系统对应不同的设计方案,但是嵌入式系统的设计过程基本可以分为以下几个阶段:

1. 通过需求分析,明确设计任务

满足用户需求是嵌入式系统设计的目标。需求分析就是分析用户的需求是什么。如果投入大量的资源之后,开发的嵌入式系统满足不了用户的需求,那么所有设计都是无用的。从用户的需求出发,确定对所开发的嵌入式系统的综合要求,并提出这些需求实现条件,以及需求应该达到的标准是必需的。这些需求包括:

(1) 功能需求(系统具备什么功能);

(2) 性能需求(达到什么指标);

(3) 环境需求(系统工作在什么环境下工作);

(4) 可靠性需求(系统故障概率特性);

(5) 成本需求(包括硬件和软件总体需求);

(6) 开发周期需求。

需求分析阶段需要编写需求文档。一般通过评审的方式,对需求文档进行评审。评审的角度为用户需求的正确性、完整性、清晰性。评审通过才可进行下一阶段的工作,否则需要重新进行需求分析。

2. 系统总体架构设计

总体架构设计需要紧密围绕系统的需求分析文档进行。在架构设计过程中,需要明确硬件部分的功能、软件部分的功

能、软件和硬件交互方式。

硬件部分明确功能之后，需要确定选择什么类型的嵌入式计算机。嵌入式计算机的选择往往依据成本以及系统的性能进行确定。

软件功能需要依据需求分析逐条给出。软件开发平台需要在这个阶段确定。开发平台的确定需要考虑软件开发人员的技术基础储备情况、嵌入式计算机软件开发方法、技术资料是否能够支撑等因素。

3. 系统硬件详细设计

该部分设计过程中，需要充分利用嵌入式计算机的外设。有效采用外设可以提高系统性能、降低电路板尺寸、降低硬件成本。通过有效程序设计，对外设寄存器进行操作，可使外设按照预定义的方式工作，完成某一特定的功能。在使用外设时，首先需要理解外设的工作原理、涉及的硬件引脚，然后按照适当的顺序对外设进行初始化配置，启动外设工作。通过检查外设的状态寄存器，查看外设的工作状态（如工作是否完成，是否出错等），操作数据寄存器写入或读取对应的数据，完成外设的具体操作。外设的初始化配置涉及以下方面。

（1）时钟信号设置，包括系统时钟和外设时钟。对于许多低功耗嵌入式计算机，为了降低功耗，用于芯片中不同部分的时钟信号可以单独打开或关闭。多数时钟信号默认是关闭。在设置外设前需要对其进行使能。

（2）I/O 配置。由于芯片封装引脚数量的限制，嵌入式计算机会复用 I/O 引脚以实现更多的用途。为使外设接口正常工作，需要对 I/O 引脚进行设置（如复用功能的配置寄存器），有时也需要对 I/O 引脚的电气特性进行配置（如工作于推挽或开漏输出）。

（3）外设配置。多数外设中存在多个用于行为控制的配置寄存器（如控制寄存器1/2/3等）。为使外设正常工作，需要按照一定的编程顺序配置外设的工作方式和相关参数，才能发挥外设的性能。

（4）中断配置。大多数外设和中断需要配合使用。若外设操作需要中断处理，则需要设置中断控制器和编写对应的中断服务程序，并在外设的配置寄存器中打开相应的中断请求。

系统硬件电路设计主要包括元器件选型、原理图设计、PCB 设计、硬件装置制作。

元器件的性能直接影响整个硬件电路的性能和可靠性，也关系到嵌入式系统后期维护。元器件的选择要依据硬件电路的功能进行确定，同时需要结合可靠性、成本、供货周期等因素进行确定。元器件的选择需要考虑系统的工作环境。

原理图设计在元器件型号确定以后进行，使用电子设计自动化（electronic design automation，EDA）工具软件绘制电路原理图。Altium 公司提供了多种电路原理图设计软件，如 Protel 99 SE、Protel DXP、Altium Designer。其中，Altium Designer 是目前应用比较广泛的设计软件。Altium Designer 是由多个模块组成的系统工具，包括 SCH（原理图）设计、SCH（原理图）仿真、PCB（印制电路板）设计、auto router（自动布线器）等，覆盖了以 PCB 为核心的整个物理设计，已经成为电路原理图设计过程中首选的 EDA 软件。在原理图设计过程中，应该重视如下问题。

（1）一定要查看每个集成电路或者模块相应的使用手册，弄清楚其关键参数、封装、推荐电路等。

（2）尽量查阅网络或者其他参考资料，使用或借鉴成熟电路进行设计。

（3）按照输入信号到输出信号的流向绘制原理图。对于复杂电路，可根据功能模块，分为多个区域绘制。

（4）网络名称的命名尽量遵循信号的实际意义，以增加原理图的可读性。

（5）充分使用 EDA 软件的辅助功能，进行原理图的纠错。

PCB 设计是以电路原理图为依据，实现元器件放置载体的设计过程。设计过程中，应注意以下问题。

（1）在设计之前，应确认原理图中与 PCB 关联的所有元器件封装，都存在且可用。

（2）元器件的放置顺序。先放置与电路结构有关的需固定位置的元器件，如电源插座、连接器等；再放置电路中的特殊元器件，如发热元件、大体积元器件、集成电路等；最后放置小体积元器件。

（3）元器件的安放位置需要遵循一定的原则。例如，发热元件要尽量靠边放置以便散热；滤波电容要尽量靠近集成电路的电源引脚，使之与电源和地之间形成的回路最短；高电压、大电流的强信号与低电压、小电流的弱信号应完全分开；结构相同的电路采用对称式设计。

（4）合理的布线，可以有效减少外部环境对信号的干扰，以及各种内部信号之间的相互干扰，提高嵌入式系统运行的可靠性。常见的布线规则包括布线的位置、布线的宽度与长度、布线的角度等方面。

（5）充分使用 EDA 软件的辅助功能，进行 PCB 图的纠错。其中，布线规则需要结合具体的应用，进行合理的设置。

硬件装置制作就是在电路板基础上，通过机械安装和焊接，得到整个嵌入式系统的硬件。制作完成后，需要通过目视或者万用表，检测制作过程否有虚焊、漏焊等现象。通过给系统供电，检测各电源电压是否稳定正常、各芯片温度是否正常，进行简单故障检测。

4. 系统软件详细设计

嵌入式系统硬件设计变得愈发复杂，使软件设计的工作量也急剧增长，通常占到整个系统开发总量的 70%~80%，技术竞争的压力使得开发周期一直在缩短。有些系统的软件比较简单，仅仅由应用软件代码组成。

为便于软件开发，多数嵌入式计算机厂商提供了外设/设备驱动库，以 API 函数的形式封装了对外设寄存器的操作，提供每个外设在不同应用场景下例程。通过对这些例程代码的学习，可以理解外设的工作过程，配置和使用方法，提高软件开发效率。随着系统复杂度增加，很多开发者选择标准的、商用的嵌入式实时操作系统，利用代码移植缩短开发周期和提高开发效率。具体的软件设计过程，包括以下几个阶段。

（1）设计阶段。围绕需求分析报告，分模块进行描述各个模块所涉及的输入信号、输出信号、数据处理算法，以及相互调用关系。设计过程中，应当保证软件的功能需求，完全分配给各个模块。形成的设计报告应当足够详细，以便作为编码的依据。所谓"磨刀不误砍柴工"，设计过程完成得好，程序效率就会极大地提高。

（2）编码阶段。该阶段中，开发者依据软件设计报告的设计要求，具体编写程序，分别实现各模块的功能，从而实现对目标系统的功能、性能、接口、界面等方面的要求。对于开发者来说，程序的 bug 永远存在，编码时的相互沟通应急的解决手段，可以提高设计效率。

（3）测试阶段。测试过程中，可以按照模块进行测试，测试各个模块的功能是否符合设计需求。测试过程中，主要通过编译环境和操作系统提供的辅助工具进行测试。通过软件测试，从软件的角度验证程序执行的时序是否正确，逻辑和结果是否与设计要求相符。对于大型软件，利用 3 个月到 1 年的时间进行测试都是正常的，因为永远都会有不可预料的问题存在。

5. 系统性能测试及迭代优化

这个阶段,系统的硬件、软件将集成在一起进行调试,检验系统是否满足实际需求,发现并改进设计过程中的不足之处。基于 JTAG（joint test action group）的调试方法是嵌入式系统调试的最常用方法。目前,多数嵌入式计算机内部集成了 JTAG 调试模块。调试过程中,计算机安装的工具包括程序编辑和编译系统、调试器和程序所涉及的库文件。硬件部分需要 JTAG 接口。JTAG 调试的程序是在嵌入式计算机中执行,效果接近于实际运行特性。使用集成开发环境配合 JTAG 仿真器进行调试的优点是方便、无须任何监控程序、软件硬件均可调试、可以重复利用 JTAG 硬件测试接口、可以依据需求执行方式进行数据观测。

嵌入式系统调试过程需要同时跟软件和硬件打交道,是一项费时间、费精力的工作。调试过程中经常会碰到一个非常小的问题困扰几天甚至几周的情况,这就要求相关人员不但要有平和的心态,还要具备一定的耐心和毅力,还要有勇于克服一切困难的勇气和信心。嵌入式系统调试过程不仅仅是一个系统功能实现的过程,同时还是一个锻炼逻辑思维、分析推理能力的过程,是一个培养严谨工作态度、实事求是工作作风的过程。

12.2 硬件设计方案

位置伺服系统是指被控对象的位置信息能自动地、连续地、精确地跟踪输入量的变化规律,其控制行为的主要特征表现为输出"跟随"输入。被控制量是负载机械空间位置的线位移或角位移。

位置伺服系统设计过程中,首要的是驱动方式的选择。良好的驱动方式对提高控制精度、增强可靠性、降低体积、扩大适用范围具有重要意义。早期的驱动方式多采用液压驱动方式,该方式要有油源机柜,使得系统体积大、成本高,而且油的渗漏现象会增加维修工作量。现在直流电机以调速范围广、易于控制等优点,取代液压驱动方式,成为驱动方式的首选。这种驱动方式也存在很多问题,如高速上不去、力矩波动大、电刷火花严重、电刷摩擦力矩大等问题,这使得系统的速度和加速度指标不易提高。换向器这类部件在地面保存过程中容易出现氧化腐蚀,致使驱动系统的可靠性较差。永磁电机采用永久磁铁产生气隙磁通,而不需要外部励磁,具有极好效率特性、极高功率密度以及转矩/惯量比,为伺服驱动方式的选择提供了全新的手段。永磁无刷直流电机（brushless direct current motor,BLDCM）以电子换向器取代了机械换向器,克服了有刷直流电机的先天性缺陷。BLDCM 既具有直流电机良好的调速性能等特点,又具有交流电机结构简单、无换向火花、运行可靠和易于维护等优点。下面以 BLDCM 为驱动方式,介绍位置伺服驱动控制系统的设计过程。

12.2.1 无刷直流电机的工作原理

无刷直流电机主要由定子和转子组成。转子由高磁能积的永磁材料构成,如金属钴、铁、镍和钕铁硼等材料。定子由定子铁心和定子绕组组成。定子铁心是主磁路中不可缺少的一部分。为了减少磁场通过定子铁心时产生的磁滞损耗与涡流损耗,常采用类似于变压器铁心结构的硅钢片叠压而成。定子绕组与普通的三相交流电机结构类似,普遍绕制成 Y 型接法,并引出 A、B、C 三相线。无刷直流电机是一种交流电机,工作过程中需要向三相绕组输入交流电压。

为了能确定电机转子的位置,使电机可以顺利换相,需要实时检测电机转子的位置。无刷直流电机采用霍尔位置传感器进行位置检测。传感器的旋转部分与永磁体转子相连,并跟随转子同步旋转。固定部分由三个开关型霍尔元件组成,并间隔 120°电角度对称安装。当旋转部分的导磁体进入到霍尔元件的感应范围时,输出高电平。每个开关型霍尔元件会输出高电平和低电平两种不同的状态。通过 3 个霍尔传感器的输出状态,就可以确定电机转子的位置以及转速。虽然这种位置测量分辨率较低,但对于电机换相来说,可完全满足需求。

电机能够旋转,就是因为电机内部存在电磁转矩。电磁转矩是电机定子磁场和转子磁场相互作用的结果。转子磁场由转子永磁体产生,定子磁场由定子电流感应产生。永磁无刷直流电机的电子换相驱动导通方式为 120°导电方式。在这种工作模式下,直流母线供电电源在每个时刻直接给两个定子绕组供电。绕组供电的次序按照 A+C−、B+C−、B+A−、C+A−、C+B−、A+B− 6 种方式进行轮回,就可以让转子旋转起来。

下面通过图 12.1 具体分析这 6 种导通形式。F_A 是定子合成磁动势,F_C 是转子永磁体磁动势。叉号代表电流流进,圆点代表电流流出。首先分析 A+C−导通的情况。电流从 A 相流入经过电机中性点,从 C 相流出。根据右手定则,AX 定子绕组磁动势方向水平向左,ZC 定子绕组磁动势方向垂直于 ZC 轴。根据平行四边形准则,此时定子电流产生的定子合成磁势的方向如图 12.1(a)的 F_A 所示。此时,定子合成磁势的方向与转子磁势的方向相差 120°电角度,电机转子磁极会顺时针旋转,以使转子内部的磁感线方向与外磁感线方向保持一致。当电机转子转过 60°电角度后,转子磁势方向与定子合成磁势方向间隔变为 60°电角度,此时立刻改变定子电流通电次序,进入 B+C−导通状态,完成一次电流换相。换相后,定转子磁动势方向如图 12.1(b)所示。电流从 B 相流入经中性点从 C 相流出,同样根据之前的判断方法,定子合成磁动势的方向如图 12.1(b)的 F_A 所示。当转子转过 60°电角度后,进入 B+A−导通状态。通过 A+C−、B+C−、B+A−、C+A−、C+B−、A+B−这 6 个状态不断循环切换导通,电机转子就可以持续不断地旋转起来。

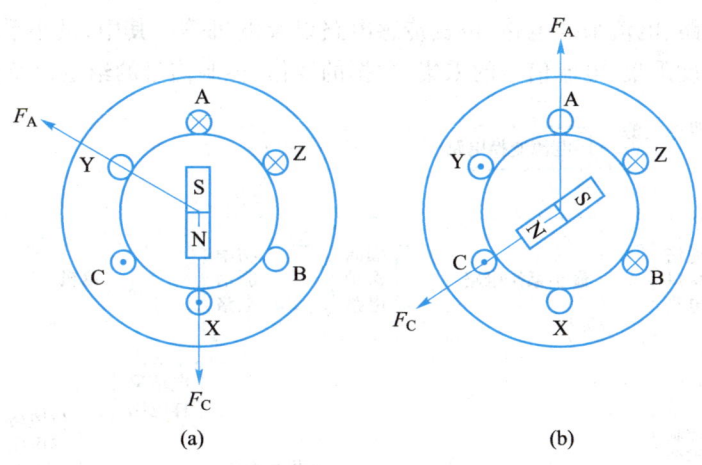

图 12.1

A+C−和 B+C−导通时定转子磁动势示意图

驱动无刷直流电机时采用的是 120°导电方式。在任意时刻,电机只有两相绕组通电,且一相绕组是流入,另一相绕组是流出,大小相等、方向相反,理论上,电流不经过第三相。理想的相电流波形应为方波,如图 12.2 所示。这是一种理想状态,即忽略电机内部绕组电感效应的影响,认为在换相时刻,绕组内部电流关断和开启是瞬间完成的。

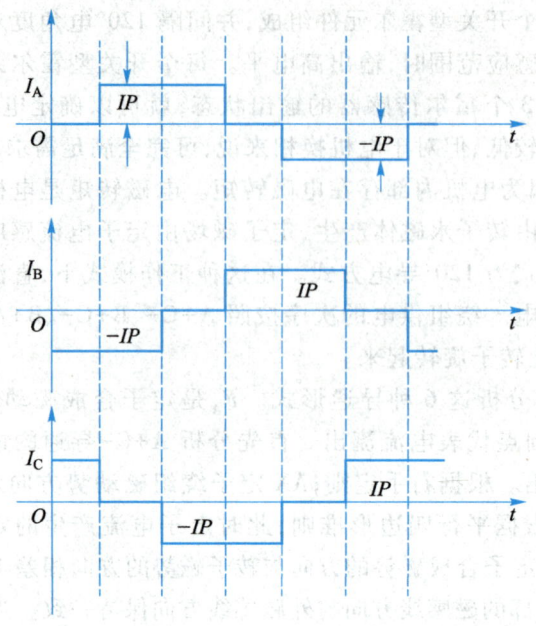

图 12.2

无刷直流电机理想的相电流波形

12.2.2 总体设计方案

系统的硬件结构如图 12.3 所示,具体包括电源变换电路、最小系统电路、通信接口电路、隔离保护电路、功率驱动电路、电流采样电路、位置传感电路以及电机等。其中,最小系统电路以嵌入式计算机为核心,实现速度采集、电流信号的采集、数据的通信、控制信号的给定以及控制算法等功能。

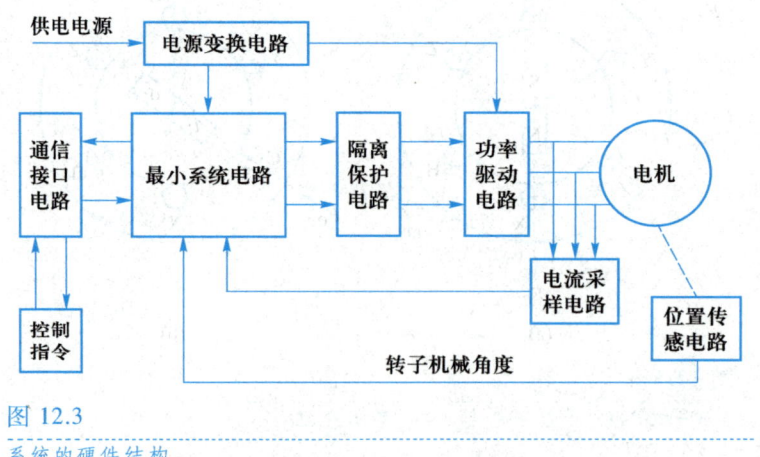

图 12.3

系统的硬件结构

12.2.3 最小系统设计

最小系统设计是设计一个让嵌入式计算机独立工作的电路,这个电路主要包括嵌入式计算机、时钟信号、程序下载部分和电源部分。

嵌入式计算机选择 STM32F103VCT6。设计过程中,需要将芯片的每个电源、地连接相应的 3.3 V 和 GND,如图 12.4 所示。3.3 V 的电压 V_{DD} 由 5 V 电压通过 AMS1117 稳压电路输出后得到。电源设计过程中,需要合理使用去耦电容。去耦电容多使用瓷片电容,滤除供电电源的高频干扰信号。每个电源引脚都需要连接一个电容,和 GND 之间实现滤波处理。

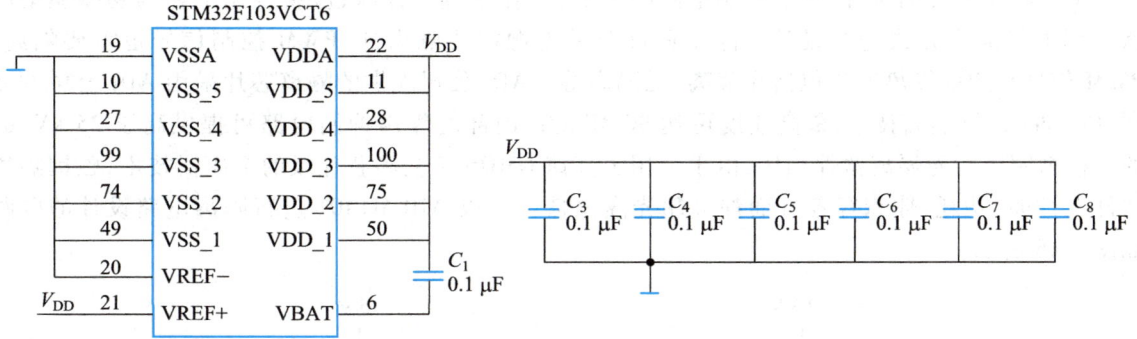

图 12.4

芯片电源设置方式

系统的总供电一般为 AC220 V、50 Hz。首先采用 AC-DC 电源转换模块进行系统所需要的低压直流电源转换,如采用 HZA05-220S24,将单相 220 V 转换成直流 24 V。电路设计过程中,往往需要多路电源,如 12 V、5 V 等。本系统对应的电源变换电路如图 12.5 所示。24 V 经开关

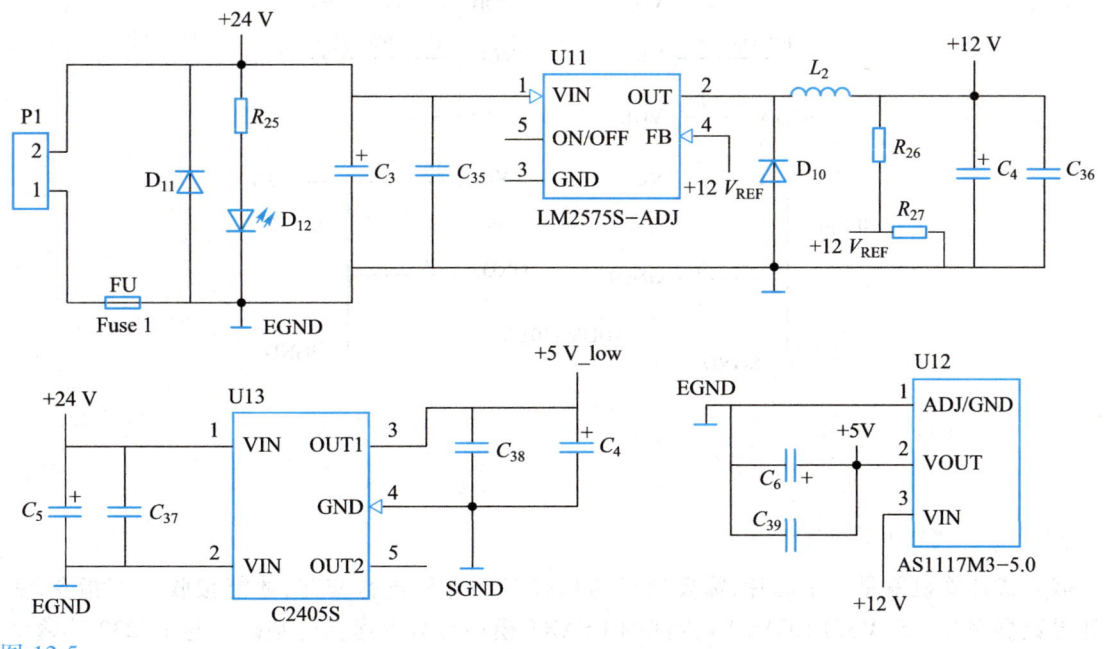

图 12.5

电源变换电路

电源芯片 LM2575S-ADJ 降压成 12 V 给驱动部分供电;12 V 经低压差电源芯片 AMS1117M3-5.0 电源芯片,转换为强电部分所需要 5 V;24 V 经隔离开关电源芯片 C2405S 转化为 5 V 弱电部分系统电路供电。

12.2.4 隔离电路设计

为了减小系统的干扰,增加控制电路的可靠性,在系统设计时,应将控制电路与功率驱动电路采用电气隔离方式进行设计。除了两部分的电源需要隔离外,PWM 控制信号也需要隔离。PWM 信号常用的隔离方法包括光隔离、磁隔离等。ADI 公司提供的隔离芯片采用 ADI 公司的专利 iCoupler 磁耦隔离技术,最高速度可达 90 Mbit/s,内部的噪声抑制电路可提供高于 25 kV/μs 的共模抑制。与光隔离器件相比,由于采用了高速 CMOS 工艺和芯片级的变压器技术,磁耦隔离器件在性能、功耗、体积等各方面都远超光隔离器件。以 ADUM1401 进行隔离电路设计的电路如图 12.6 所示。

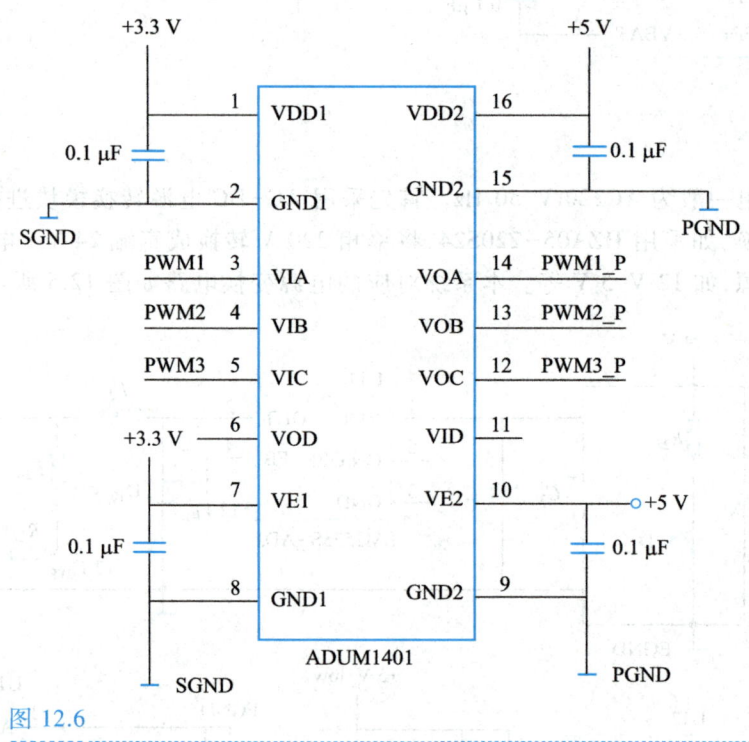

图 12.6
ADUM1401 隔离电路

12.2.5 通信电路设计

嵌入式计算机就是一个芯片,需要通过通信接口和外界进行交互,才能接收外部指令,实现和外界数据交互。STM32F103VCT6 内部的 USART 模块是数据通信的基础。与 RS232 传输协议相比,RS422 采用差分的连接方式,具有更强的抗干扰能力、更长的传输距离、更快的通信速率。信号在传输过程中,采用 RS422 协议,但是数据需要借助 USART 模块进行发送和接收。

为了避免通信方对嵌入式计算机的影响,可采用 ADI 公司提供的隔离芯片 ADUM1201 进行电路隔离设计。采用专用通信芯片 MAX488EESA 设计的 RS422 通信接口电路如图 12.7 所示。其中,ADUM1201 的引脚 2、引脚 3 信号需连接到嵌入式计算机中。

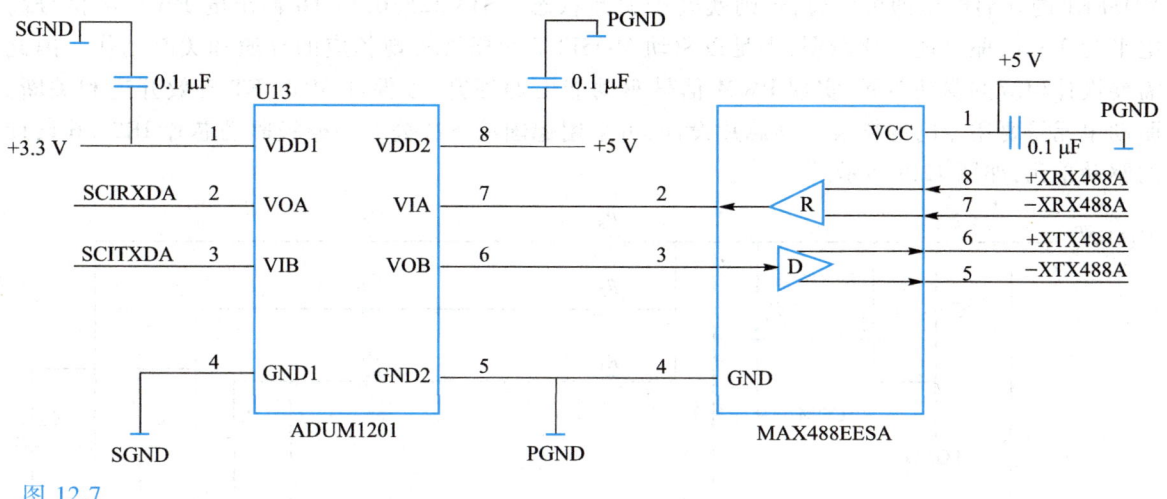

图 12.7
通信接口电路

12.2.6 功率驱动单元

永磁无刷直流电机是一个交流电机。工作过程中,需要在定子线圈中提供交流电压。交流电压借助于三相逆变器实现。三相逆变器的基本结构如图 12.8 所示。图中,U_d 为直流母线电压。三相逆变器在工作过程中,可以认为是恒压供电。

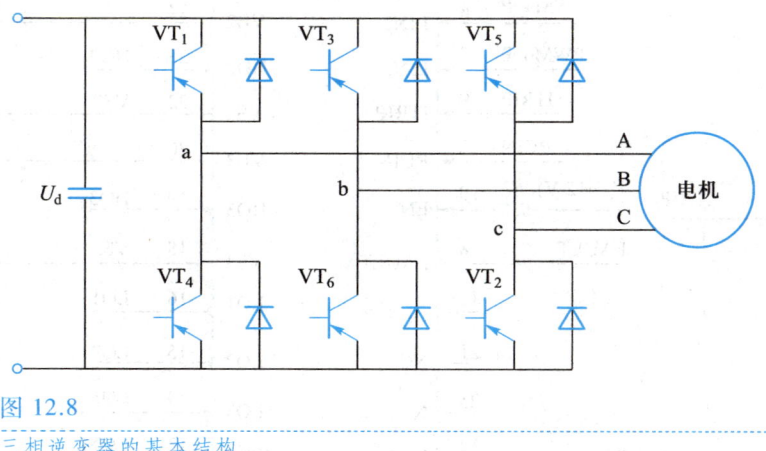

图 12.8
三相逆变器的基本结构

逆变器电路设计的关键部分是功率开关管的选择和驱动信号的产生。功率开关管可以看成一个程控电子开关,可以作为开关管的典型器件为绝缘栅双极型晶体管(insulated gate bipolar transistor,IGBT)和金属氧化物半导体场效晶体管(metal-oxide-semiconductor field-effect transistor,

MOSFET)。考虑到所采用的电机为低压电机,设计过程中可采用 N 型 MOSFET。选择 MOSFET 类型,需要依据伺服电机的供电电压和功率来选择对应匹配的工作电压、额定电流。

对于 N 型 MOSFET 来说,工作过程中,在栅极和源极之间加入正电压。只要 V_{GS} 达到 MOSFET 的开启电压即可导通;否则就处于关断状态。STM32F103VCT6 输出的 PWM 波信号高电平为 3.3 V,驱动能力比较弱,不足以驱动 MOSFET 的栅极实现相应的导通和关断动作。因此需要设计相应的驱动单元,实现 PWM 信号驱动能力的提升,以保证 MOSFET 有效开通和关断。驱动单元需要用专门的栅极驱动芯片设计,可采用德国英飞凌公司的栅极驱动芯片 IR2136 设计的驱动单元,如图 12.9 所示。

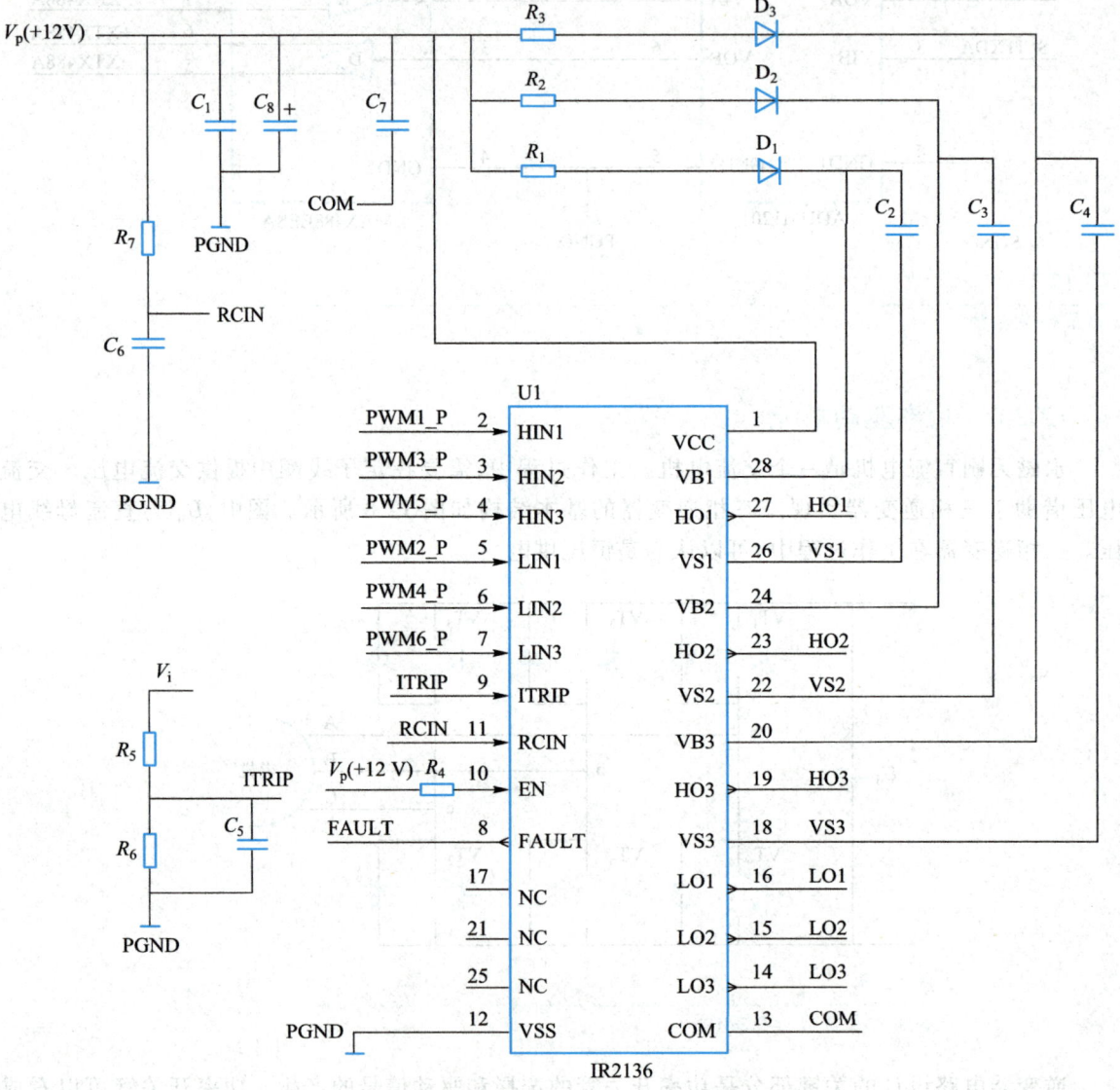

图 12.9
PWM 驱动单元

图 12.9 中，C_2、C_3 和 C_4 被称作自举电容。在逆变器的下桥臂导通过程中，自举电容串接在 12 V 电源和地之间，处于充电状态。当上桥臂栅极信号为高电平时，自举电容两端的电压直接加在 MOSFET 的栅极和源极两端，从而驱动 MOSFET 导通。D_1、D_2 和 D_3 被称作自举二极管，作用是防止电流倒灌。R_1、R_2 和 R_3 与自举二极管串联，其作用是限制自举电容最初的充电电流。

IR2136 芯片内部集成功率保护单元，合理设计硬件保护电路，可以有效地对电路进行保护。芯片内部含有电压比较器，当 9 号引脚电压高于0.46 V时，芯片会自动关闭 6 路 PWM 信号的输出。结合设计电路特性，利用这个功能可实现电路的过电流和过电压保护。8 号引脚是故障输出引脚，在故障状态时输出低电平信号，因此可以配置发光二极管，便于在调试和工作过程中查看系统是否存在功率故障。11 号引脚用来定义故障清除时间，具体时间大小由 R_7 以及 C_6 决定。COM 引脚是下桥臂 MOSFET 的源极公共引脚。

12.2.7 电流采集

电流采集需要解决的问题为：

（1）如何将电流信号转换成为电压信号？

（2）如何将传感器输出的电压信号转换成 0~3.3 V 的适合 STM32F103VCT6 内部的 ADC 模块输入的信号？

（3）如何滤除信号中的干扰信号？

针对问题(1)，需要选择合适的传感器实现，可采用 Allgrog 公司提供的 ACS712 芯片设计。选择这类型片的原因为：

（1）该芯片内部配置精确的霍尔线性传感器电路，采用磁电耦合的方式，实现输入电流信号和输出电压信号的电气隔离。

（2）芯片采用单电源供电，输出的信号只包括大于 0 V 的电压，避免后级电路的双电源供电，便于电路的设计。

（3）输入电流信号和输出电压信号具有线性关系，便于数字信号处理。

电流采集过程中的问题(2)，通过减法器就可以解决。针对 5 V 供电的 ACS712，输出电压以 2.5 V 为 0 A 的信号基准。为了充分利用 ADC 模块的性能，借助于减法器，将 2.5 V 基准电压调整成 1.75 V 或者更低。

电流采集过程中存在噪声的问题，通过硬件滤波器就可以解决。其中，滤波器的截止频率根据相关的电阻和电容进行确定。

针对电流采样设计的电路如图 12.10 所示。滤波器和减法器都是基于 LM2904D 芯片内部的运算放大器进行设计的。

12.2.8 位置信号处理

无刷直流电机采用霍尔传感器作为位置传感器。位置传感器的输出包括 3 路信号，即 Hall A、Hall B、Hall C。该部分的设计电路如图 12.11 所示。采用+5 V 给霍尔传感器供电。霍尔传感器的输出是集电极开路输出，因此需要在输出端接上拉电阻。无刷直流电机依靠霍尔传感器的高、低电平输出进行换相。为了抑制微小的脉冲干扰，该电路采用 74LVT14 芯片进行波形整形。

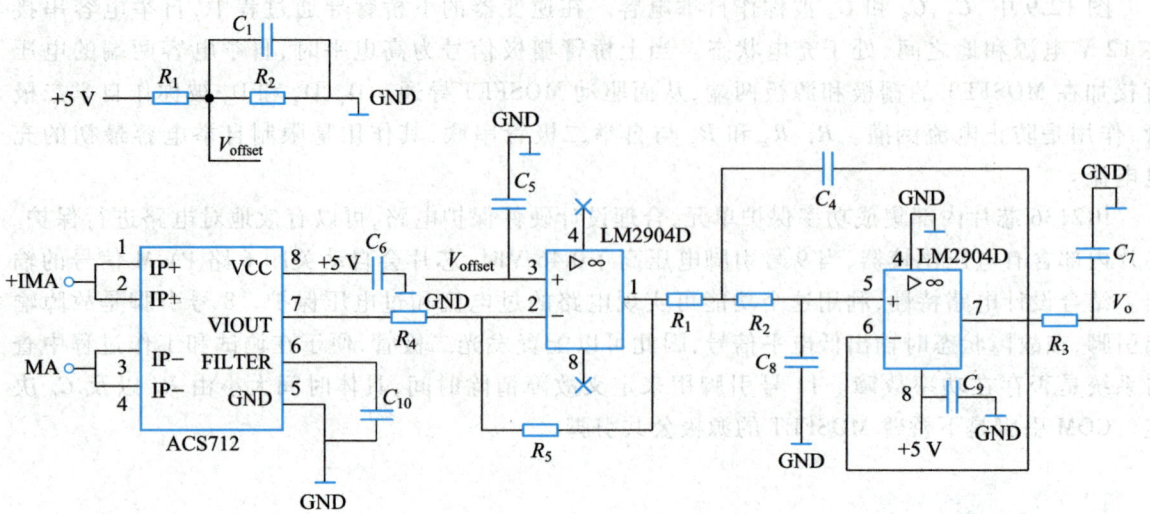

图 12.10

电流采样电路

74LVT14 芯片内部包含 6 路施密特反相触发器,可以滤除干扰信号。74LVT14 在信号处理过程中进行了反相处理。为了保持霍尔信号的电平特性,设计过程中,每个信号利用 74LVT14 进行了两次处理,以保证 3 路霍尔信号程序采集数据和真实数据保持电平一致。

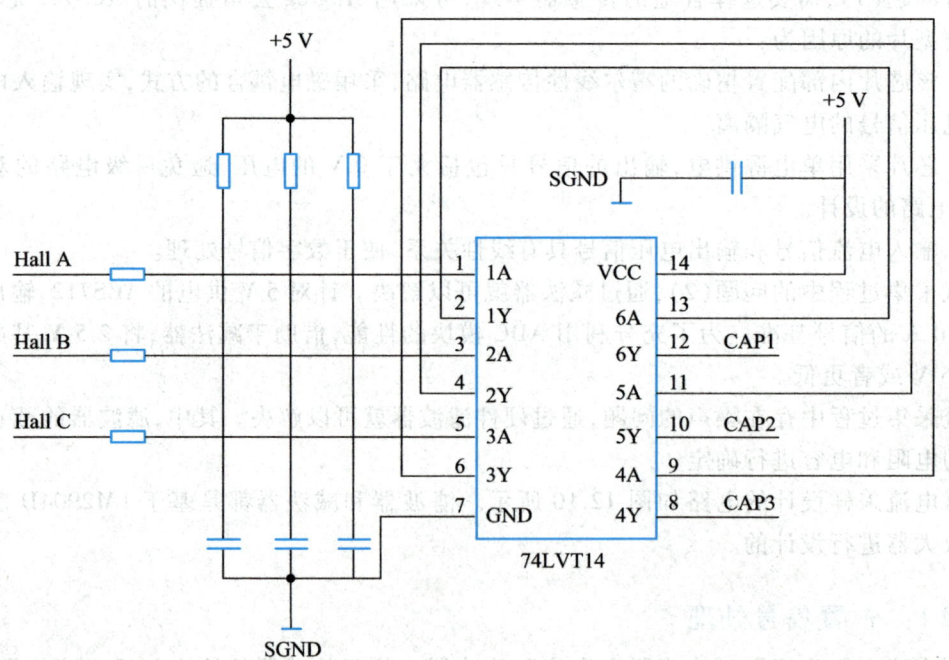

图 12.11

位置信号处理电路

这个电路的输出信号为 0~5 V 的数字信号。但是所采用的嵌入式计算机用 0~3.3 V 的电压,表示数字信号。因此这个信号需要利用电平转换芯片处理,如 74CBT3384,进行处理后,才能够送到嵌入式计算机的相关引脚。

12.3 软件设计方案

12.3.1 控制方法设计

开环控制是指系统输出只受系统输入控制,没有反馈回路系统。被控量的信息没有用来在控制过程中构成控制作用,控制信号和被控量之间没有反馈回路,这种控制方法无法保证控制精度。闭环控制是指系统输出量以一定方式反馈到控制系统的输入端,对输入端施加控制影响的一种控制方式。随着嵌入式计算机性能的提升,闭环控制设计越来越多地被采用。位置伺服控制系统是典型的三闭环控制系统。三闭环是指位置、速度、电流的闭环控制。无刷直流电机定子电压的变化导致电流的变化,电流的改变导致输出转矩的变化,转矩的改变导致速度的变化,速度的改变导致位置的改变。三闭环控制系统的结构如图 12.12 所示。

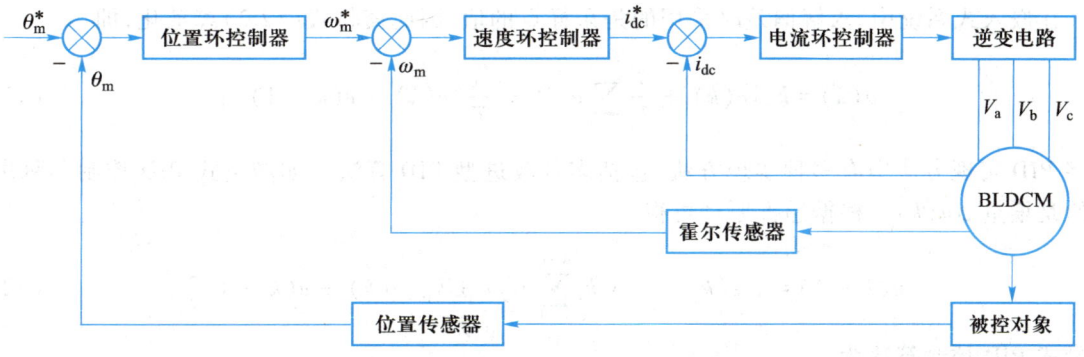

图 12.12
三闭环控制系统的结构

位置环为最外环。实际位置 θ_m 与给定的位置 θ_m^* 作比较,作为位置环控制器的输入。实际位置就是控制过程中目标位置,不等同于无刷直流电机的位置。实际过程中,被控对象的位置是无刷直流电机输出轴经过减速机、滚轴丝杠等机械传动机构的输出信息。位置环控制器的输出作为速度环控制器的给定 ω_m^*,速度环的控制器反馈为无刷直流电机转速 ω_m,速度环控制器的输出作为电流环控制器的给定 i_{dc}^*。电机的反馈速度通过霍尔传感器输出可以计算得到。无刷直流电机的电流与给定电流 i_{dc}^* 比较,得到的电流控制误差作为电流环控制器的输入。电流环控制器输出相应的 PWM 波,控制功率驱动电路实现 BLDCM 控制。

PID 控制算法由于算法简单、鲁棒性好、可靠性高,被广泛应用于过程控制与运动控制中。PID 控制器的输入是给定值和实际输出值形成的偏差,即

$$e(t) = r(t) - y(t) \tag{12.1}$$

其控制规律为

$$u(t) = k_P e(t) + \frac{1}{T_I} \int_0^t e(t)\,\mathrm{d}t + \frac{T_D \mathrm{d}e(t)}{\mathrm{d}t} \tag{12.2}$$

其中，$r(t)$ 为参考给定，$y(t)$ 为实际输出，k_P 为比例系数，T_I 为积分系数，T_D 为微分系数。

PID 控制器根据给定值与实际输出值的偏差，将偏差的比例（P）、积分（I）、微分（D）结果通过线性组合构成控制量，对被控对象进行控制。PID 算法在实现过程中的难点不是在于算法自身，而是在于如何有效设置 3 个控制参数。具体控制参数的设计过程需依据参数的作用，以及系统的控制性能进行确定。3 个控制参数的作用如下：

（1）比例环节：比例放大偏差。一旦产生偏差，控制器立即产生控制作用，以减小偏差，其控制作用的强弱取决于比例系数。比例环节可以用于调节系统的动态响应性能。

（2）积分环节：偏差的时间累积。只要偏差存在，积分环节就存在，且控制不断增大，直至偏差为零时才维持在某一常量，使系统趋于稳态。积分环节可消除系统的稳态误差，但会降低系统的响应速度，使系统出现超调。

（3）微分环节。通过预测偏差的变化趋势，在系统中提前加入有效的修正信号，加快系统的作用速度，减少调节时间。因此，微分环节具有超前调节和减少调节时间的作用。

在嵌入式系统中，求解偏差时采用的是采样点的值，因此需将式（12.2）离散化，即

$$u(k) = k_P \left\{ e(k) + \frac{T}{T_I} \sum_{j=0}^{k} e(j) + \frac{T_D}{T} [e(k) - e(k-1)] \right\} \tag{12.3}$$

数字 PID 实现方法中有多种实现方法，包括多种改进型 PID 算法。如增量式 PID 控制器每次输出的是增量 $\Delta u(k)$。根据递推原理可得

$$u(k-1) = k_P e(k-1) + k_I \sum_{j=0}^{k-1} e(j) + k_D [e(k) - e(k-1)] \tag{12.4}$$

增量式 PID 控制算法为

$$\Delta u(k) = k_P [e(k) - e(k-1)] + k_I e(k) + k_D [e(k) - 2e(k-1) + e(k-2)] \tag{12.5}$$

增量式 PID 需要保存历史偏差 $e(k-1)$ 和 $e(k-2)$，在第 k 次控制周期时，需要使用第 $k-1$ 次和第 $k-2$ 次控制所输入的偏差，计算得到 $\Delta u(k)$，再与第 $k-1$ 的输入量相加得到 $u(k)$。

12.3.2 初始化设计

软件的初始化是指在功能程序运行前需要进行的工作，主要包括如下方面。

1. 系统时钟的配置

系统时钟决定了程序运行的速率。更高的系统时钟频率有利于提高程序的运行和执行效率。片内的许多外设与时钟信号相关，如定时器、ADC、USART。该部分需要依据外设模块的工作速度、系统工作频率，以及外接晶振的频率确定相关的分频系数，用于配置锁相环部分的寄存器。关闭没有用到的外设时钟模块，以减少系统功耗。

2. 输入输出端口初始化

嵌入式计算机存在 GPIO 端口功能复用情况。虽然系统需要用到多个输入输出端口，但是

并不是简单的数字信号的采集。例如：系统需要输出 6 路 PWM 波信号驱动永磁无刷电机；电机计算转速过程中所需要的霍尔传感器输出信号，需要借助 GPIO 功能实现；数据通信过程中，需要将相应的端口工作在异步串行数据收发模式下。因此需要结合实际需求，将相应的端口，进行功能配置。这个初始化过程，可以采用统一的子函数实现。

3. 定时器初始化

PID 控制周期、PWM 信号的周期和占空比，都与定时器的工作特性有关。需要依据需求，计算出所需要定时器的个数以及定时周期。定时器初始化包括：预分频相关寄存器配置、定时器控制寄存器设置、中断处理相关寄存器设置等。

4. 通信初始化

设计过程中，可采用异步串行通信进行设计。通信初始化设置，主要包括通信波特率和数据传输过程中数据帧的格式设置。这两个参数的设置决定了通信过程中的通信协议。设计过程中，需要和数据通信的另一方进行协同设计。

5. ADC 初始化

ADC 采样初始化程序主要包括：

（1）确定 ADC 采样模块的工作模式。

（2）确定 ADC 模块的时钟频率。

（3）ADC 采样模块的启动方式确定。

6. 全局变量、函数初始化

为了保证程序的顺利进行，系统初始化模块必须对全局变量进行初始化，以保证全局变量在使用过程中具有相同的初始值。对于程序涉及的子程序，需要进行函数声明及其参数初始化。

12.3.3　模块化程序设计

在嵌入式计算机软件运行过程中，主要存在查询方式和中断方式两种。查询方式，就是按照主函数中的语句顺序执行。对于特定事件的确认，需要通过不停地查询相关寄存器的标志位，或者查询对应引脚电平的状态实现。这种方式实现过程比较简单，但是无法充分利用嵌入式计算机的资源。中断是目前主要使用的嵌入式计算机程序方式。这种设计模式中，主函数往往完成初始化后，处于空循环等待状态。当特定事件出现后，通过软件所设置的中断配置会触发中断事件。嵌入式计算机会根据中断机制，转去执行中断服务程序。通过引入中断，可以提高处理事件的实时性，使嵌入式计算机内部的资源实现分时复用，充分利用嵌入式计算机的内部资源。

模块化设计可以使软件具有较好的通读性，有利于嵌入式系统的调试。针对位置伺服控制目标，所设计的模块化编程思路如图 12.13 所示。整个软件由主程序模块和中断服务处理程序模块构成，其中定时器中断服务程序模块又由数个子程序模块组成。主程序模块执行系统的初始化，进入空循环等待状态。中断服务程序包含串行通信中断、定时器中断两部分。串行通信中断用于接收外界的位置控制指令，定时器中断用于执行电机的控制算法。这里面存在两个中断，就需要中断嵌套，即高优先级的中断能被低优先级的中断打断。为保证通信的有效性，需将串行通信中断的优先级设置为高优先级。

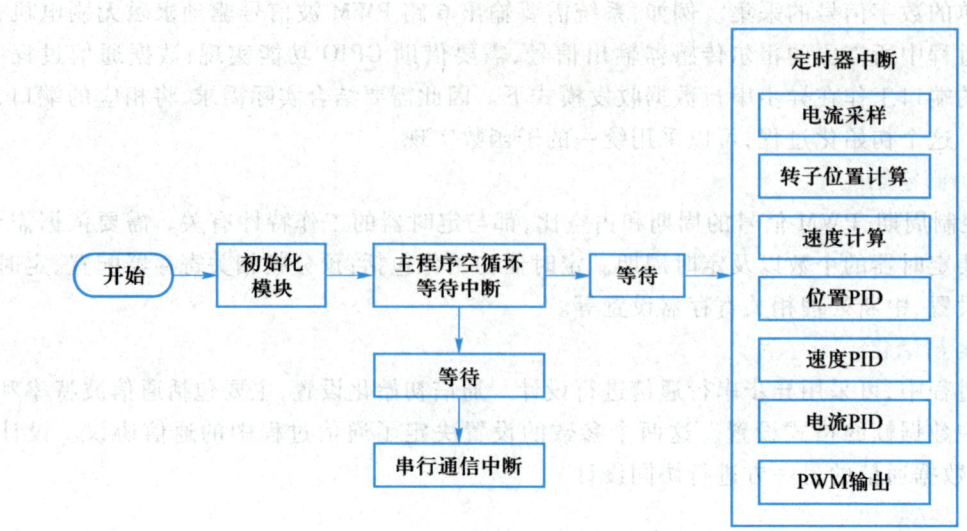

图 12.13
模块化编程思路

串行通信中断采用接收数据产生中断。发送数据,对于嵌入式计算机来说是主动过程。同时,通信协议是在系统设计过程中确定好的。因此,数据的发送是在接收数据对应的中断服务子程序实现,具体的流程图如图 12.14 所示。

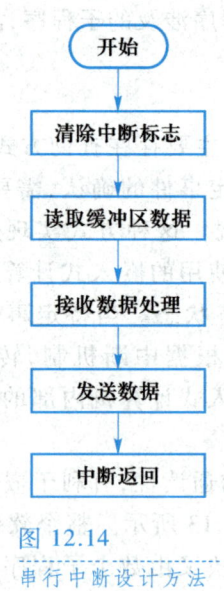

图 12.14
串行中断设计方法

定时器中断是无刷直流电机控制的核心。对应的设计方法如图 12.15 所示。设计过程中,电流环 PID 周期为 0.1 ms,速度环 PID 周期为 1 ms,位置环 PID 周期为 10 ms。

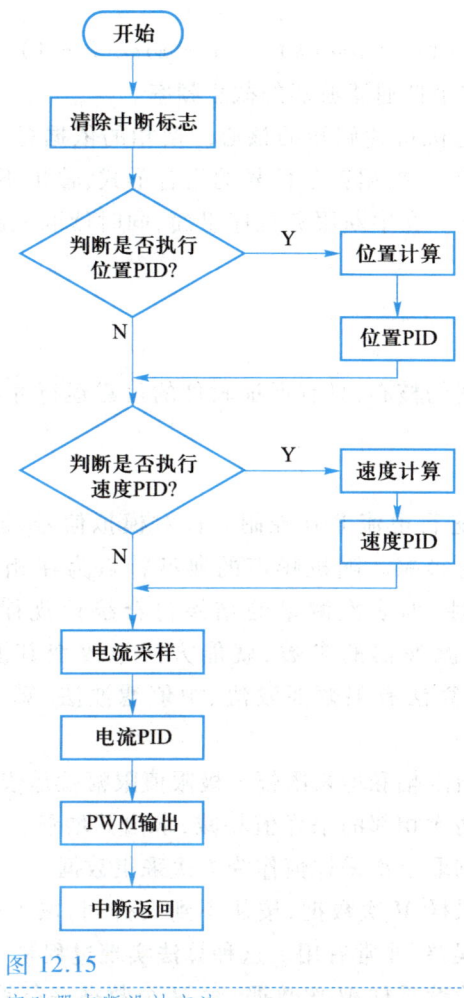

图 12.15
定时器中断设计方法

速度计算结果的准确性直接决定转速闭环控制的有效性。电机转速的测量方法主要包括三种,即 M 法测速,T 法测速以及混合两种测速方法的 M/T 法测速。这三种速度测量方法对比如下:

(1) M 法测速的思路是在一定时间内检测脉冲信号的个数,进而得到电机旋转过的圈数,从而获取转速。这种测速方法的缺点是如果电机转速较低,获取的脉冲数目就太少,会造成误差较大。这种方法适合于无刷直流电机高速旋转情况。

(2) T 法测速的思路是通过测量两个相邻检测霍尔传感器输出脉冲的时间间隔,计算得到转速。这种测量转速方法的缺点是如果电机转速较高,相邻两个检测脉冲的时间就会越短,造成测量误差较大。这种测量方法适合无刷直流电机低速旋转情况。

(3) M/T 法测速方法综合了两种转速测量方法的优点,即在低速时采用 T 法测速,高速时采用 M 法测速。

直接测量得到的速度有较大的脉动,应采用低通滤波器对其进行滤波处理。程序中采用低

通滤波器,其公式为

$$\omega_e(k) = \alpha\omega_e(k) + (1 - \alpha)\omega_e(k - 1) \tag{12.6}$$

式中,α 为滤波器参数,决定这个低通滤波器的截止频率。

电机换相控制无刷直流电机持续旋转的核心。换相的依据是三路霍尔信号输出组合形式 001、101、100、110、010、011、001。根据霍尔信号的组合形式,输出不同性质的 PWM 波。换相可以通过 GPIO 的状态进行确定。在中断服务程序里面,同时读取三路霍尔传感器,判断 PWM 输出信号的类型。

12.3.4 可靠性设计

软件是整个控制策略实现的核心,只有保证软件的可靠运行才有进行控制的可能。具体采用的方法有:

1. 数字滤波算法

系统需要采集电流信息进行电流 PID 控制。针对模拟信号,嵌入式计算机采集数据过程中,不可避免受到随机噪声的影响。随机噪声的典型特点为在相同条件下测量同一量时,其大小会出现无规则的变化特性,但多次测量的结果符合统计规律。数字滤波器是常用的数据处理方法。只要适当改变滤波器的参数,就能方便地改变其滤波特性,对于滤除干扰会有较大的效果。常用的滤波算法有限幅滤波法、中值滤波法、算术平均滤波法、加权平均滤波法等。

限幅滤波算法包括极限值限幅和增量限幅。极限值限幅就是依据所采集信号的最大值和最小值判断。增量限幅就是将两次相邻的采样值相减,求出其增量。如果增量在两次采样允许的范围内,则本次采样有效;否则取上次采样值作为本次采集数据。

中值滤波算法是对连续采样 M 次数据,按从小到大排列,取中间值作为本次采样数据。算法对于偶然因素引起的采集误差,非常有用。这种算法实现过程是一个排序过程。

算术平均滤波算法是对连续采样 M 次数据,对 M 个数据进行算术平均,作为采样数据。这种算法对于随机干扰的噪声信号非常有效。

加权平均滤波算法是对连续 N 次采样值分别乘上不同的加权系数之后再求累加。加权系数的累加和为 1,且先小后大以突出后面采样数据的效果,加强对参数变化趋势的权重。

2. 指令冗余设计

受到外界的干扰后,嵌入式计算机程序运行便脱离正常轨道,出现改变操作数数值以及将操作数误认为操作码现象。设计过程中对于重要的语句,采用冗余设计方法,进行多次赋值,确保这些指令正确执行。

3. 死区设置

功率开关器件的开通和关断过程,不是理想开通和关断,存在一定的过渡过程。对于功率驱动电路来说,每个桥的上桥臂和下桥臂功率开关器件是不能同时导通;否则,会产生电源两端短路,带来过电流故障。因此,功率开关器件控制过程中,同一桥臂的开关管在开通过程中,需要插入一段延迟时间,避免同一桥臂功率开关器件同时导通,产生过流信号。这段延迟时间就是死区。通过合理的死区时间设置,可以提高系统的可靠性。

4. 看门狗设计

在嵌入式系统应用中,嵌入式计算机必须可靠工作,即使因为某种原因进入了一个错误状态,嵌入式计算机也应该可以自动恢复。看门狗的用途就是使嵌入式计算机在进入错误状态后的一定时间内复位。

看门狗是基于定时器原理进行工作,在系统正常工作时,程序每隔一段时间执行"喂狗"动作(一些寄存器的特定操作)。如果系统出错,"喂狗"间隔超过看门狗溢出时间,那么看门狗将会产生复位信号,使嵌入式计算机复位。当程序失控进入死循环中,通过看门狗的设计,产生看门狗中断复位,恢复程序的正常运行。

参考文献

读者意见反馈

为收集对教材的意见建议,进一步完善教材编写并做好服务工作,读者可将对本教材的意见建议通过如下渠道反馈至我社。

咨询电话　　400-810-0598

反馈邮箱　　gjdzfwb@ pub.hep.cn

通信地址　　北京市朝阳区惠新东街4号富盛大厦1座

　　　　　　高等教育出版社总编辑办公室

邮政编码　　100029

防伪查询说明

用户购书后刮开封底防伪涂层,使用手机微信等软件扫描二维码,会跳转至防伪查询网页,获得所购图书详细信息。

防伪客服电话　　(010)58582300